E se?

O MUNDO
Depois de um portal para Marte ter sido aberto no fundo da Fossa das Marianas, secando todos os oceanos (desculpa por isso!)
PLANÍCIE DO ALASCA
PLANÍCIE HUDSON
VANCOUVER
GRANDE LAGO SALGADO
RIO MISSOURI
RIO MISSISSIPPI
GRANDES LAGOS
GRANDES BANCOS
TITANIC
NOVA YORK
CÂNION HUDSON
BERMUDA
LOS ANGELES
LAGO MURRAY
NEW ORLEANS
MIAMI
MAR DO MÉXICO
GRANDE CÂNION DAS BAHAMAS
ATLÂNTICO DO OESTE
ESTREITO DE KANE
VALA DE PORTO RICO
ATLANTIS
ATLÂNTICO DO LESTE
CABO VERDE
TERRA RICA
MAR DO CARIBE
GARGANTA DO PANAMÁ
PLANÍCIE DO PACÍFICO
MONTANHAS DE GALÁPAGOS
RIO AMAZONAS
POLINÉSIA FRANCESA
MAR HUMBOLDT
CORDILHEIRA DOS ANDES
RIO DE JANEIRO
MAR DO BRASIL
MONTANHAS DA ILHA DE PÁSCOA
MAR DO PACÍFICO
BUENOS AIRES
MAR DA ARGENTINA
ATLÂNTIDA DO SUL
ANTÁRTIDA DO NORTE
ILHAS MALVINAS
MAR DO CHILE
TIERRA DEL FUEGO
SHETLAND

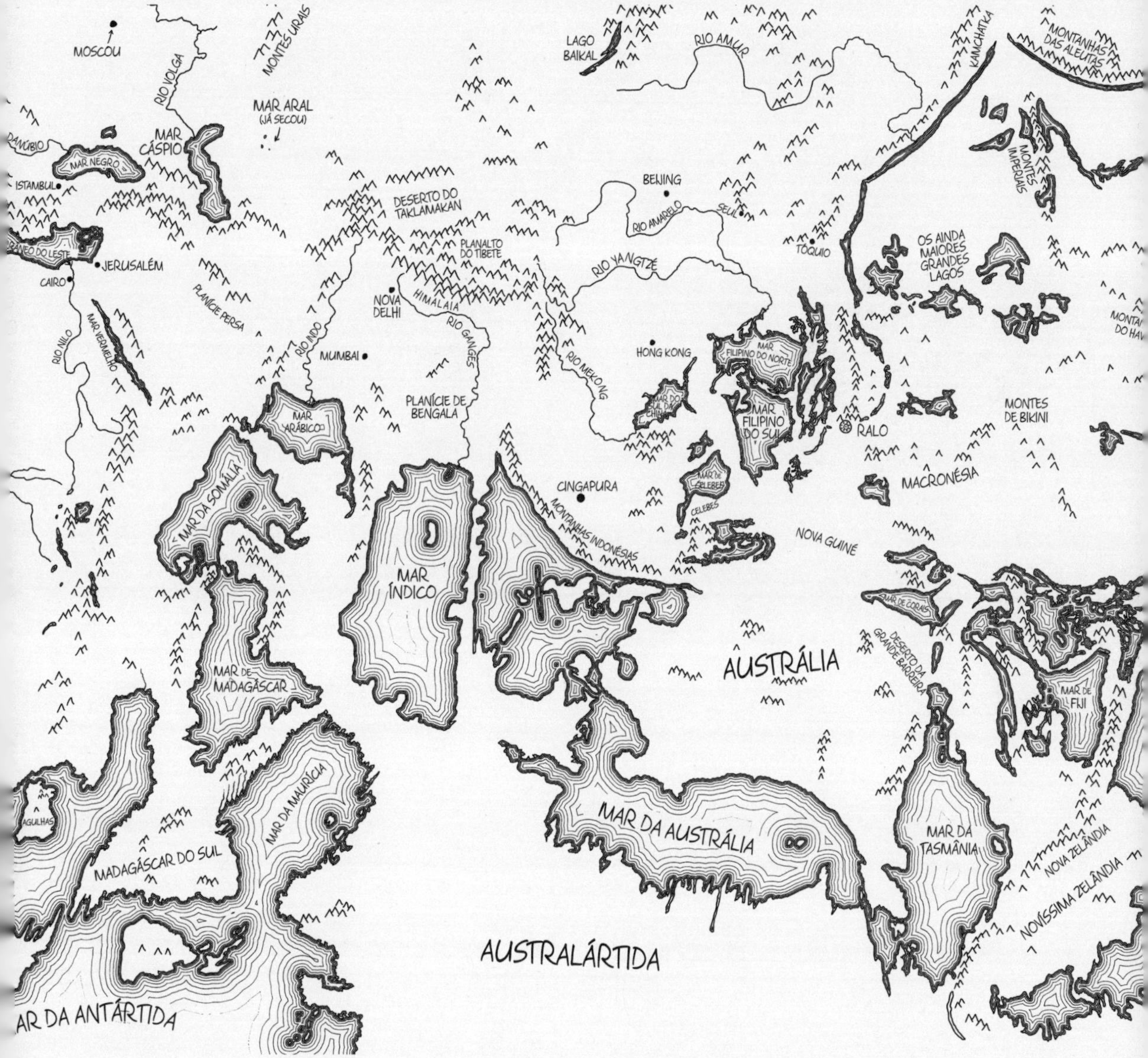
MOSCOU
MONTES URAIS
RIO VOLGA
MAR ARAL
(JÁ SECOU)
MAR CÁSPIO
DANÚBIO
MAR NEGRO
ISTAMBUL
JERUSALÉM
CAIRO
PLANÍCIE PERSA
RIO NILO
MAR VERMELHO
RIO INDO
DESERTO DO TAKLAMAKAN
PLANALTO DO TIBETE
NOVA DELHI
HIMALAIA
RIO GANGES
MUMBAI
PLANÍCIE DE BENGALA
MAR ARÁBICO
MAR DA SOMÁLIA
MAR ÍNDICO
MAR DE MADAGÁSCAR
MAR DA MAURÍCIA
MADAGÁSCAR DO SUL
AGULHAS
AR DA ANTÁRTIDA
LAGO BAIKAL
RIO AMUR
BEIJING
RIO AMARELO
SEUL
RIO YANGTZÉ
HONG KONG
RIO MEKONG
MAR DO SUL DA CHINA
MAR FILIPINO DO NORTE
MAR FILIPINO DO SUL
TÓQUIO
KAMCHATKA
MONTANHAS DAS ALEUTAS
MONTES IMPERIAIS
OS AINDA MAIORES GRANDES LAGOS
RALO
MONTES DE BIKINI
MACRONÉSIA
CINGAPURA
MONTANHAS INDONÉSIAS
MAR DE CELEBES
CELEBES
NOVA GUINÉ
MAR DE CORAIS
DESERTO DA GRANDE BARREIRA
AUSTRÁLIA
MAR DE FIJI
MAR DA AUSTRÁLIA
MAR DA TASMÂNIA
NOVA ZELÂNDIA
NOVÍSSIMA ZELÂNDIA
AUSTRALÁRTIDA

RANDALL MUNROE

E se?

Respostas científicas para perguntas absurdas

Tradução

Érico Assis

9ª reimpressão

COMPANHIA DAS LETRAS

Grafia atualizada segundo o Acordo Ortográfico da Língua Portuguesa de 1990, que entrou em vigor no Brasil em 2009.

Título original
What if? — Serious Scientific Answers to Absurd Hypothetical Questions

Capa
Patrick Barry

Foto de capa
Cortesia do autor

Projeto gráfico
Christina Gleason

Revisão técnica
Ricardo Matsumura Araújo

Preparação
Andressa Bezerra Corrêa

Revisão
Ana Maria Barbosa
Mariana Zanini

Dados Internacionais de Catalogação na Publicação (CIP)
(Câmara Brasileira do Livro, SP, Brasil)

Munroe, Randall
E se? / Randall Munroe ; tradução Érico Assis. — 1ª ed. — São Paulo : Companhia das Letras, 2014.

Título original : What if?.
ISBN 978-85-359-2483-1

1. Ciência – Miscelânea I. Título.

14-09453 CDD-500

Índice para catálogo sistemático:
1. Ciência 500

[2022]

EDITORA SCHWARCZ S.A.
Rua Bandeira Paulista, 702, cj. 32
04532-002 — São Paulo — SP
Telefone: (11) 3707-3500
www.companhiadasletras.com.br
www.blogdacompanhia.com.br
facebook.com/companhiadasletras
instagram.com/companhiadasletras
twitter.com/cialetras

PERGUNTAS

AVISO

Não tente fazer nada disso em casa. O autor deste livro desenha quadrinhos para a internet e não é especialista nem em saúde nem em segurança. Ele gosta de ver coisas pegando fogo e explodindo — ou seja, é provável que não esteja pensando no seu bem-estar. A editora e o autor não se responsabilizam por quaisquer efeitos adversos que resultem, direta ou indiretamente, de informações contidas nesta obra.

INTRODUÇÃO

ESTE LIVRO É UMA coleção de respostas a perguntas hipotéticas.

Essas perguntas foram enviadas através do meu site, em que — além de servir como uma espécie de conselheiro sentimental para cientistas loucos — eu desenho a xkcd, que é uma *webcomic* com bonequinhos de palito.

Não comecei minha carreira nos quadrinhos. Cursei faculdade de física e, depois de formado, trabalhei com robótica na Nasa. Acabei saindo de lá para passar o dia desenhando quadrinhos, mas não perdi o interesse pela ciência e pela matemática. Acabei achando um novo escape: responder às perguntas mais bizarras — e, às vezes, preocupantes — da internet. Este livro compila uma seleção das respostas que mais gostei, além de muitas questões que foram respondidas aqui pela primeira vez.

Uso a matemática para responder perguntas bizarras desde que me conheço por gente. Quando eu tinha cinco anos, tive uma conversa com a minha mãe que ela transcreveu e guardou num álbum de fotos. Quando soube que eu ia escrever este livro, ela procurou a transcrição e me enviou. Aqui está, reproduzida ipsis litteris daquele papelzinho guardado por 25 anos:

Randall: Aqui em casa tem mais coisas duras ou mais coisas moles?

Julie: Não sei.

Randall: E no mundo?

Julie: Não sei.

Randall: Bom, cada casa tem uns três ou quatro travesseiros, né?

Julie: É.

Randall: E cada casa tem uns quinze ímãs, né?

Julie: Acho que sim.

Randall: E quinze mais três ou quatro, vamos dizer quatro, dá dezenove, né?

Julie: Isso.

Randall: Então deve ter uns 3 bilhões de coisas moles e... uns 5 bilhões de coisas duras.
Qual que ganha?

Julie: Acho que as coisas duras.

Até hoje não tenho ideia de onde saíram os "3 bilhões" nem os "5 bilhões". Eu não entendia mesmo desse negócio de números.

Com o passar dos anos, fiquei um pouquinho melhor em matemática, mas minha motivação para fazer contas é a mesma de quando eu tinha cinco anos: responder perguntas.

Há quem diga que não há questões imbecis. Óbvio que se enganam: acho a minha pergunta sobre coisas moles e duras, por exemplo, extremamente imbecil. Mas tentar responder com meticulosidade a uma dúvida imbecil pode nos levar a lugares bem curiosos.

Ainda não sei se o mundo tem mais coisas moles ou mais coisas duras, mas aprendi muita coisa pelo caminho. A seguir estão meus momentos preferidos dessa jornada.

RANDALL MUNROE

E se?

VENDAVAL GLOBAL

P. E se, de repente, a Terra e todos os objetos no solo parassem de girar, mas a atmosfera mantivesse sua velocidade?

— Andrew Brown

R. QUASE TODO MUNDO IRIA MORRER. *Depois* o negócio ficaria interessante.

Na linha do equador, a superfície da Terra movimenta-se a aproximadamente 470 m/s — quase 1700 km/h — em relação ao eixo. Se a Terra parasse e a atmosfera não, teríamos um vendaval repentino de 1700 km/h.

O vento seria mais forte no Equador, mas tudo e todos que vivem entre 42 graus ao Norte e 42 graus ao Sul — o que dá uns 85% da população mundial — teriam que encarar um vento supersônico de uma hora para outra.

Próximo da superfície, o vento mais forte duraria só alguns minutos, pois perderia potência na fricção com o solo. Mas esses poucos minutos seriam o bastante para deixar praticamente todas as estruturas humanas em ruínas.

Minha casa, em Boston, está a uma boa distância da zona de vento supersônico. Mesmo assim, lá esse vento ainda seria duas vezes mais forte que o tornado mais poderoso da história. Todas as construções — desde barracos até arranha-céus — seriam achatadas, arrancadas de suas bases e sairiam rolando pela paisagem.

Os ventos seriam mais fracos perto dos polos, mas nenhuma cidade habitada possui distância suficiente do Equador para fugir da devastação. Longyearbyen, na ilha de Svalbard, Noruega — a cidade com a maior latitude no planeta — seria devastada por ventos comparáveis aos ciclones tropicais mais fortes de todos os tempos.

Se você acha que uma coisa dessas pode acontecer, um dos melhores lugares para ficar é Helsinque, na Finlândia. Embora sua latitude alta — aproximadamente 60° N — não seja suficiente para impedir que essa cidade seja arrasada pelo vento, o leito rochoso abaixo dela contém uma complexa rede de túneis que incluem um shopping center subterrâneo, um rinque de hóquei, além de um complexo de natação e outras coisinhas.

Nenhuma estrutura estaria a salvo, nem as projetadas para resistir a ventos fortes dariam conta. Como disse o comediante Ron White sobre os furacões: "Não interessa *que* o vento sopre, interessa *o que* o vento sopra".

Digamos que você está num bunker imenso feito de um material resistente a ventos de 1700 km/h.

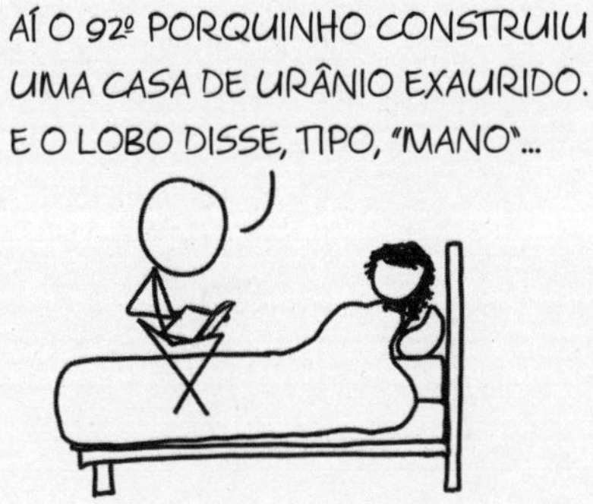

Até aí tudo bem, você estaria a salvo... Se fosse a única pessoa com um bunker. Infelizmente, você deve ter vizinhos; se o vizinho da frente também tiver um que não seja tão firme, o seu abrigo vai ter que resistir ao impacto do bunker *dele* a 1700 km/h.

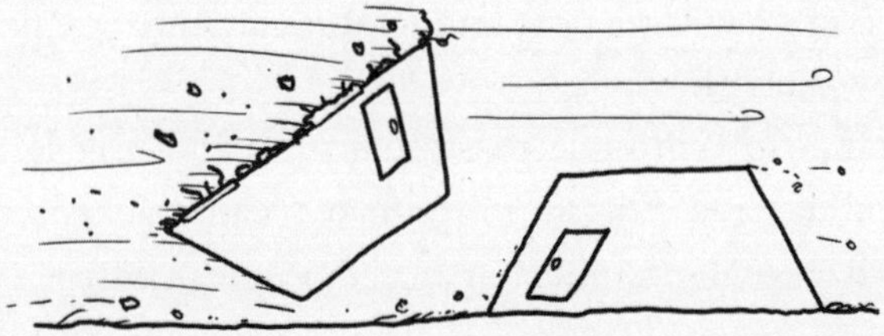

A raça humana não seria extinta.[1] Digamos que pouquíssima gente na superfície sobreviveria; os detritos voando pulverizariam tudo que não fosse resistente a bombas nucleares. Por outro lado, bastante gente sob a superfície sobreviveria muito bem. Se você estivesse num porão bem fundo (ou melhor ainda: um túnel de metrô) quando a coisa toda acontecesse, haveria uma boa chance de sobrevivência.

Outros teriam sorte. Dezenas de cientistas e suas equipes que trabalham na estação de pesquisa Amundsen-Scott, no polo Sul, estariam a salvo dos ventos.

1 Ou melhor, não imediatamente.

O primeiro sinal de problema que eles perceberiam: o mundo lá fora, de repente, ficaria em silêncio.

Talvez o silêncio misterioso os distraísse por um instante, mas uma hora alguém notaria uma coisa mais estranha:

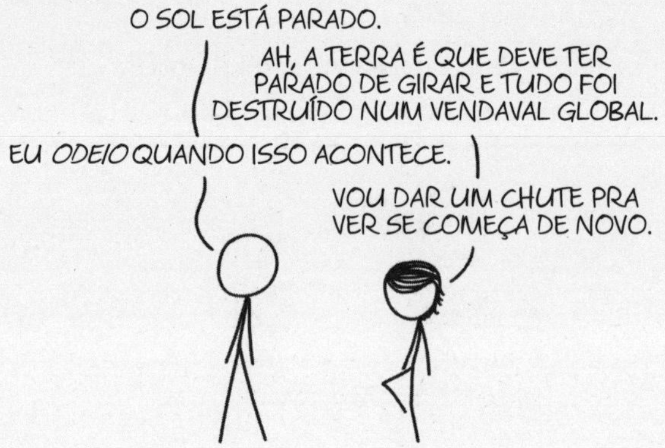
O SOL ESTÁ PARADO.
AH, A TERRA É QUE DEVE TER PARADO DE GIRAR E TUDO FOI DESTRUÍDO NUM VENDAVAL GLOBAL.
EU *ODEIO* QUANDO ISSO ACONTECE.
VOU DAR UM CHUTE PRA VER SE COMEÇA DE NOVO.

A atmosfera

Assim que os ventos na superfície diminuíssem, as coisas ficariam ainda mais bizarras.

As rajadas de vento virariam rajadas de calor. Normalmente a energia cinética do vento é tão pequena que acaba sendo desconsiderada. Mas esse não seria um vento normal e, enquanto diminuísse até uma parada turbulenta, ele se aqueceria.

Sobre o solo, isso provocaria uma temperatura ardente e — nas regiões onde o ar é úmido — trovoadas globais.

Ao mesmo tempo, o vento que passasse nos oceanos iria agitar e vaporizar a camada superficial da água. Por um instante, o oceano deixaria de ter superfície; seria impossível dizer onde termina a maresia e começa o mar.

Os oceanos são *gelados*. Debaixo da fina camada superficial, a temperatura é quase uniforme: 4°C. A tempestade faria a água fria subir das profundezas. O influxo de água gelada no ar superaquecido criaria um clima que nunca se viu na Terra — um misto de vento, chuva, neblina e variações bruscas de temperatura.

A ressurgência levaria ao florescer da vida, pois nutrientes frescos inundariam as camadas superiores. Ao mesmo tempo, causaria a dizimação de peixes, moluscos, tartarugas marinhas e animais incapazes de lidar com o afluxo de água das profundezas, que tem baixo teor de oxigênio. Qualquer animal que necessite respirar — como baleias e golfinhos — teria grande dificuldade em sobreviver na turbulenta interface mar-ar.

As ondas varreriam todo o planeta, de leste a oeste, e qualquer costa voltada para o leste teria a maior onda de tempestades na história mundial. Uma nuvem ofuscante de maresia invadiria o continente e, depois dela, um muro turvo e turbulento de água viria como um tsunami. Em alguns lugares, as ondas avançariam quilômetros.

As tempestades de vento levariam imensas quantidades de pó e detritos à atmosfera. Ao mesmo tempo, uma densa camada de neblina seria formada sobre as superfícies geladas do oceano. Normalmente, isso faria a temperatura global despencar. E é o que ia acontecer.

Pelo menos de um lado da Terra.

Se a Terra parasse de girar, o ciclo comum de dia e noite chegaria ao fim. O Sol não iria parar de se mexer no céu, mas em vez de nascer e se pôr uma vez por dia, ele faria isso uma vez por *ano.*

Dia e noite teriam seis meses de duração, mesmo no equador. Do lado do dia, a superfície cozinharia com a luz solar constante, enquanto do lado da noite a temperatura despencaria. A convecção do lado do dia levaria a megatempestades na região diretamente abaixo do Sol.[2]

De certa forma, a Terra lembraria um dos exoplanetas com rotação sincronizada encontrados normalmente na zona habitável de estrelas anãs vermelhas, mas a melhor comparação seria com Vênus bem no seu início. Por causa de sua rotação, Vênus — assim como a Terra parada — mantém a mesma face apontada para o Sol durante meses. Contudo, sua atmosfera é densa e circula muito rápido, de forma que o lado dia e o lado noite têm mais ou menos a mesma temperatura.

Embora a duração do dia viesse a mudar, a duração do mês continuaria a mesma! Isso porque a Lua não pararia de girar em torno da Terra. Contudo, sem a rotação da Terra alimentando-a com a energia maremotriz, a Lua *pararia* de

2 Se bem que, sem a força inercial de Coriolis, sabe-se lá para qual lado iriam girar.

ganhar distância da Terra (como faz atualmente) e, aos poucos, começaria a se aproximar.

Aliás, a Lua — nossa fiel companheira — conseguiria desfazer o estrago causado pelo cenário proposto por Andrew. Atualmente a Terra gira mais rápido que a Lua, e nossas marés diminuem a rotação da Terra e empurram a Lua para longe.[3] Se parássemos de girar, a Lua pararia de se afastar da gente. Em vez de diminuir nossa velocidade, as marés iriam intensificar nosso giro. Aos pouquinhos e delicadamente, a gravidade da Lua rebocaria nosso planeta…

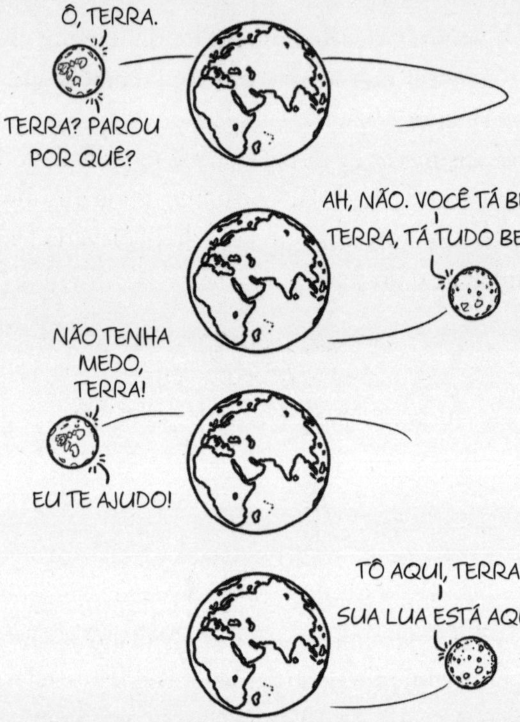

… e a Terra voltaria a girar.

3 Ver "Leap seconds" (Segundos bissextos), disponível em <http://what-if.xkcd.com/26/>, para entender como isso acontece.

BOLA DE BEISEBOL RELATIVISTA

P. E se você tentasse rebater uma bola de beisebol arremessada a 90% da velocidade da luz?

— Ellen McManis

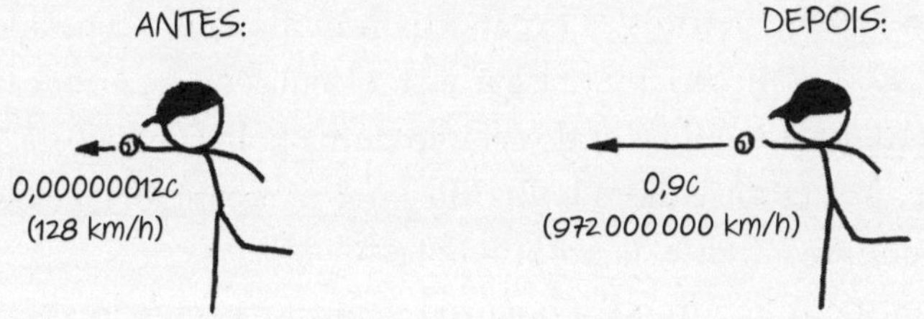

Vamos desconsiderar como seria possível a bola atingir essa velocidade e supor que seja um arremesso normal. Mas quando o arremessador solta a bola, ela ganha a aceleração mágica de 0,9c. Daqui para a frente, tudo se dá segundo a física normal.

R. A RESPOSTA ACABA SENDO "aconteceria um monte de coisa". E seria tudo muito rápido e não terminaria bem para o rebatedor (nem para o arremessador). Peguei uns livros de física, um boneco articulado do Nolan Ryan* e um monte de vídeos de testes nucleares para ver se consigo entender o negócio. A seguir vai tudo que consegui prever, de nanossegundo em nanossegundo.

A bola ganharia tal velocidade que tudo o mais ficaria praticamente estático. Até as moléculas do ar, que vibram a centenas de quilômetros por hora, ficariam

* Jogador de beisebol que atuou profissionalmente entre as décadas de 1960 e 1990, com arremessos que superavam 160 km/h. (N. T.)

paradas. A bola atravessaria as moléculas a 965 *milhões* de quilômetros por hora. Ou seja, em relação à bola, tudo estaria parado, congelado.

O conceito de aerodinâmica seria inaplicável. Geralmente o ar flui em volta de qualquer coisa que se movimente nele. Mas as moléculas do ar em frente a essa bola não teriam tempo de se acomodar. A bola bateria nelas com tanta força que os átomos dessas moléculas entrariam em fusão com os átomos na superfície da bola. Cada colisão liberaria um estouro de raios gama e partículas dispersas.[1]

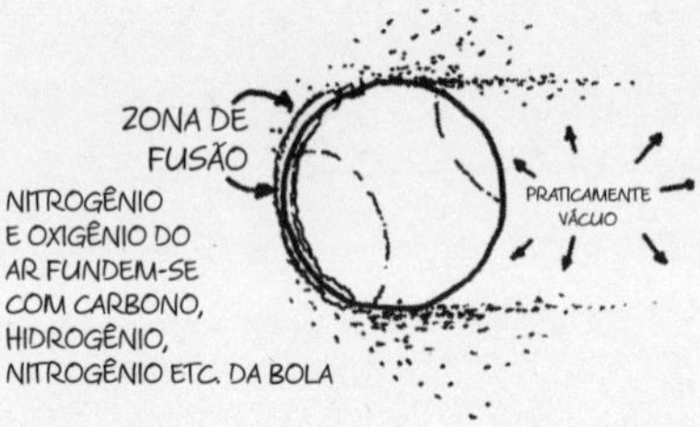

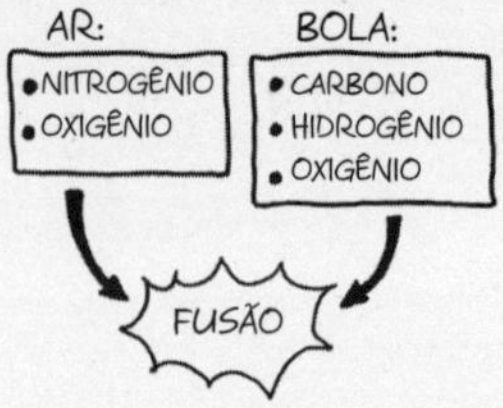

Esses raios gama e detritos se expandiriam numa bolha centrada na base do arremessador. Elas começariam a rasgar as moléculas do ar, arrancando elétrons dos núcleos e transformando o ar do estádio numa bolha em expansão de plasma incandescente. A superfície dessa bolha chegaria ao rebatedor à velocidade da luz — só um pouquinho à frente da própria bola.

A fusão constante em frente à bola iria gerar uma força inversa, o que a retardaria um pouco — como se a bola fosse um foguete com a cauda voltada para a frente ao ativar os motores. Infelizmente, a bola estaria em tal velocidade que mesmo a força tremenda dessa explosão termonuclear mal diminuiria seu passo. Contudo, a explosão começaria a corroer a superfície, lançando pequenos fragmentos da bola em todas as direções. Eles teriam tanta velocidade que, ao atingir moléculas do ar, ativariam mais duas ou três rodadas de fusões.

Passados aproximadamente setenta nanossegundos, a bola chegaria à base do rebatedor, o qual nem teria visto o arremessador fazer o lançamento, já que a luz que transporta essa informação chegaria nele mais ou menos no mesmo momento que a bola. As colisões com o ar teriam corroído a bola quase na sua totalidade, e nesse momento ela consistiria em uma nuvem de plasma (principalmente carbono, oxigênio, hidrogênio e nitrogênio), no formato de uma bala, chocando-

---

1 Depois que publiquei este texto pela primeira vez, o físico Hans Rinderknecht, do MIT, entrou em contato e disse que havia simulado essa situação no computador de seu laboratório. Ele descobriu que logo no início do voo da bola a maioria das moléculas do ar estaria em movimento veloz demais para provocar fusão e assim elas atravessariam a bola, aquecendo-a de um modo mais devagar e uniforme do que eu expliquei.

-se com o ar e provocando mais fusões ao longo do caminho. A camada externa de raios X seria a primeira a atingir o rebatedor, e poucos nanossegundos depois viria a nuvem de detritos.

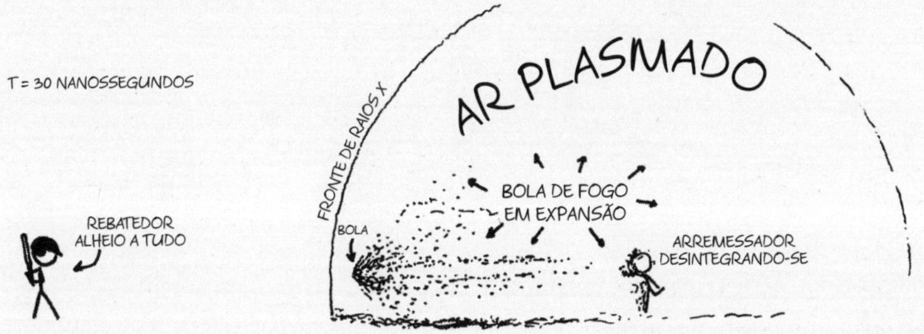

Quando estivesse chegando à *home plate*, o centro da nuvem ainda estaria numa velocidade que seria uma fração relevante da velocidade da luz. Primeiro atingiria o bastão, mas aí rebatedor, base e receptor seriam todos erguidos do chão e pressionados contra a cerca de proteção até se desintegrarem. A camada de raios X e plasma superaquecido expandiria para fora e para o alto, engolindo a cerca, as duas equipes, as arquibancadas e todo o bairro em volta — ainda no primeiro microssegundo.

Se você estivesse assistindo do alto de um morro, fora da cidade, a primeira coisa que iria observar seria uma luz ofuscante, muito mais forte que o Sol. Ela diminuiria lentamente ao longo de segundos, e uma bola de fogo em expansão subiria até virar uma nuvem em forma de cogumelo. Então, com um estrondo absurdo, a onda de choque da explosão passaria arrancando árvores e destruindo casas.

Tudo num raio de mais ou menos 1,5 km seria detonado, e uma tempestade de fogo engoliria a cidade. O perímetro do campo de beisebol, agora uma imensa cratera, estaria localizado a cento e poucos metros da antiga cerca de proteção.

Segundo a Regra 6.08(b) da Major League de Beisebol, nessa situação o rebatedor seria considerado "atingido pelo arremesso" e teria direito de avançar para a primeira base.

PISCINA DE COMBUSTÍVEL NUCLEAR

P. E se eu fosse nadar numa típica piscina de armazenamento de combustível nuclear usado? Eu precisaria mergulhar para ter uma dose fatal de radiação? Por quanto tempo eu ficaria seguro na superfície?

— Jonathan Bastien-Filiatrault

R. CONSIDERANDO QUE VOCÊ SEJA um nadador razoável, seria possível sobreviver entre dez e quarenta horas na água. Passado esse tempo, você iria apagar devido à fadiga e morrer afogado. O mesmo vale para uma piscina sem combustível nuclear no fundo.

O combustível que se usa nos reatores nucleares é altamente radioativo. A água ajuda tanto isolando a radiação quanto resfriando, por isso o combustível é armazenado no fundo de tanques durante algumas décadas, até ficar inerte o bastante para ser removido em tonéis secos. Ainda não sabemos direito onde deixar esses tonéis. Quem sabe um dia desses a gente descubra.

Esta é a geometria de um típico tanque para armazenamento de combustível:

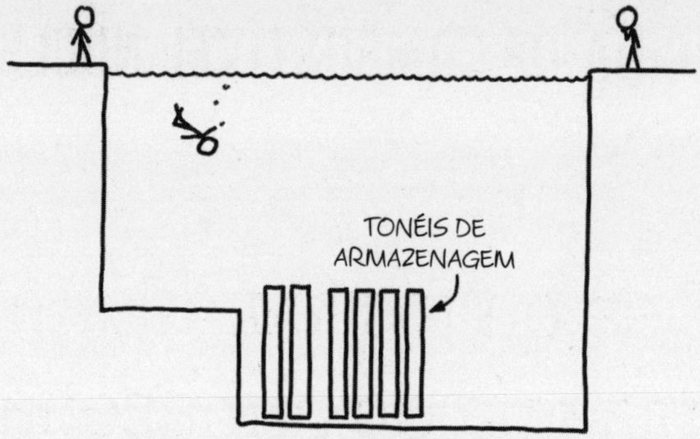

O calor não seria grande problema. A temperatura da água numa piscina de combustível teoricamente vai até os 50°C, mas na prática costuma ficar entre 25°C e 35°C — mais quente que a maioria das piscinas, porém mais fria que uma jacuzzi.

As barras de combustível de maior radioatividade são as que foram recém-removidas do reator. No caso do tipo de radiação emitida por combustível nuclear usado, cada 7 cm de água diminui a quantidade de radiação pela metade. Com base nos níveis de atividade fornecidos pela Ontario Hydro, essa seria a região perigosa para barras de combustível recém-chegadas:

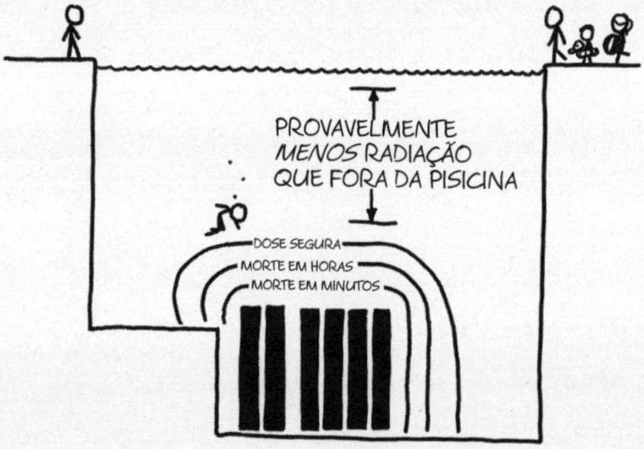

Nadar até o fundo, tocar com os cotovelos num tubo de combustível recém--chegado e de imediato voltar à superfície provavelmente causaria a sua morte.

Mas, respeitando essas fronteiras, você poderia nadar em volta o quanto quisesse — a dose do núcleo seria menor que a dose de radiação de fundo normal a que você se expõe andando por aí. Aliás, enquanto estiver embaixo d'água, você estará protegido da maior parte dessa radiação de fundo comum. É possível até que receba uma dose menor de radiação nadando cachorrinho numa piscina de combustível usado do que andando pela rua.

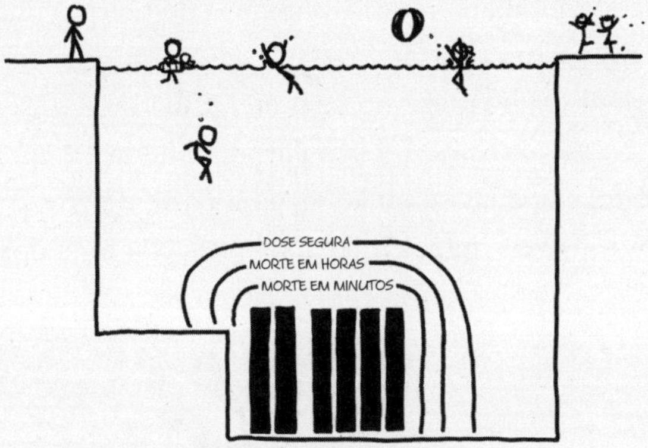

Lembre-se: eu sou cartunista.
Se você seguir o que eu digo em relação a nadar em volta de material radioativo, você provavelmente merece tudo o que pode lhe acontecer.

Isso se tudo sair como planejado. Se houver corrosão no invólucro das barras de combustível usado, pode haver produtos da fissão na água. Eles deixam a água limpinha, e você não iria se ferir nadando, mas ela ficaria tão radioativa que seria proibido vender em garrafinha.[1]

Sabemos que é seguro nadar nesses tanques porque rotineiramente mergulhadores humanos entram lá para realizar serviços.

Contudo, eles têm que ter cuidado.

Em 31 de agosto de 2010, um mergulhador estava trabalhando numa piscina de combustível usado no reator nuclear de Leibstadt, na Suíça. Ele avistou uma extensão não identificada de tubulação no fundo do tanque e chamou o supervisor por rádio, perguntando como proceder. Disseram para ele pôr num cesto de ferramentas, o que foi feito. Como as bolhas na piscina faziam barulho, o mergulhador não ouviu o alerta de radiação.

Quando o cesto foi tirado da água, os alertas de radiação da sala berraram. A cesta foi jogada de volta no tanque, e o mergulhador pulou para fora. O dosímetro do seu crachá mostrava que ele havia recebido uma dose de corpo inteiro maior que o normal, e a dose na sua mão direita era extremamente alta.

Acabou descobrindo-se que o objeto era a tubulação preventiva de um mo-

1 Uma pena — daria um belo energético.

nitor de radiação no núcleo do reator, que ficou altamente radioativo devido ao fluxo de nêutrons. Ele fora acidentalmente arrancado enquanto se fechava uma cápsula em 2006 e afundou até um canto remoto do tanque, onde ficou por quatro anos sem que ninguém notasse.

A tubulação era tão radioativa que, se o mergulhador tivesse enfiado no cinto ou numa bolsa e ficasse próximo do seu corpo, poderia ter morrido. Aconteceu de a água protegê-lo, e apenas sua mão — uma parte do corpo mais resistente à radiação do que os sensíveis órgãos internos — recebeu uma dose feia.

Portanto, quanto à segurança para nadar, você não teria problema algum se não fosse até o fundo nem pegasse nada de estranho.

Mas, por garantia, falei com um amigo que trabalha num reator de pesquisa e perguntei o que ele achava que aconteceria com alguém que tentasse nadar no tanque de contenção.

"No *nosso* reator?" Ele parou um instante para pensar. "Você morreria bem rápido, antes de chegar na água, mas por causa dos tiros."

PERGUNTAS BIZARRAS (E PREOCUPANTES) QUE CHEGAM AO *E SE?* — Nº 1

P. Seria possível deixar os dentes em temperatura tão baixa que eles se estilhaçariam ao tomar uma xícara de café quente?

— Shelby Hebert

P. Quantas casas são incendiadas por ano nos Estados Unidos? Qual seria a forma mais simples de aumentar esse número em quantia significativa (pelo menos 15%, digamos)?

— Chandler Wakefield

MÁQUINA DO TEMPO NOVA-IORQUINA

P. Presumo que quando se viaja no tempo, você para exatamente no mesmo lugar da superfície terrestre. Pelo menos era assim no *De volta para o futuro*. Então como seria voltar no tempo, para a Times Square, em Nova York, há mil anos? E há 10 mil anos? E há 100 mil anos? E há 1 milhão de anos? E há 1 bilhão de anos? E 1 milhão de anos adiante?

— Mark Dettling

Há mil anos

Manhattan é habitada ininterruptamente há 3 mil anos e foi colonizada por seres humanos há cerca de 9 mil anos.

No século XVII, quando chegaram os europeus, a região era habitada pelo povo lenape.[1] Os lenapes eram uma confederação dispersa de tribos que moravam onde hoje fica Connecticut, Nova York, Nova Jersey e Delaware.

Há mil anos, a região provavelmente era habitada por um ajuntamento similar de tribos, mas eram habitantes que viviam lá há meio milênio antes do contato com os europeus. Estavam tão distantes dos lenapes do século XVII quanto esses estão dos de hoje.

Para saber como era a Times Square antes de haver uma cidade, podemos recorrer a um projeto magnífico chamado **Welikia**, que surgiu a partir de um projeto menor, o **Mannahatta**. O Welikia rendeu um mapa ecológico detalhado da paisagem de Nova York à época da chegada dos europeus.

O mapa interativo, disponível em Welikia.org, fez um retrato sensacional de uma Nova York muito diferente. Em 1609, a ilha de Manhattan era parte de uma paisagem de colinas onduladas, pântanos, florestas, rios e lagos.

A Times Square de mil anos atrás seria ecologicamente similar àquela descrita pelo Welikia. Sem entrar em detalhes, provavelmente lembraria as florestas primitivas que ainda se encontram em alguns pontos no noroeste dos Estados Unidos. Contudo, haveria diferenças notáveis.

Há mil anos, haveria mais animais de grande porte. O que resta hoje das florestas primitivas do noroeste está quase desprovido de grandes predadores; tem alguns ursos, uns poucos lobos e coiotes, mas praticamente nenhum leão da montanha. (A população cervídea, por outro lado, teve uma explosão que se deve em parte à eliminação de seus predadores.)

As florestas nova-iorquinas de mil anos atrás seriam lotadas de castanheiras. Antes de uma praga que passou por ali no início do século XX, as florestas decíduas temperadas ao leste da América do Norte eram 25% castanheiras. Agora só restam os tocos.

Hoje ainda é possível encontrar esses tocos nas florestas de New England. De vez em quando saem uns brotinhos, mas eles começam a definhar assim que a praga ataca. Algum dia, não demora muito, o último desses tocos vai morrer.

---

1 Também conhecido como povo delaware.

Seria comum dar de cara com lobos nas florestas, principalmente se você avançasse mais para dentro do continente. Talvez também encontrasse leões da montanha[2,3,4,5,6] e pombos-passageiros.[7]

Tem *uma* coisa que você *não* veria: minhocas. Elas não existiam em New England quando os colonos europeus chegaram. Para saber o motivo da ausência das minhocas, vamos dar mais um passo rumo ao passado.

Há 10 mil anos

A Terra de 10 mil anos atrás estava acabando de sair de um período de frio intenso.

As grandes camadas de gelo que cobriam New England partiram-se. Há 22 mil anos, a ponta sul da geleira ficava perto de Staten Island, mas há 18 mil anos ela havia recuado para o norte e passado de Yonkers.[8] À época de nossa chegada, há 10 mil anos, o gelo já estava passando a fronteira atual com o Canadá.

Os mantos de gelo haviam devastado a paisagem de tal forma que só ficou

2 Também conhecidos como pumas.
3 Também conhecidos como onças-pardas.
4 Também conhecidos como gatos selvagens.
5 Também conhecidos como jaguarunas.
6 Também conhecidos como onças-vermelhas.
7 Embora você não fosse ver as nuvens com trilhões de pombos que os colonizadores europeus viram. No livro *1491*, Charles C. Mann diz que as revoadas descomunais que os colonizadores europeus viram podem ter sido sintoma de um ecossistema em polvorosa devido à chegada da varíola, das gramíneas e das abelhas produtoras de mel.
8 Ou melhor: a localização atual de Yonkers. Provavelmente não se chamava "Yonkers" na época, já que esse nome é de origem holandesa, de um assentamento que data do final do século XVII. Contudo, há quem diga que um lugar chamado "Yonkers" sempre existiu e que, na verdade, precede os humanos e a própria Terra. Quer dizer, acho que só eu digo isso, mas sou bem enfático.

o leito rochoso. Ao longo dos 10 mil anos seguintes, a vida lentamente voltou a surgir rumo ao norte. Algumas espécies seguiram nessa direção antes das outras; quando os europeus chegaram em New England, as minhocas ainda não haviam voltado.

Com o afastamento dos mantos de gelo, pedações de geleira se partiram e ficaram para trás.

Quando esses pedações de gelo derretiam, deixavam depressões cheias d'água no chão, chamadas de **lagos de chaleira**. O lago Oakland, próximo à ponta norte do Springfield Boulevard, no Queens, é um desses lagos de chaleira. Os mantos de gelo também derrubavam as rochas que iam pegando pelo caminho; algumas dessas rochas — chamadas de **blocos erráticos** — podem ser vistas atualmente no Central Park.

Debaixo do gelo, rios de água derretida fluíam com alta pressão, depositando areia e cascalho pelo caminho. Esses depósitos, que permanecem em cordilheiras chamadas de **eskers**, cruzam a paisagem florestal em frente à minha casa em Boston. São eles os responsáveis por vários acidentes geográficos esquisitos, incluindo os únicos leitos aquáticos verticais em U do mundo.

Há 100 mil anos

O mundo de 100 mil anos atrás talvez fosse mais parecido com o nosso.[9] Vivemos numa era de glaciação veloz e pulsante, mas faz 10 mil anos que nosso clima está estável[10] e quente.

Há 100 mil anos, a Terra estava chegando ao fim de um período similar de estabilidade climática. Foi o chamado **período interglacial Sangamon**, que provavelmente serviu de sustento para um panorama ecológico evoluído, que nos pareceria familiar.

A geografia da costa seria totalmente diferente; Staten Island, Long Island, Nantucket e Martha's Vineyard eram todas bermas deslocadas pelo avanço mais recente do gelo, que passou como uma escavadeira. Há cem milênios, havia outras ilhas pontilhando a costa.

Muitos dos bichos de hoje estariam nessas florestas — passarinhos, esquilos, cervos, lobos, ursos-negros —, mas com acréscimos significativos. Para saber mais sobre eles, vamos voltar para o mistério do antilocapra.

O antilocapra moderno (antílope norte-americano) é um enigma. Ele corre demais — aliás, mais rápido do que precisa. Chega a quase 90 km/h e mantém essa velocidade a longas distâncias. Mas seus predadores mais velozes, os lobos e coiotes, mal chegam aos 55 km/h numa corrida. Por que o antilocapra ganhou tanta velocidade?

A resposta é que o antilocapra evoluiu em um mundo bem mais perigoso que o nosso. Há 100 mil anos, as florestas da América do Norte eram o lar do *Canis dirus* (o lobo pré-histórico), do *Arctodus* (o urso-de-cara-achatada) e do *Smilodon fatalis* (um felino com dentes de sabre), sendo que todos eram mais rápidos e mais letais que os predadores modernos. Eles desapareceram na extinção em massa do Quaternário, que aconteceu pouco depois de os primeiros humanos colonizarem o continente.[11]

Se voltarmos um pouco mais no tempo, encontraremos outro predador horripilante.

Há 1 milhão de anos

Há 1 milhão de anos, antes do episódio mais recente de glaciação, o mundo era bem quente. Estávamos no meio do período Quaternário; as grandes eras do gelo

---

9 Só tinha menos outdoors.

10 Bom, *estava* estável. Já estamos dando um jeito de mudar isso.

11 Pura coincidência, claro.

haviam começado milhões de anos antes, mas houve uma calmaria no avanço e recuo das geleiras, de forma que o clima ficou relativamente estável.

Os predadores que conhecemos anteriormente — as criaturas velozes que talvez tenham caçado os antilocapras — estavam acompanhados por outro carnívoro aterrorizante: uma hiena de patas compridas que lembrava um lobo moderno. As hienas viviam principalmente na África e na Ásia, mas quando o nível dos mares baixou, uma espécie atravessou o estreito de Bering e chegou à América do Norte. Como foi a única a fazer essa travessia, essa espécie de hiena ganhou o nome *Chasmaporthetes,* que significa "aquele que viu o cânion".

A seguir, a pergunta de Mark nos leva a um grande salto temporal.

Há 1 bilhão de anos

Há 1 bilhão de anos, as placas continentais eram reunidas num único e grande supercontinente. Não o famoso supercontinente **Pangeia**, mas sim seu antecessor, **Rodínia**. O registro geológico é impreciso, mas podemos supor que era mais ou menos assim:

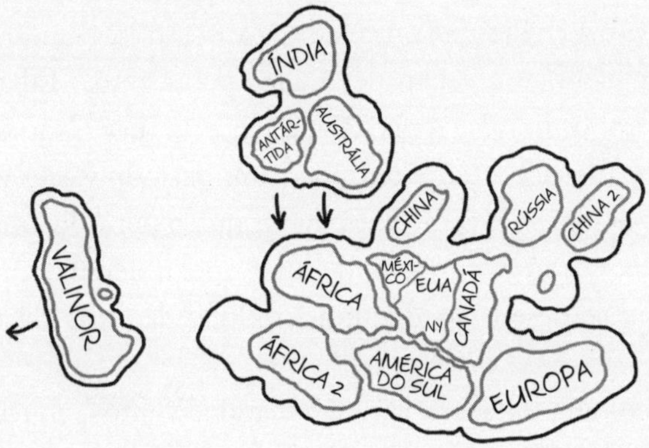

Na época de Rodínia, o leito rochoso que hoje fica sob Manhattan ainda estava para se formar, mas as rochas profundas da América do Norte já eram antigas. A parte do continente que hoje é Manhattan provavelmente era uma região continental conectada ao que são as atuais Angola e África do Sul.

Nesse mundo muito antigo, não havia nem plantas nem bichos. Os oceanos eram cheios de vida, mas era uma vida simples, unicelular. Na superfície da água, havia esteiras de algas verde-azuladas.

Essas criaturinhas modestas são os maiores assassinos da história biológica.

As algas verde-azuladas, ou **cianobactérias**, foram os primeiros organismos a fazer fotossíntese. Elas inspiravam dióxido de carbono e expiravam oxigênio. O oxigênio é um gás volátil: faz o ferro enferrujar (oxidação) e a madeira queimar (oxidação vigorosa). Quando as cianobactérias surgiram, o oxigênio que respiravam era nocivo a quase todas as formas de vida. A extinção que elas provocaram é chamada de a **catástrofe do oxigênio**.

Depois que as cianobactérias encheram a atmosfera e a água terrestre de oxigênio tóxico, as criaturas evoluíram e aproveitaram a natureza volátil do gás para ativar novos processos biológicos. Nós somos descendentes dos primeiros respiradores de oxigênio.

Muitos detalhes dessa história não são claros; é difícil reconstruir o mundo de 1 bilhão de anos atrás. Mas a pergunta de Mark agora nos leva a domínios ainda mais incertos: o futuro.

Um milhão de anos adiante

Em algum momento, os humanos serão extintos. Ninguém sabe dizer quando,[12] mas nada vive para sempre. Quem sabe a gente vá para as estrelas e dure bilhões ou trilhões de anos. Ou a civilização entre em colapso, todo mundo morra de doença ou fome, e os que sobrarem sejam devorados pelos gatos. Talvez todos seremos mortos por nanorrobôs horas depois de você ler esta frase. Não tem como saber.

Um milhão de anos é bastante tempo. É um período várias vezes maior que a existência do *Homo sapiens* e cem vezes maior que o período em que tivemos linguagem escrita. Parece mais razoável deduzir que, independentemente de como a história humana se desenrole, daqui a 1 milhão de anos ela terá saído de seu estágio atual.

Sem nós, a geologia da Terra vai rachar tudo. Ventos, chuva e areia vão dissolver e enterrar os artefatos de nossa civilização. A mudança climática por ação humana provavelmente atrasará o começo da próxima glaciação, mas ainda não encerramos o ciclo de eras do gelo. Uma hora as geleiras voltarão a avançar. Daqui a 1 milhão de anos restarão poucos artefatos humanos.

Nossa relíquia mais duradoura provavelmente será a camada de plástico que depositamos planeta afora. Quando escavamos petróleo, processamos até virar um polímero resistente e de longa vida e espalhamos isso pela superfície da Terra; deixamos uma marca que pode viver mais do que tudo que já fizemos.

---

12 Se você souber, me mande um e-mail.

Nosso plástico será esfarrapado e enterrado, e talvez algum micróbio aprenda a digerir. Mas o mais provável é que daqui a 1 milhão de anos uma camada deslocada de hidrocarbonetos processados — fragmentos de nossas garrafinhas de xampu e sacolas de supermercado — servirá de monumento químico à civilização.

O futuro distante

O Sol está clareando aos poucos. Faz 3 bilhões de anos que um complexo sistema de retroalimentação mantém a temperatura da Terra relativamente estável enquanto o Sol vai ficando cada vez mais quente.

Daqui a 1 bilhão de anos, essa retroalimentação terá acabado. Nossos oceanos, que nutriram a vida e a mantiveram resfriada, terão se transformado no nosso pior inimigo. Eles ferverão por causa do Sol muito quente, envolvendo o planeta numa maré espessa de vapor d'água e provocando um efeito estufa desembestado. Daqui a 1 bilhão de anos, a Terra será como Vênus.

Com o aquecimento do planeta, talvez a gente perca totalmente nossa água e ganhe uma atmosfera de vapor rochoso, pois a própria crosta vai começar a ferver. Por fim, depois de vários bilhões de anos, seremos consumidos pelo Sol em expansão.

A Terra será incinerada; muitas das moléculas que constituíam a Times Square serão lançadas ao longe pelo Sol moribundo. Essas nuvens de pó vão vagar pelo espaço, talvez entrem em colapso e formem novas estrelas e novos planetas.

Se os humanos conseguirem fugir do sistema solar e viver mais do que o Sol, talvez um dia nossos descendentes habitem um desses planetas. Os átomos da Times Square, reprocessados pelo centro do Sol, formarão nossos novos corpos.

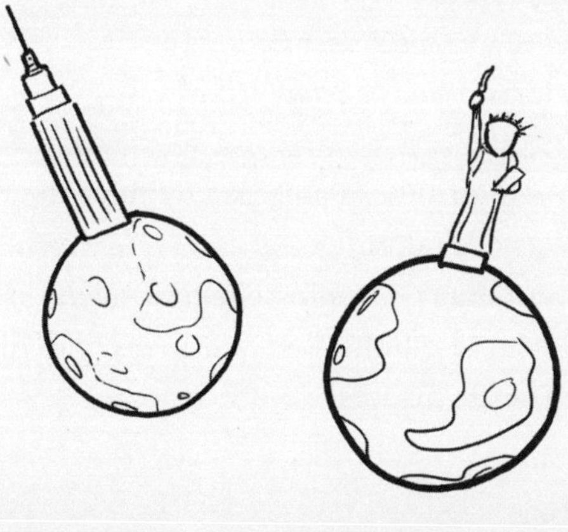

Um dia, seremos todos mortos ou seremos todos nova-iorquinos.

ALMAS GÊMEAS

P. E se todo mundo realmente tivesse uma alma gêmea, que fosse uma pessoa aleatória em qualquer lugar do mundo?

— Benjamin Staffin

R. SERIA UM PESADELO.

Existem vários problemas na ideia de uma alma gêmea única e aleatória. Como Tim Minchin explicou na música "If I Didn't Have You":

Your love is one in a million;
You couldn't buy it at any price.
But of the 9999 hundred thousand other loves,
*Statistically, some of them would be equally nice.**

Mas e se tivéssemos a atribuição ao acaso de uma alma gêmea perfeita e *não* houvesse como ser feliz com outra pessoa? Será que a encontraríamos?

Vamos supor que sua alma gêmea fosse determinada ao nascer. Você não sabe nada sobre a pessoa, quem é ou onde está, mas — como diz o clichê — vocês se reconhecerão num cruzar de olhares.

* "Seu amor é um em 1 milhão;/ Não existe preço que compre./ Mas das 9999 centenas de milhares de outros amores,/ Segundo a estatística, alguns seriam igualmente legais." (N. T.)

Logo de cara, isso rende algumas perguntas. Para começar, será que sua alma gêmea ainda estaria viva? Uns 100 bilhões de humanos já existiram, mas só 7 bilhões estão vivos no momento (o que mostra que a condição humana tem uma taxa de mortalidade de 93%). Se fôssemos emparelhados aleatoriamente, 90% de nossas almas gêmeas estariam mortas há muito tempo.

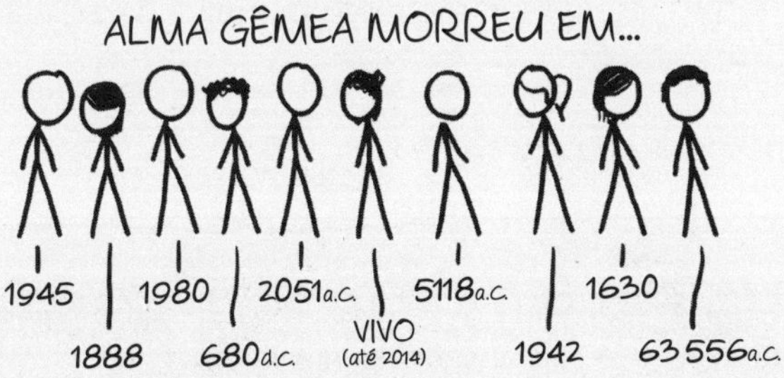

E isso seria horrível. Mas peraí, fica pior. Um argumento bem simples demonstra que não devemos nos limitar aos seres humanos do passado, pois também temos que incluir um número incontável de seres humanos do futuro. Pois veja só: se nossa alma gêmea pode estar no passado remoto, então também pode ser possível encontrar almas gêmeas no futuro distante. Afinal de contas, ela é *sua* alma gêmea.

Então vamos supor que vocês vivam na mesma época. Além disso, para não sermos desagradáveis, ela está na mesma faixa etária que você. (Que é mais restrita que a fórmula-padrão da desagradabilidade na diferença de idade;[1] mas, se vamos imaginar que duas pessoas de trinta e quarenta anos podem ser almas gêmeas, a regra da desagradabilidade é violada se elas se conhecerem por acaso quinze anos antes.) Considerando a restrição de faixa etária, a maioria da humanidade teria uma reserva de aproximadamente meio bilhão de combinações possíveis.

Mas e o sexo e a orientação sexual? E a cultura? E a língua? Poderíamos seguir usando dados demográficos para estreitar mais, porém aí estaríamos nos distanciando da ideia de uma alma gêmea aleatória. No nosso esquema, você não saberia *nada* sobre ela até olhá-la nos olhos. Todo mundo teria uma só orientação: em direção à alma gêmea.

As chances de se deparar com seu par perfeito seriam absurdamente pequenas. O número de estranhos com os quais estabelecemos contato visual por dia varia de quase zero (no caso de introvertidos ou gente que mora em cidades pequenas)

---

1 "Date pools" (Reserva de cônjuges), disponível em: <http://xkcd.com/314>.

a muitos milhares (como um policial na Times Square), mas vamos supor que todo dia você troque olhares com uma média de poucas dezenas de gente que nunca viu. (Eu sou bastante introvertido, então no meu caso a estimativa é bem generosa.) Se 10% deles estão próximos da sua idade, isso daria 50 mil pessoas numa vida. Dado que você tem 500 milhões de almas gêmeas em potencial, quer dizer que só encontraria o verdadeiro amor em uma vida a cada 10 mil.

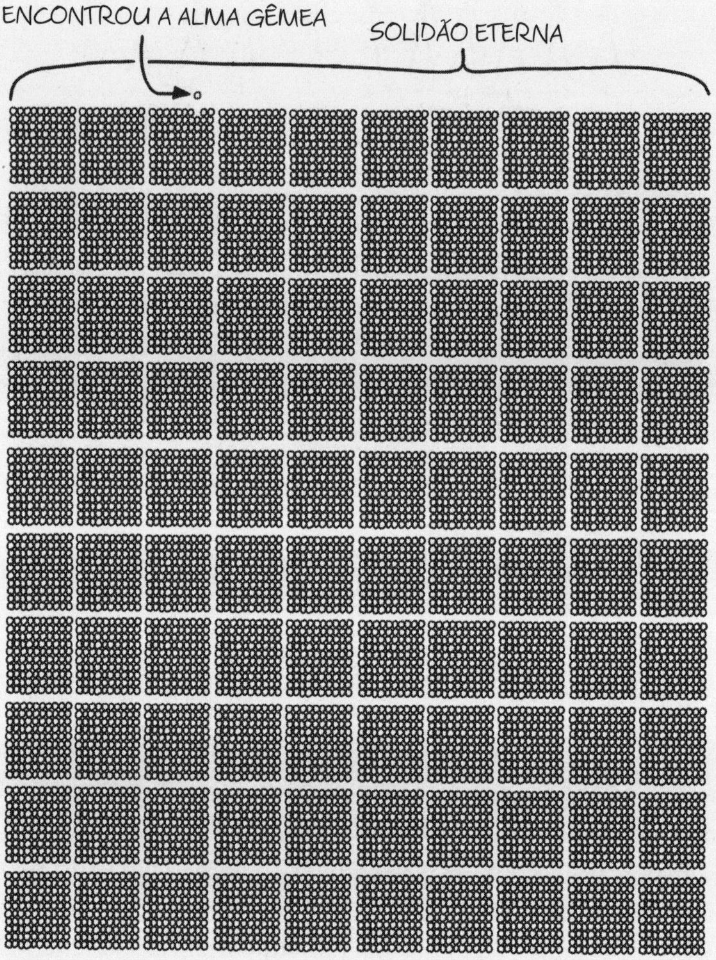

Com a ameaça de morrer solitariamente pairando tão forte, a sociedade passaria por uma reestruturação para produzir o máximo possível de contatos visuais.

Poderíamos criar uma imensa esteira de produção para fazer fileiras de pessoas se olharem...

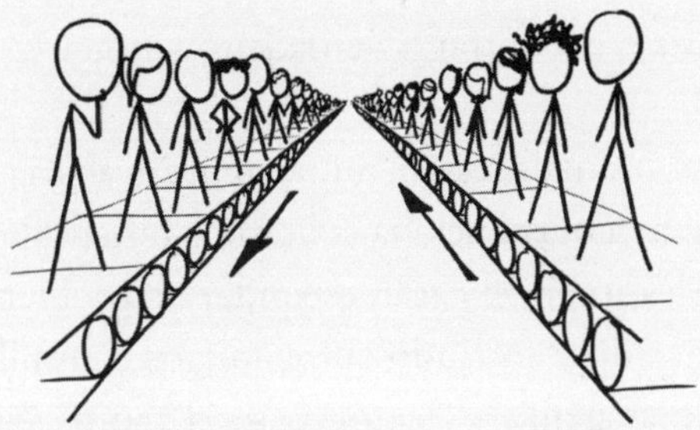

... mas se o contato visual funcionar por *webcam*, basta usar uma versão diferente do ChatRoulette.

Se todo mundo usar o sistema oito horas por dia, sete dias por semana, e você precisar de dois segundos para decidir se alguém é sua alma gêmea, o sistema conseguiria — teoricamente — fazer todo mundo encontrar seu par em questão de décadas. (Fiz alguns modelos com sistemas simples para estimar com que velocidade as pessoas ganhariam pares e sairiam da reserva de solteiros. Se você quiser tentar mexer nas contas para ter uma configuração determinada, é melhor dar uma olhada em perturbações mentais.)

No mundo real, muita gente tem dificuldade em encontrar algum tempo para o amor — são poucos os que poderiam dedicar duas décadas. Então quem sabe só os riquinhos poderiam ter tempo de ficar no AlmaGêmeaRoulette. Infelizmente, para o notório 1%, a maior parte de suas almas gêmeas estaria nos outros 99%. Se apenas 1% dos abastados usasse o serviço, então 1% desse 1% conseguiria encontrar seu par pelo sistema: um em cada 10 mil.

Os outros 99% do 1% seriam incentivados a chamar mais gente para o sistema.[2] Talvez patrocinassem projetos beneficentes para dar computadores ao resto do mundo — uma mistura do projeto "Um laptop por criança" com o site OKCupid. Profissões como caixa de supermercado e policial da Times Square seriam prêmios de alto escalão por conta do potencial de contato olho no olho. As pessoas migrariam para metrópoles e locais públicos para encontrar seu amor — como já fazem.

2 "Somos os 0,99%!"

Mas mesmo que muitos de nós passássemos anos no AlmaGêmeaRoulette, que outro bando conseguisse ficar em empregos que oferecessem contato visual constante com estranhos, e todos os demais contassem com a sorte, só uma pequena minoria chegaria a encontrar o verdadeiro amor. Os que restassem seriam os azarados.

Com tanto estresse e tanta pressão, muita gente acabaria fingindo. Para entrar no clube, eles se uniriam a outra pessoa solitária e fariam de conta que encontraram a alma gêmea. Eles iriam se casar, esconder os problemas conjugais e fazer um esforço para estar sempre sorrindo entre amigos e família.

Um mundo de almas gêmeas aleatórias seria muito solitário. Vamos torcer para que o nosso já não seja assim.

CANETAS LASER

P. Se todas as pessoas na Terra apontassem uma caneta laser para a Lua ao mesmo tempo, ela mudaria de cor?

— Peter Lipowicz

R. NÃO COM UMA CANETA laser comum.

A primeira coisa a se considerar é que todo mundo não vê a Lua ao mesmo tempo. Até poderíamos reunir toda a galera num lugar só, mas vamos escolher um momento em que a Lua esteja exposta à vista do máximo possível de pessoas. Já que aproximadamente 75% da população vive entre 0° L e 120° L, seria bom fazer a experiência enquanto ela estivesse sobre o mar da Arábia.

Podemos tentar iluminar a lua nova ou a lua cheia. A lua nova é mais escura, o que facilita para ver nosso laser. Mas também é um alvo meio complicadinho, porque é mais visível durante o dia — o efeito ficaria desbotado.

Vamos escolher a lua crescente, pois aí podemos comparar o efeito de nosso laser nos lados claro e escuro.

Aqui está o nosso alvo.

A caneta laser comum tem aproximadamente 5 miliwatts, e as boas têm um feixe compacto o bastante para atingir a Lua — embora ele viesse a se espalhar por uma grande fração da superfície ao chegar lá. A atmosfera distorceria um pouco do feixe, absorveria outro tanto, mas a maior parte da luz chegaria.

Vamos supor que a mira de todo mundo seja boa para atingir a Lua, mas não mais do que isso, e que a luz se espalhe uniformemente pela superfície.

À meia-noite e meia (horário de Greenwich), todo mundo aponta e aperta o botão.

Isso foi o que aconteceu:

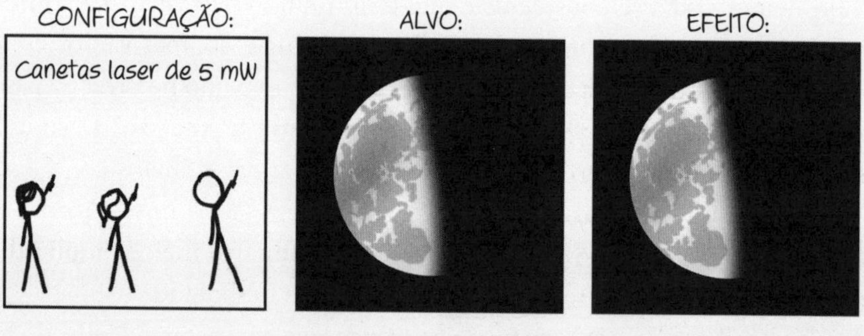

Que decepção!

Mas faz sentido. A luz do Sol banha a Lua com pouco mais de 1 quilowatt de energia por metro quadrado. Como a seção transversal da Lua tem uns 10^{13} m^2, ela é banhada por 10^{16} W de luz do Sol — 10 petawatts ou 2 megawatts por pessoa —, que ganha em muito da caneta laser de 5 miliwatts. A eficiência varia em cada etapa desse sistema, mas nada muda a equação básica.

Um laser de 1 W é um negocinho extremamente perigoso. Ele não só pode cegar, como também queimar sua pele e botar fogo em objetos. É óbvio que a venda deles é proibida nos Estados Unidos.

Brincadeirinha! Você compra com uns trezentos dólares. É só procurar "laser de mão 1 W".

Então vamos supor que gastamos 2 trilhões de dólares e compramos lasers verdes de 1 W para todo mundo. (Aviso a candidatos presidenciais: esse decreto renderia meu voto.) Além de ser mais potente, o laser verde fica mais próximo do meio do espectro visível, por isso o olho é mais sensível a ele, parecendo mais brilhante.

O efeito é este:

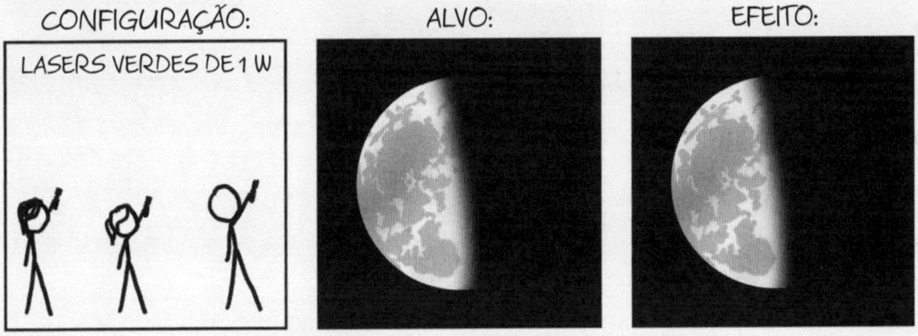

Putz.

As canetas laser que estamos usando emitem aproximadamente 150 lumens (mais do que muita lanterna) num feixe de 5 arco-minutos. Daria para iluminar a superfície da Lua com mais ou menos 0,5 lux de luminescência — contra 130 mil luxes do Sol. (Mesmo que a nossa mira fosse perfeita, ele só renderia meia dúzia de luxes sobre uns 10% da face da Lua.)

Para efeito de comparação, a lua cheia ilumina a superfície da Terra com aproximadamente 1 lux de luminescência — ou seja, nossos lasers seriam fracos para se ver da Terra, mas se você estivesse na Lua, a luz do laser no relevo lunar seria mais fraca do que a luz lunar é para a Terra.

Com o avanço das baterias de lítio e da tecnologia LED nos últimos dez anos, o mercado de lanternas de alta performance explodiu. Mas é óbvio que lanternas não dão conta. Então vamos pular essa parte e dar uma Nightsun para cada pessoa no mundo.

Talvez você não conheça pelo nome, mas já viu: é aquele holofote acoplado a helicópteros da polícia e da guarda costeira. Com uma potência da ordem de 50 mil lumens, ele consegue fazer um pedacinho de terra passar da noite para o dia.

O feixe tem vários graus de amplitude, então precisaríamos de uma lente de foco para reduzir ao meio grau necessário para atingir a Lua.

É difícil de ver, mas estamos progredindo! O feixe nos dá 20 luxes de luminescência, superando a luz ambiente da metade escura em duas vezes! Todavia, isso não se vê com facilidade e com certeza que não afetou a metade iluminada.

Então vamos trocar cada Nightsun por um projetor de IMAX — uma dupla de lâmpadas com resfriamento a água, 30 mil W e saída combinada de mais de 1 milhão de lumens.

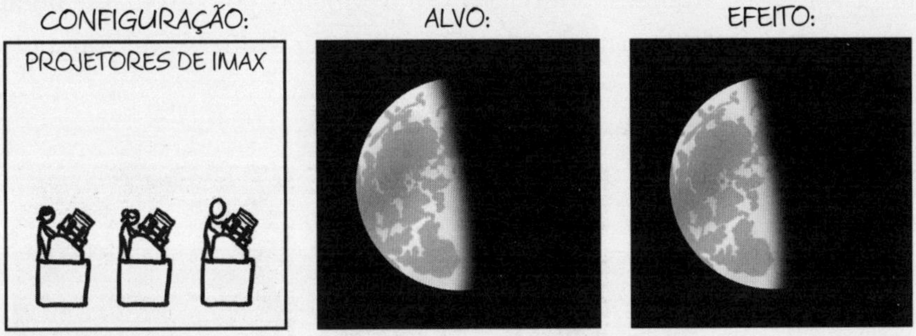

Ainda mal se vê.

O topo do hotel Luxor, em Las Vegas, tem o holofote mais potente do planeta. Agora cada pessoa na Terra ganha um desses.

Ah, e armamos uma lente em cada um para o feixe todo ficar focado na Lua.

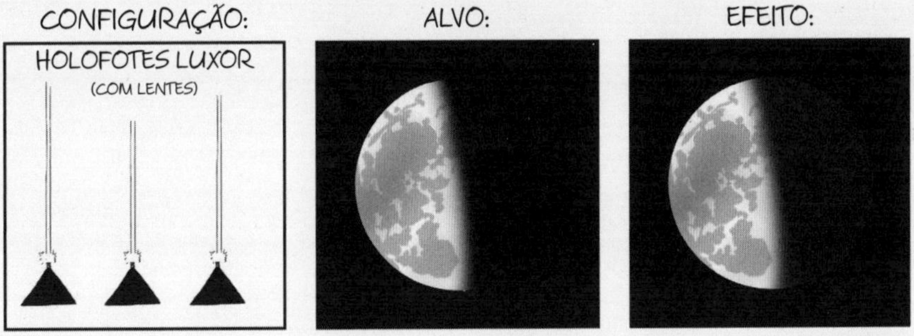

Dá pra ver a nossa luz, então atingimos nossa meta! Bom trabalho, time!

Bom…

O Departamento de Defesa criou lasers de megawatts, projetados para destruir mísseis durante o voo.

O Boeing YAL-1 era um laser químico de oxigênio-iodo acoplado a um 747, e ele chegava aos megawatts. Era um laser infravermelho, por isso não se podia ver diretamente. Mas vamos imaginar que exista um laser de luz visível com potência similar.

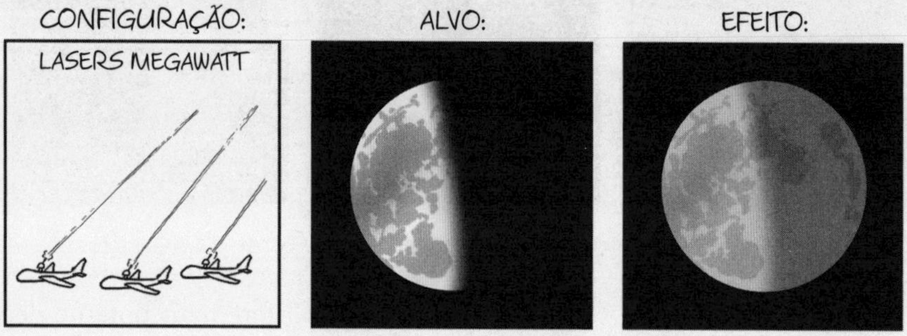

Finalmente conseguimos nos equiparar ao brilho da luz do Sol!

E, no caso, estamos usando 5 petawatts de potência, o dobro do consumo médio de energia mundial.

O.k., vamos armar um laser de megawatt em cada metro quadrado do continente asiático. A energia para abastecer 50 trilhões de lasers consumiria todas as reservas de petróleo da Terra em aproximadamente dois minutos. Mas, por dois minutos, a Lua ficaria assim:

A Lua brilharia tanto quanto o Sol no meio da manhã; ao fim desses dois minutos, o regolito lunar seria aquecido até brilhar.

O.k., vamos sair só mais um pouquinho do reino da plausibilidade.

O laser mais potente da Terra é o feixe de confinamento na National Ignition Facility, um laboratório de pesquisa em fusão. É um laser ultravioleta com saída de 500 terawatts. Ele, porém, só lança pulsos de alguns nanossegundos, de forma que o total de energia transmitida é equivalente a um quarto de xícara de gasolina.

Vamos supor que encontramos um jeito de abastecê-lo e de acioná-lo continuamente, que cada pessoa do mundo ganhou um e todos apontam para a Lua. Infelizmente, o fluxo de energia do laser transformaria a atmosfera em plasma, botaria fogo na superfície terrestre e mataria todo mundo. Mas vamos pensar que demos um jeito de os lasers cruzarem a atmosfera sem interagir com ela.

Nessas circunstâncias, *ainda assim* a Terra pegaria fogo. A luz refletida pela Lua seria 4 mil vezes mais forte que o sol do meio-dia. O luar seria tão potente que iria evaporar os oceanos da Terra em menos de um ano.

Mas, deixando a Terra de lado, o que seria da Lua?

O próprio laser exerceria tanta pressão de radiação que faria a Lua se acelerar aproximadamente 10 milionésimos de 1 G. Essa aceleração não seria notável a curto prazo, mas com o passar dos anos, ela se somaria a ponto de empurrá-la da órbita da Terra...

... isso se a pressão de radiação fosse a única força nesse caso.

Quarenta megajoules de energia já bastam para vaporizar 1 kg de rocha. Pensando que a rocha lunar tem densidade média de aproximadamente 3 kg/litro, os lasers produziriam tanta energia que vaporizariam 4 m de leito rochoso lunar por segundo.

$$\frac{5 \text{ bilhões de pessoas} \times 500 \frac{\text{terawatts}}{\text{pessoa}}}{\pi \times \text{raio da Lua}^2} \times \frac{1 \text{ quilograma}}{40 \text{ megajoules}} \times \frac{1 \text{ litro}}{3 \text{ quilogramas}} \approx 4 \frac{\text{metros}}{\text{segundos}}$$

A rocha lunar, porém, não iria evaporar tão rápido — e o motivo disso, por acaso, é muito relevante.

Quando um naco de rocha é vaporizado, ele não desaparece simplesmente. A camada superficial da Lua torna-se plasma, mas esse plasma ainda iria impedir o trajeto do feixe.

Nosso laser ainda continuaria vertendo cada vez mais energia ao plasma, que ficaria cada vez mais quente. As partículas ricocheteariam entre si, batendo-se contra a superfície da Lua, e acabariam sendo lançadas no espaço numa velocidade incrível.

O fluxo de matéria transforma toda a superfície lunar num foguete — um dos mais eficientes. Usar lasers para destruir uma superfície dessa forma é o que chamamos de ablação por laser e, por acaso, é um método promissor para a propulsão de espaçonaves.

A Lua é maciça, mas aos poucos é certo que o jato de plasma de rocha começaria a distanciá-la da Terra. (O jato também varreria a face do nosso planeta e destruiria os lasers, porém estamos fingindo que eles são invulneráveis.) O plasma também arrancaria fisicamente a superfície lunar, uma interação bem complexa que seria difícil modelar.

Mas se fizermos a suposição maluca de que as partículas no plasma saem a uma velocidade média de 500 km/s, então levaria alguns meses para a Lua ser desviada do caminho do nosso laser. Ela manteria a maior parte de sua massa, porém escaparia da gravidade da Terra e entraria numa órbita torta em volta do Sol.

Tecnicamente, a Lua não se tornaria um planeta novo, segundo a definição de planeta da União Astronômica Internacional. Já que sua nova órbita cruzaria com a da Terra, ela seria considerada um planeta-anão, como Plutão. Essa órbita que cruza a Terra levaria a perturbações orbitais periódicas e imprevisíveis. Mais dia, menos dia, ela seria estilingada em direção ao Sol, ou ejetada do sistema solar, ou bateria contra um dos planetas — possivelmente o nosso. E acho que todos concordam que, nesse caso, seria merecido.

Resultado:

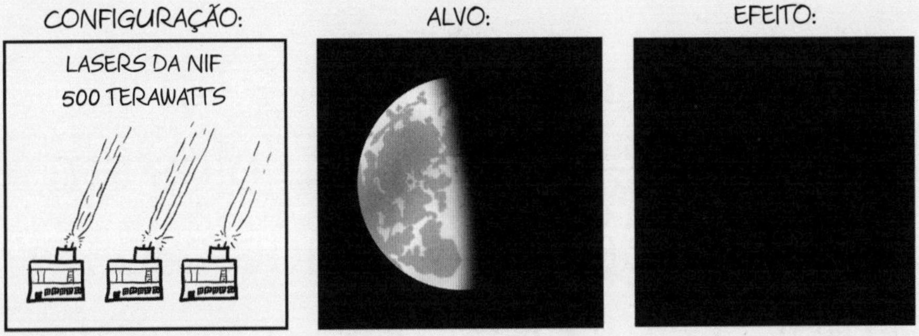

E isso, enfim, seria potência suficiente.

MURETA PERIÓDICA

P. E se você fizesse uma tabela periódica de tijolos em forma de cubo, sendo cada tijolo composto pelo elemento correspondente?

— **Andrew Connolly**

R. EXISTE GENTE QUE COLECIONA elementos. São colecionadores que buscam reunir amostras físicas de todos os elementos que conseguirem em mostruários na forma da tabela periódica.[1]

Dos 118 elementos, trinta deles — como hélio, carbono, alumínio e ferro — são comercializados em forma pura. Pode-se conseguir mais alguns desmontando coisas (por exemplo, encontram-se amostras minúsculas de amerício em detectores de fumaça). Outros, você também pode comprar pela internet.

No fim das contas, é possível conseguir amostras de uns oitenta elementos — noventa, se você estiver disposto a arriscar sua saúde, segurança e ficha criminal. Os outros são radioativos demais ou têm duração muito curta para se reunir mais do que alguns átomos por vez.

Mas e se você *conseguisse*?

---

1 Imagine colecionar Pokémons, porém mais perigosos, mais radioativos e de vida curta.

A tabela periódica tem sete fileiras.[2]

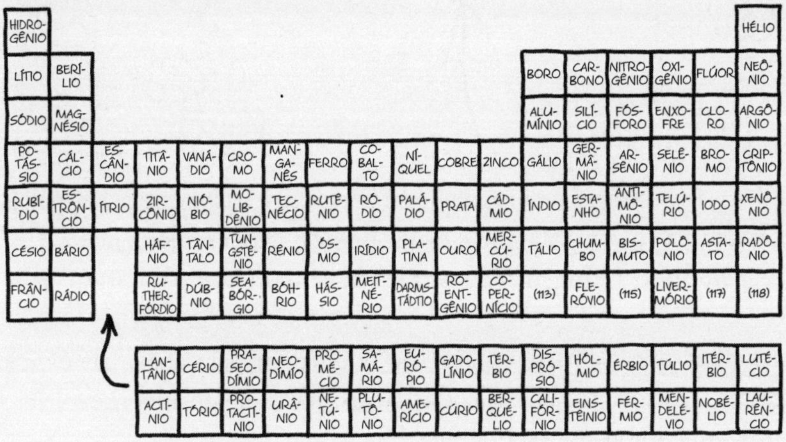

- As duas fileiras de cima você empilha sem muito problema.
- A terceira fileira iria pegar fogo e você sairia queimado.
- A quarta fileira mataria você devido à fumaça tóxica.
- A quinta fileira faria tudo isso e TAMBÉM banharia você com uma leve dose de radiação.
- A sexta fileira explodiria violentamente, destruindo o prédio numa nuvem de fogo com pó radioativo e venenoso.
- Não faça a sétima fileira.

Vamos começar pelo alto. A primeira fileira é simples, mas sem graça:

O cubo de hidrogênio vai subir e se dispersar, como um balão sem o balão. O hélio fará a mesma coisa.

A segunda fileira é mais complicadinha.

---

2 Pode já existir uma oitava fileira enquanto você lê este livro. E se você estiver lendo em 2038, a tabela periódica já tem dez fileiras, mas ela não pode ser mencionada nem discutida, porque os lordes robôs proibiram.

O lítio iria se estragar na mesma hora. O berílio é bastante nocivo, por isso você deveria manuseá-lo com cuidado e evitar pegar qualquer poeira no ar.

O oxigênio e o nitrogênio dispersam-se lentamente pelo ar. O neônio saiu voando.[3]

O gás flúor, que é amarelo-claro, iria se espalhar pelo chão. Ele é o elemento mais reativo e corrosivo da tabela periódica. Qualquer substância exposta ao flúor puro entra em combustão espontânea.

Conversei com o químico orgânico Derek Lowe sobre essa situação.[4] Ele disse que o flúor reagiria com o neônio e "faria meio que uma trégua armada com o cloro; mas quanto ao resto, xiii...". Mesmo nas fileiras posteriores, o flúor causaria problemas caso se espalhasse; e se entrasse em contato com qualquer umidade, ele formaria ácido fluorídrico corrosivo.

Se você respirasse uma mínima quantidade, o negócio provocaria danos sérios ou destruiria seu nariz, seus pulmões, sua boca, seus olhos e por fim o que sobrasse do seu corpo. Você precisaria muito de uma máscara de gás. Tenha em mente que o flúor corrói muitos materiais potenciais da máscara, então seria bom testar antes. Divirta-se!

Chegamos à terceira fileira!

Metade dos dados aqui apresentados provém do CRC Handbook of Chemistry and Physics *e a outra metade de* Olhar o mundo ao redor.

---

3 Ou melhor, isso se eles estiverem nas formas diatômicas (por ex., O_2 e N_2). Se o cubo for formado por átomos solo, aos poucos eles vão se combinar e aquecer-se a milhares de graus.

4 Lowe é autor do ótimo blog de pesquisa sobre drogas *In the Pipeline.*

Aqui, o maior encrenqueiro seria o fósforo. Puro, ele tem várias formas. O fósforo vermelho é razoavelmente seguro para lidar. O branco entra em combustão espontânea em contato com o ar. Ele tem chama forte, difícil de apagar e, além de tudo, é bem venenoso.[5]

O enxofre não seria problema em circunstâncias normais; na pior das hipóteses, teria cheiro ruim. Contudo, nosso enxofre ficaria num sanduíche entre o fósforo incandescente da esquerda... E o flúor e o cloro à direita. Quando o enxofre é exposto ao gás flúor puro — assim como acontece com muitas substâncias —, ele pega fogo.

O argônio, inerte, é mais pesado que o ar, por isso ele só iria se espalhar e cobrir o chão. Não se preocupe com o argônio. Você terá problemas maiores.

O fogo renderia um monte de substâncias que têm nomes tipo hexafluoreto de enxofre. Se você fizer isso em ambiente fechado, vai sufocar devido à fumaça tóxica e pode ser que sua estrutura pegue fogo.

E estamos só na fileira três. Vamos à quarta!

"Arsênio" dá medo. E o motivo para dar medo é dos bons: ele é nocivo a praticamente todas as formas de vida complexas.

Às vezes o pânico é infundado; há quantias mínimas de arsênio natural em todos os alimentos e na água, e isso não nos causa problema. Mas não estamos nessa situação.

O fósforo em chamas (agora acompanhado do potássio incandescente, que é igualmente dado à combustão espontânea) poderia fazer o arsênio entrar em combustão, liberando trióxido de arsênio em grandes quantidades. É um troço extremamente tóxico. Não inale isso!

5 O que contribuiu para seu uso controverso em projéteis de artilharia incendiária.

Essa fileira produziria um fedor horrível. O selênio e o bromo teriam uma reação muito forte, e Lowe diz que o selênio em combustão "faz enxofre parecer Chanel".

Se o alumínio sobrevivesse ao fogo, ele passaria por uma reação estranha. O gálio em derretimento logo abaixo iria embebê-lo, rompendo sua estrutura e fazendo o alumínio ficar tão mole e fraco quanto papel molhado.[6]

O enxofre incandescente se derramaria sobre o bromo que, por sua vez, é líquido à temperatura ambiente, propriedade que compartilha com outro elemento: o mercúrio. Também é um sacana. A gama de compostos tóxicos que se produz com essa chama é, nesse momento, incalculável de tão grande. Contudo, se fizer essa experiência a certa distância, você ainda pode sair vivo.

A quinta fileira contém uma coisa bem interessante: tecnécio-99, nosso primeiro tijolo radioativo.

O tecnécio é o elemento de menor número que não possui isótopos estáveis. A dose de um litro cúbico do metal não seria o bastante para matar no nosso experimento, mas ainda seria substancial. Se passar o dia inteiro usando ele de chapéu — ou inspirar seu pó —, aí é certo que você morre.

Tirando o tecnécio, a quinta fileira seria muito parecida com a quarta.

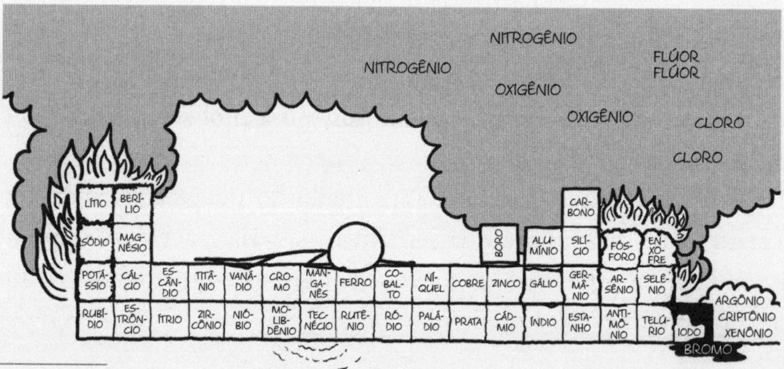

6 Procure "*gallium infiltration*" no YouTube para ver como é estranho.

Chegamos à sexta! Não interessa quanto cuidado se teve: você morreria na sexta fileira.

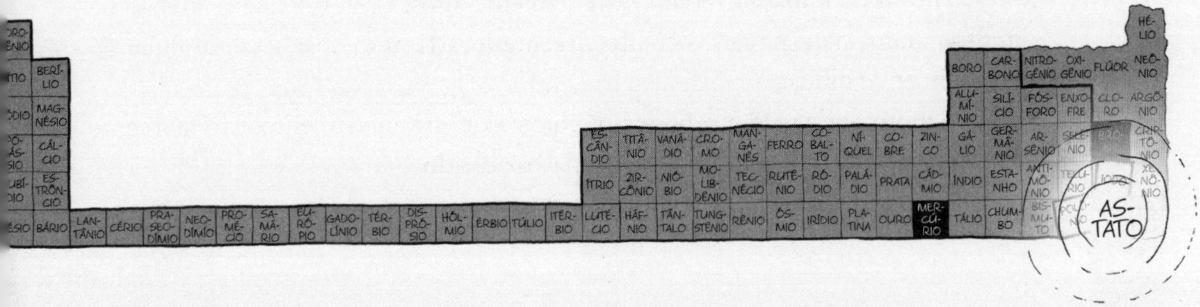

Esta versão da tabela periódica é um pouco mais larga da que você conhece, pois estamos inserindo os elementos lantanídeos e actinídeos nas fileiras 6 e 7. (Esses elementos normalmente são mostrados à parte da tabela principal para que ela não fique tão larga.)

A sexta fileira da tabela periódica contém vários elementos radioativos, incluindo promécio, polônio,[7] astato e radônio. O astato é o malvado da história.[8]

Não sabemos qual é a aparência do astato, pois, como diz Lowe, "é um troço que se recusa a existir". É tão radioativo (com uma meia-vida que se mede em horas) que qualquer pedaço seria vaporizado rapidamente pelo próprio calor. Os químicos suspeitam que ele tenha superfície negra, mas ninguém tem certeza.

Não existe ficha de dados de segurança de material com o astato. Se existisse, seria apenas a palavra NÃO garatujada várias vezes com sangue queimado.

Nosso cubo teria, por um período curto, mais astato do que já se sintetizou em toda a história. Digo "por um período curto" porque ele imediatamente se transformaria numa coluna de gás superaquecido. Só o calor já renderia queimaduras de terceiro grau a quem estivesse por perto, e sua edificação viria abaixo. A nuvem de gás quente subiria rapidamente ao céu, liberando calor e radiação.

A explosão seria do tamanho ideal para maximizar toda a papelada jurídica que seu laboratório teria que enfrentar. Se ela fosse menor, talvez houvesse chance de encobrir. Se fosse maior, não restaria ninguém na cidade a quem enviar a papelada.

A poeira e os destroços recobertos de astato, polônio e outros produtos ra-

---

7 Em 2006, um guarda-chuva com ponta de polônio-120 foi usado para matar o ex-agente da KGB Alexander Litvinenko.

8 O radônio é o galã.

dioativos formariam uma nuvem, e a vizinhança na direção do vento iria ficar totalmente inabitável.

Os níveis de radiação seriam extremamente altos. Uma vez que se precisa de milissegundos para piscar, você literalmente levaria uma dose letal de radiação num piscar de olhos.

Sua morte seria pelo que podemos chamar de "envenenamento extremamente agudo por radiação" — ou seja, você seria cozinhado.

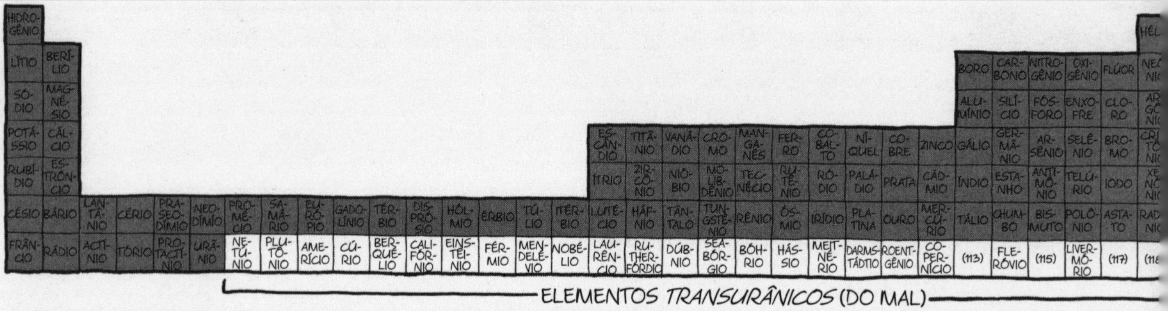

Existe um bando de elementos bizarros na parte inferior da tabela periódica chamados **elementos transurânicos**. Por muito tempo, vários deles tiveram apenas nomes de marcação, como "ununúnium", mas aos poucos eles vêm ganhando nomes permanentes.

Não que se tenha alguma pressa, pois a maioria desses elementos é tão instável que só dá para criá-los em aceleradores de partículas e eles só existem por alguns minutos. Se você tivesse 100 mil átomos de livermório (o elemento 116), depois de um segundo só sobraria um — e passados cento e poucos milissegundos, esse único também sumiria.

Para infelicidade do nosso projeto, os elementos transurânicos não somem com tranquilidade. Eles decaem radioativamente. E a maioria deles faz isso se transformando em coisas que *também* decaem. Um cubo de qualquer dos elementos de número mais alto decairia em questão de segundos, liberando uma quantidade de energia enorme.

O resultado não seria parecido com uma explosão nuclear — seria *exatamente* uma explosão nuclear. Contudo, diferente de uma bomba de fissão, não seria uma reação em cadeia — seria apenas uma reação. Tudo aconteceria ao mesmo tempo.

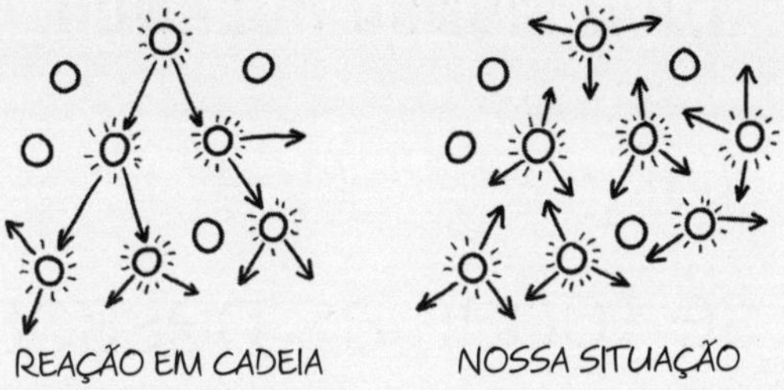

O fluxo de energia transformaria você — e o resto da tabela periódica — instantaneamente em plasma. O estouro seria parecido com o de uma detonação nuclear de tamanho médio, mas a chuva radioativa seria muito, muito pior — uma legítima salada de tudo que há na tabela periódica transformando-se em todo o resto na maior velocidade possível.

Formaria uma nuvem em forma de cogumelo sobre a cidade. O topo da coluna de fumaça chegaria à estratosfera, alimentado pelo próprio calor. Se você estivesse em área habitada, as fatalidades imediatas do estouro seriam assombrosas, mas a contaminação de longo prazo pela chuva radioativa seria ainda pior.

Não seria como a nossa chuva radioativa normal e cotidiana[9] — mas sim uma bomba nuclear *que não para de explodir.* Os destroços iriam se espalhar pelo mundo, soltando milhares de vezes mais radioatividade que o desastre de Chernobil. Regiões inteiras seriam devastadas; a faxina iria durar séculos.

Embora colecionar seja divertido, quando se trata de elementos químicos, você *não* vai gostar dessa coleção.

9 Essas coisinhas que a gente resolve fácil, sabe?

TODO MUNDO PULANDO

P. E se todas as pessoas na Terra ficassem o mais próximas possível umas das outras e pulassem, e todo mundo caísse no chão no mesmo instante?

— Thomas Bennett (mais um monte de gente)

R. ESSA É UMA DAS perguntas mais requisitadas do meu site. Já se tratou dela em outros sites, como o ScienceBlogs e o The Straight Dope. Eles cobriram muito bem a cinemática, mas não contaram toda a história.

Vamos observar mais de perto.

Para armar a situação, toda a população terrestre foi transportada magicamente para o mesmo lugar.

A multidão ocuparia uma área do tamanho de Rhode Island. Mas não há motivo para usarmos uma coisa vaga como "uma área do tamanho de Rhode

Island". A situação nos permite ser bem específicos: eles estão *exatamente* em Rhode Island.

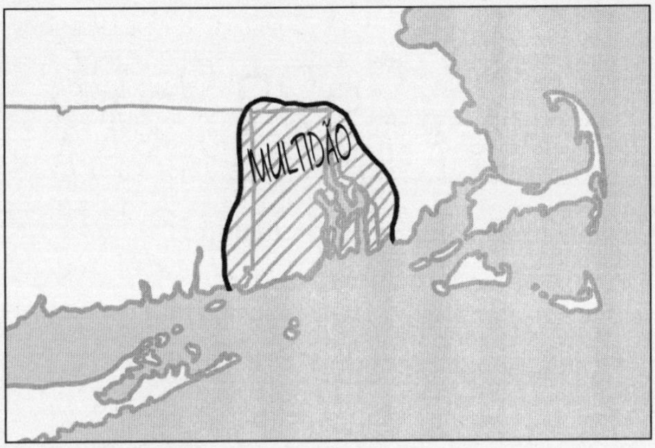

Ao soar do meio-dia, todo mundo pula.

Como já se viu nos outros sites, o planeta não sofre nada. Em termos de peso, a Terra ganha de nós num coeficiente de mais de 10 trilhões. Os humanos, em média, conseguem pular verticalmente talvez meio metro, com sorte. Mesmo se a Terra fosse rígida e reagisse na mesma hora, ela seria menos tensionada do que a extensão de um átomo.

Em seguida, todo mundo cai no chão.

Em termos técnicos, isso transmite um monte de energia para dentro da Terra, mas ela fica dispersa por uma área tão grande que o máximo que vai provocar é algumas pegadas num monte de jardins. Uma pequena palpitação se espalha pela crosta continental da América do Norte e se dissipa com efeitos mínimos. O som de todos esses pés atingindo o chão ao mesmo tempo cria um rugido alto e prolongado que dura uns segundos.

De repente, tudo fica em silêncio.

Segundos passam. Todo mundo fica se olhando.
Ninguém está à vontade. Alguém tosse.

Alguém puxa o telefone do bolso. Em questão de segundos, os 5 bilhões de celulares do resto do mundo são tirados do bolso. Todos eles — mesmo os que são compatíveis com as torres da região — dão SEM SINAL em sua língua. As redes de telefonia entraram em colapso por causa da sobrecarga sem precedentes. Fora de Rhode Island, todas as máquinas abandonadas começam a paralisar.

O aeroporto T. F. Green de Warwick, Rhode Island, atende mil e poucos passageiros por dia. Supondo que estejam organizados (incluindo despachar missões de reconhecimento para buscar combustível), eles poderiam trabalhar a 500% da capacidade durante alguns anos. Mas não iria diminuir nem uma unha da multidão.

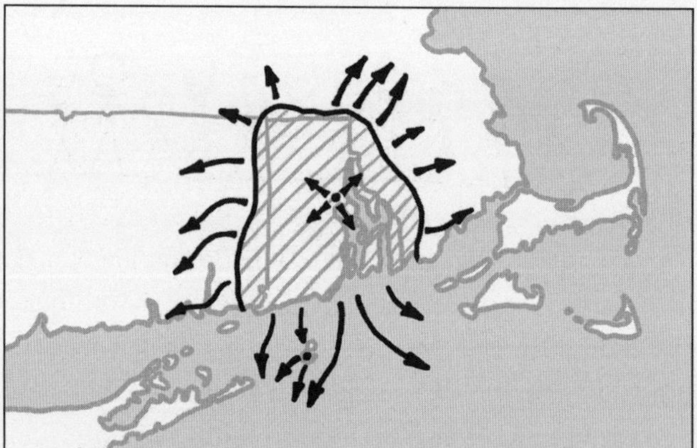

Acrescentar todos os aeroportos próximos não muda muita coisa. Tampouco a rede ferroviária. Multidões embarcam em navios de contêiner no porto de águas profundas em Providence, mas estocar comida e água para uma viagem marítima longa vira um desafio.

O meio milhão de carros de Rhode Island é confiscado para fins militares. Momentos depois, as estradas interestaduais I-95, I-195 e I-295 testemunham o maior engarrafamento da história mundial. A maioria dos carros é engolida pela multidão, mas uns poucos sortudos saem e começam a andar pela vasta rede de estradas vazias.

Alguns conseguem chegar a Nova York ou a Boston, porém ficam sem combustível. Já que a eletricidade está cortada, em vez de achar uma bomba de gasolina que funcione, é mais fácil abandonar o carro e roubar um novo. Quem é que vai impedir? Todos os policiais estão em Rhode Island.

A multidão mais à frente espalha-se pelo sul de Massachusetts e Connecticut. É improvável que cada par de pessoas que se encontre fale a mesma língua, e quase ninguém conhece a região. O estado torna-se um caos de hierarquias que ascendem e entram em colapso. Violência é uma coisa corriqueira. Todo mundo passa sede e fome. Os supermercados estão vazios. É difícil achar água fresca e não há sistema de distribuição que funcione.

Em questão de semanas, Rhode Island vira um cemitério de bilhões.

Os sobreviventes se espalham pela superfície do mundo e se esforçam para construir uma nova civilização sobre as ruínas imaculadas da antiga. Nossa espécie segue aos tropeços, mas a população está imensamente reduzida. A órbita da Terra não é afetada em nada — ela continua girando exatamente como girava antes de nosso pulo-espécie.

Mas pelo menos a gente aprendeu a lição.

UM MOL DE TOUPEIRAS

P. E se você reunisse um mol (unidade de medida) de moles (as toupeiras, criaturinhas peludas) no mesmo lugar?

— Sean Rice

R. A COISA IA FICAR meio nojenta.

Primeiro, às definições.

O mol é uma unidade. Mas não uma unidade comum. Na verdade é um número — como "dúzia" ou "bilhão". Se você tem um mol de alguma coisa, quer dizer que você tem 602 214 129 000 000 000 000 000 dessa coisa (geralmente expresso em $6{,}022 \times 10^{23}$). O número é grande assim[1] porque é usado para contar números de moléculas, que existem aos montes.

EXISTEM MOLÉCULAS DEMAIS.

1 "Um mol" é aproximadamente o número de átomos em 1 g de hidrogênio. Também é, por acaso, um bom chute para o número de grãos de areia na Terra.

A toupeira é uma espécie de mamífero escavador. Existem várias espécies, e algumas dão medo.[2]

Então, como seria um mol de toupeiras — 602 214 129 000 000 000 000 000 bichinhos?

Começamos por contas bem desvairadas. Isso é um exemplo do que passa pela minha cabeça antes mesmo de eu pegar a calculadora, quando só quero ter uma noção das quantidades — o tipo de cálculo em que 10, 1 e 0,1 são tão próximos que podemos tratá-los como iguais:

Uma toupeira é pequenina, então consigo pegar na mão e jogar longe.***[falta referência]*** Tudo que eu posso jogar longe pesa 1 libra. Uma libra é 1 kg. O número 602 214 129 000 000 000 000 000 tem mais ou menos o dobro do comprimento de 1 trilhão, ou seja, ele tem mais ou menos 1 trilhão de trilhões. Por acaso eu lembrei que 1 trilhão de trilhões de quilos é o peso de um planeta.

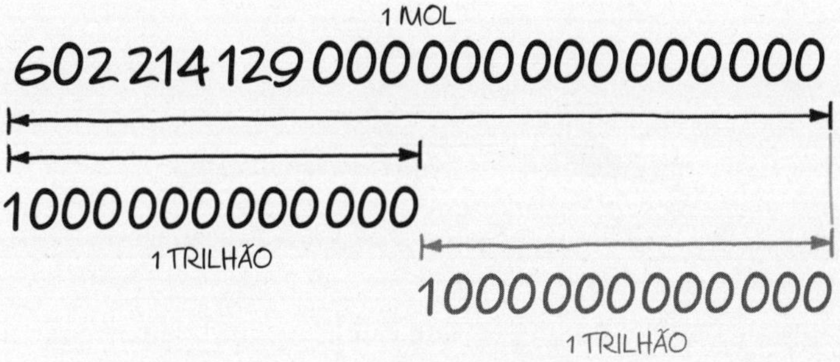

*... Se alguém perguntar, eu **não** falei que dá pra fazer matemática assim.*

2 Veja em: <http://en.wikipedia.org/wiki/File:Condylura.jpg>.

Isso basta para dizer que estamos tratando de uma pilha de toupeiras da escala de um planeta. Mas é uma estimativa bem grosseira, pois posso ter errado em milhares para qualquer dos lados.

Vamos usar uns números melhorzinhos.

A toupeira do leste (*Scalopus aquaticus*) pesa aproximadamente 75 g, de forma que um mol de toupeiras pesa:

$$(6{,}022 \times 10^{23}) \times 75\text{g} \approx 4{,}52 \times 10^{22}\,\text{kg}$$

Isso dá quase metade da massa da Lua.

Os mamíferos são compostos em boa parte de água. Um quilo de água ocupa um litro de volume. Então, se as toupeiras pesam $4{,}52 \times 10^{22}$ kg, elas ocupam $4{,}52 \times 10^{22}$ litros de volume. Perceba que estamos ignorando espaços entre as toupeiras. Você já vai entender por quê.

A raiz cúbica de $4{,}52 \times 10^{22}$ litros é 3562 km, ou seja, estamos falando de uma esfera com raio de 2210 km, ou de um cubo com 3561 km (ou 2213 milhas)[3] em cada aresta.

Se essas toupeiras fossem deixadas sobre a superfície da Terra, elas formariam uma coluna de 80 km — quase à borda (antiga) do espaço:

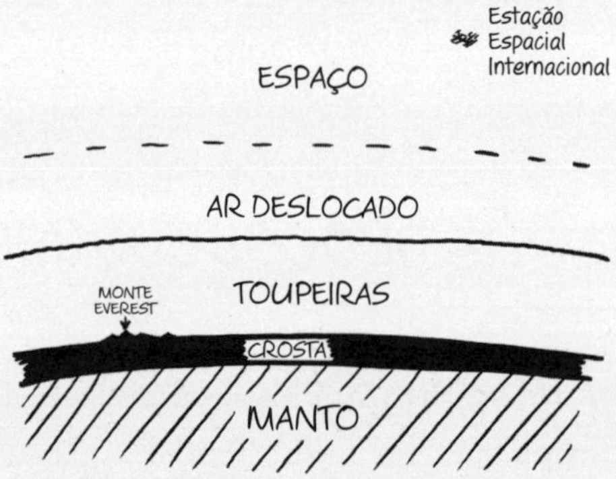

Esse oceano de carne em alta pressão acabaria com boa parte da vida no planeta, o que — para terror do Reddit — ameaçaria a integridade do Sistema de Nomes de Domínios (DNS, sigla em inglês). Ou seja, fazer esse negócio na Terra não seria opção.

3 Uma coincidência bonitinha que eu nunca tinha notado: uma milha cúbica é, por acaso, quase que exatamente $4/3\pi$ km³, então uma esfera com raio de X km ocupa o mesmo volume de um cubo com X milhas em cada aresta.

Então vamos reunir as toupeiras no espaço interplanetário. A atração gravitacional condensaria os bichinhos numa esfera. Carne não é uma coisa que se comprime fácil, então ela passaria só por um pouquinho de contração gravitacional, e teríamos um planeta-toupeira um pouquinho maior que a Lua.

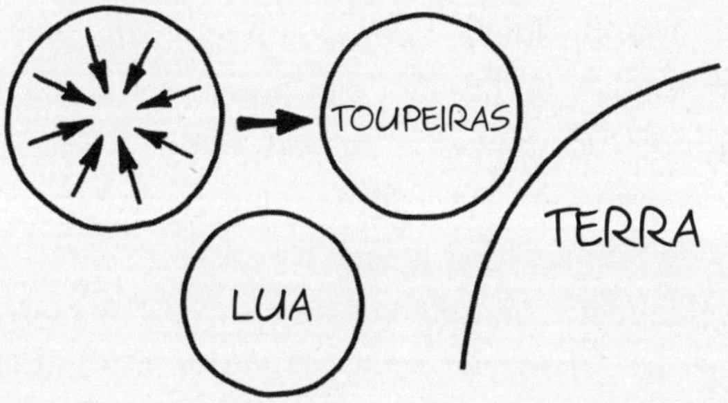

As toupeiras teriam gravidade superficial de $\frac{1}{16}$ em relação à da Terra — similar à de Plutão. O planeta iniciaria sua existência uniformemente morno — talvez um pouco mais que temperatura ambiente — e a contração gravitacional aqueceria a parte interna em alguns graus.

Mas aqui a coisa começa a ficar estranha.

O planeta-toupeira seria uma imensa esfera de carne. Ele teria um monte de energia latente (com calorias suficientes nele para sustentar a população atual da Terra por 30 bilhões de anos). Quando a matéria orgânica se decompõe, o normal é que ela libere boa parte dessa energia na forma de calor. Mas em grande parte do núcleo do planeta, a pressão seria de mais de 100 megapascals, o suficiente para matar todas as bactérias e esterilizar os restos de toupeira — o que não cria microrganismos para decompor os tecidos delas.

Mais próximo à superfície, onde a pressão é mais baixa, haveria outro obstáculo: a região interna de um planeta-toupeira seria fraca em oxigênio. Sem ele, a decomposição comum não aconteceria, e as únicas bactérias que conseguiriam decompor as toupeiras seriam as que não precisam de oxigênio. Embora não seja eficiente, essa decomposição anaeróbica libera uma quantidade considerável de calor, que, se ficar preso, aquece o planeta até ele cozinhar.

Mas a decomposição seria autolimitante. Poucas bactérias sobrevivem em temperaturas acima dos 60°C; assim, quando a temperatura subisse, as bactérias se extinguiriam e a decomposição desaceleraria. Os cadáveres de toupeiras de todo o planeta aos poucos iriam se decompor em querogênio, um mingau de matéria orgânica que — se o planeta fosse mais quente — acabaria formando petróleo.

A superfície externa do planeta irradiaria calor ao espaço e congelaria. Já que as toupeiras formam literalmente um casaco de pele, quando congeladas elas isolariam o interior do planeta e retardariam a perda de calor para o espaço. Todavia, o fluxo de calor no interior líquido seria dominado pela convecção. Colunas de fumaça de carne aquecida e bolhas de gases presas, como as de metano — assim como o ar dos pulmões das toupeiras mortas — periodicamente atravessariam a crosta de toupeiras e sairiam em erupções vulcânicas, um gêiser da morte que despacharia corpos de toupeira do planeta.

Por fim, depois de séculos ou milênios de caos, o planeta iria aquietar-se e esfriar tanto que começaria a congelar geral. O interior profundo ficaria sob pressão tão alta que, ao esfriar, a água se cristalizaria em formas exóticas de gelo como gelo III e gelo V, e depois gelo II e gelo IX.[4]

No geral, é uma coisa bem horrível. Por sorte, há uma abordagem melhor.

Não tenho números confiáveis da população mundial de toupeiras (nem da biomassa geral dos pequenos mamíferos), mas vamos dar um tiro no escuro e estimar que há pelo menos algumas dúzias de camundongos, ratos, ratinhos e outros pequenos mamíferos para cada humano.

Deve haver 1 bilhão de planetas habitáveis na nossa galáxia. Se nós os colonizássemos, é certo que levaríamos ratos e camundongos para lá. Se apenas um em cem fosse colonizado com pequenos mamíferos em números similares ao da Terra, passados uns milhões de anos — não muito, no tempo evolutivo —, o número total que já teria vivido ultrapassaria o número de Avogadro.

Se você quer um mol de toupeiras, construa uma nave espacial.

4 Não são parentes.

SECADOR DE CABELO

P. E se um secador de cabelo com eletricidade contínua fosse ligado e posto numa caixa hermética de 1 m × 1 m × 1 m?

— Dry Paratroopa

R. O SECADOR DE CABELO COMUM exige 1875 W de potência.

Esses 1875 W têm que sair por algum lugar. Não interessa o que acontece dentro da caixa, se estão usando essa potência, uma hora os 1875 W de calor vão começar a sair.

Isso vale para qualquer aparelho que use energia elétrica, e é útil saber esse tipo de coisa. Por exemplo, as pessoas têm medo de deixar carregadores desconectados presos na tomada por medo de que eles suguem energia. Elas têm razão? A análise de transferência térmica nos dá uma regra bem simples: se o carregador ocioso não estiver quente ao toque, ele custa menos de um centavo *por ano.* Isso vale para qualquer aparelho que dependa de energia elétrica.[1]

Mas voltemos à caixa.

O calor vai fluir do secador de cabelo para a caixa. Se supormos que o aparelho é indestrutível, o interior da caixa vai ficar cada vez mais quente até a superfície externa chegar próxima dos 60°C. Nessa temperatura, a caixa vai perder calor

1 Mas não necessariamente para os plugados a um segundo aparelho. Se o carregador está conectado a alguma coisa, como um smartphone ou laptop, a eletricidade pode fluir da parede ao aparelho através do carregador.

para o ambiente externo na mesma velocidade em que o secador acrescenta internamente, e o sistema entrará em equilíbrio.

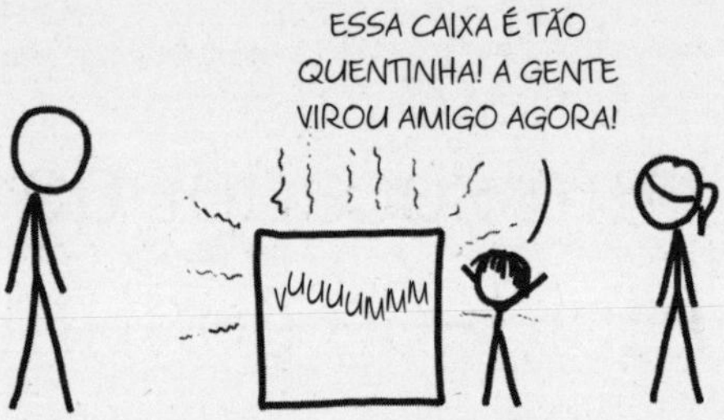

Ela é mais calorosa que meus pais! São meus novos pais.

A temperatura de equilíbrio será um pouco mais baixa se houver uma brisa, ou se a caixa estiver sobre uma superfície molhada ou metálica que conduza o calor rápido.

Se a caixa for feita de metal, 60°C já basta para queimar sua mão se você tocar por mais de cinco segundos. Se for de madeira, talvez seja possível ficar segurando um tempo, mas há o perigo de que partes da caixa em contato com o bocal do secador de cabelo peguem fogo.

O interior da caixa vai ficar parecido com um fogão. A temperatura a que ela vai chegar depende da espessura da parede: quanto mais grossa e mais isolante, maior a temperatura. A caixa nem precisa ser tão espessa para gerar temperaturas capazes de queimar o secador de cabelo.

Mas digamos que seja um secador de cabelo indestrutível. E se temos um secador de cabelo desses, um negócio tão legal, seria uma vergonha ficar no limite de 1875 W.

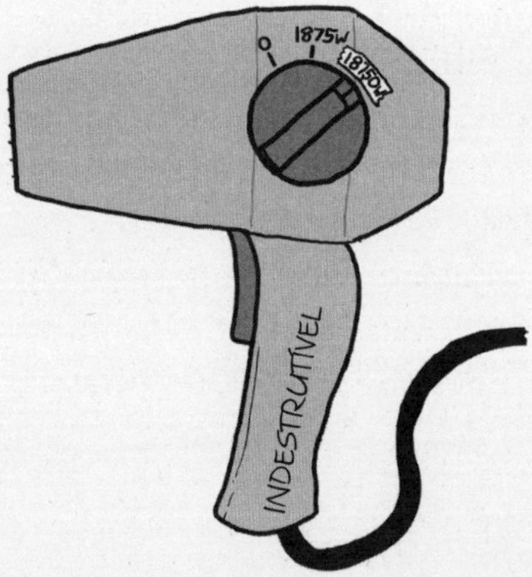

Com 18750 W fluindo do secador de cabelo, a superfície da caixa chega a mais de 200°C, tão quente quanto uma frigideira na temperatura média.

Até onde será que vai esse seletor?

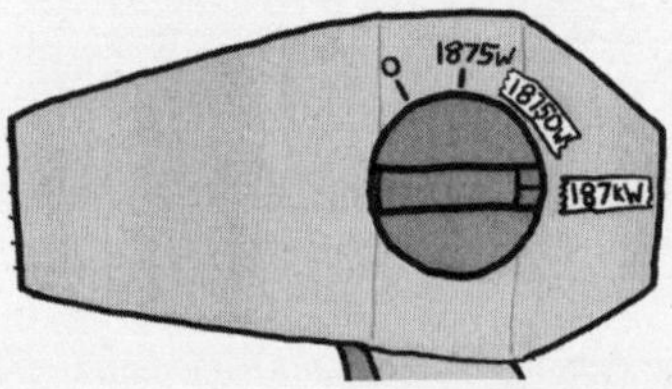

Esse espaço sobrando no seletor dá nos nervos.

A superfície da caixa agora está com 600°C, calor suficiente para deixá-la vermelha.

Se ela for de alumínio, a parte interna está começando a derreter. Se for de chumbo, a parte externa começa a derreter. Se estiver sobre um assoalho de madeira, a casa vai pegar fogo. Mas não interessa o que acontece ao redor: o secador de cabelo é indestrutível.

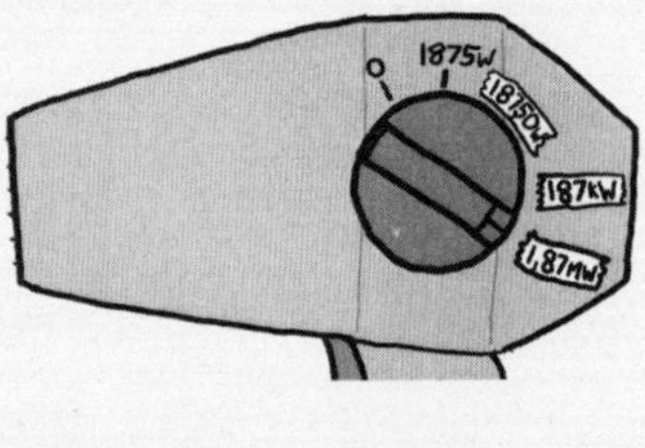

Dois megawatts num laser já dá para destruir um míssil. Com 1300°C, a caixa já está na temperatura de lava.

Mais uma giradinha.

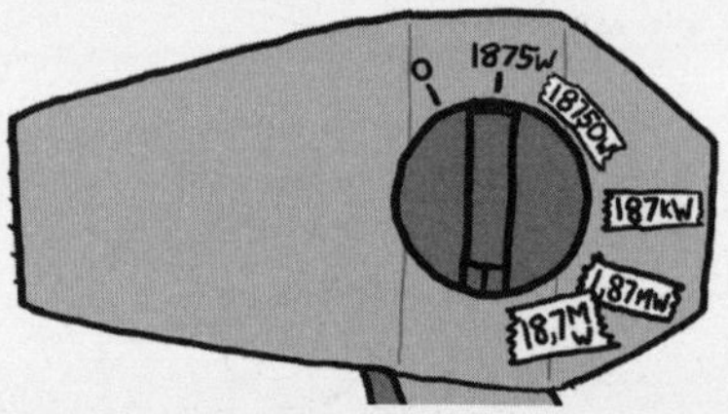

Este secador de cabelo provavelmente não obedece à legislação.

Agora, 18 MW começam a fluir pela caixa.

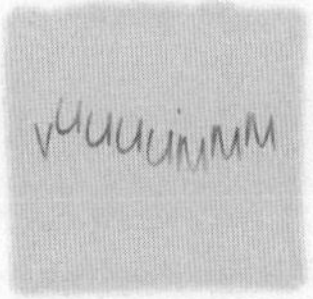

A superfície da caixa chega a 2400°C. Se ela fosse de aço, já teria derretido. Se é feita de uma coisa tipo tungstênio, é possível que dure um pouco mais.

Só mais um e paramos.

Tanta energia assim — 187 MW — já dá para fazer a caixa ficar clara de tanto brilhar. Não é muito material que sobrevive nessas condições, por isso devemos deduzir que a caixa é indestrutível.

O chão é feito de lava.

Infelizmente, o chão não é indestrutível.

Antes que possa queimar até atravessar o chão, alguém joga um balão de água embaixo. A explosão de vapor faz a caixa sair pela porta da frente e cair na calçada.

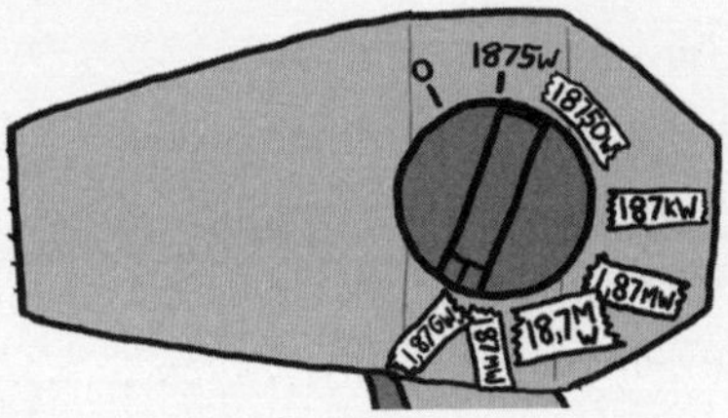

Estamos nos 1,875 GW (eu menti quando disse que ia parar). De acordo com *De volta para o futuro,* o secador de cabelo está sugando tanta energia que pode voltar no tempo.

A caixa está com um brilho que cega, e não dá para ficar próximo a mais do que uns cento e poucos metros por causa do calor intenso. Ela fica no meio de uma piscina de lava brilhante. Qualquer coisa num raio de 50 m a 100 m pega fogo. Uma coluna de calor e fumaça se ergue. Explosões periódicas de gás sob a caixa arremessam-na ao ar, ela provoca incêndios e forma uma nova piscina de lava onde para.

Seguimos girando.

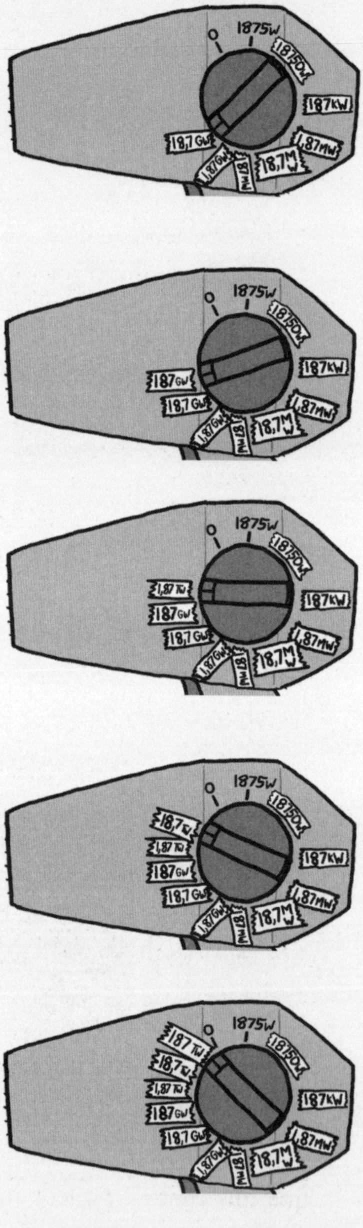

Com 18,7 GW, as condições em torno da caixa são similares às da plataforma durante a decolagem de uma nave espacial. A caixa começa a chacoalhar devido aos ventos verticais potentes que gera.

Em 1914, H. G. Wells imaginou aparelhos iguais a esse em seu livro *The World Set Free* [O mundo liberto]. Ele escrevia sobre um tipo de bomba que, em lugar de explodir uma vez, explodia *continuamente*, um inferno das chamas que deflagrava incêndios inapagáveis no centro de uma cidade. O conto serviu de prognóstico sinistro da criação das armas nucleares, trinta anos depois.

A caixa agora voa pelo ar. Cada vez que se aproxima do chão, ela superaquece a superfície, e a coluna de ar em expansão lança-a de volta ao céu.

A efusão de 1,875 TW é como uma pilha de TNT do tamanho de uma casa que detona *a cada segundo*.

Um rastro de tempestades de fogo — conflagrações imensas que se sustentam criando seus próprios sistemas eólicos — sai voando paisagem afora.

Um novo marco: agora o secador de cabelo consome mais energia do que a soma de todos os outros aparelhos elétricos do planeta.

A caixa, que sai voando muito acima da superfície, está expelindo energia equivalente a três testes de Trinity *por segundo*.

Nesse momento, temos um padrão bem claro. Esse negócio vai sair pulando pela atmosfera até destruir o planeta.

Vamos tentar de um jeito diferente.

Voltamos o seletor para o zero quando estivermos sobrevoando o norte do Canadá. Ao se resfriar rapidamente, a caixa desaba na Terra, aterrissando no Grande Lago do Urso e formando uma coluna de vapor.

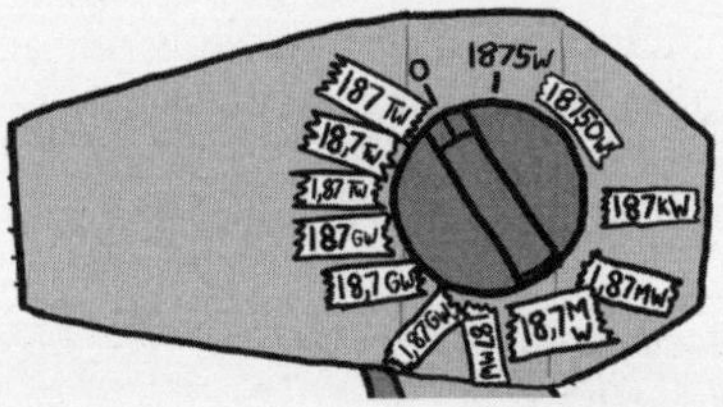

E então...

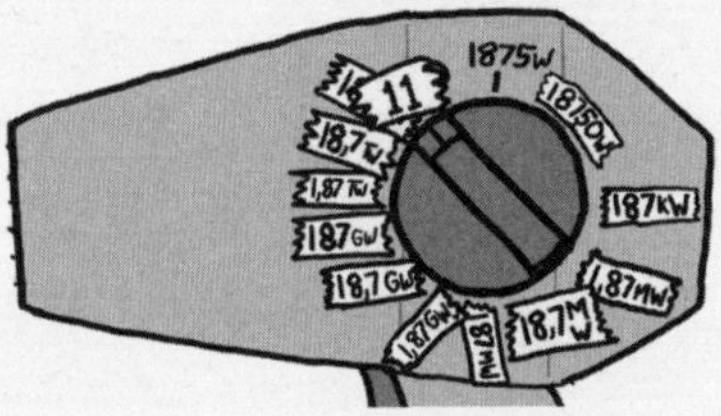

Nesse caso, são 11 petawatts.

Breve historinha

O registro oficial de objeto de fabricação humana mais veloz é a sonda Helios 2, que chegou a 70 km/s numa volta bem rente ao Sol. Mas é possível que o verdadeiro recordista seja uma tampa de metal de duas toneladas.

A tampa ficava sobre uma escotilha num campo subterrâneo de testes nucleares, comandado por Los Alamos como parte da Operação Plumbbob. Quando a ogiva de 1 quiloton explodiu lá embaixo, a instalação tornou-se efetivamente um canhão de batata nuclear, que deu um impulso absurdo na tampa. Uma câmera com registro de alta velocidade presa à tampa captou apenas um frame dela subindo até sumir — e isso significa que estava subindo no mínimo a 66 km/s. A tampa nunca foi encontrada.

De fato, 66 km/s é mais ou menos seis vezes a velocidade de escape, mas — ao contrário do que se costuma especular — é improvável que a tampa tenha chegado ao espaço. A aproximação de profundidade de impacto de Newton sugere que ela foi ou destruída totalmente no impacto com o ar ou diminuiu a velocidade e caiu de volta na Terra.

Nossa caixa de secador de cabelo ativado repentinamente, sacudindo-se na água do lago, passa por um processo similar. O vapor aquecido logo abaixo se expande para fora e, quando a caixa sobe ao ar, toda a superfície do lago vira vapor. O vapor, aquecido a plasma devido ao alto fluxo de radiação, acelera a caixa cada vez mais.

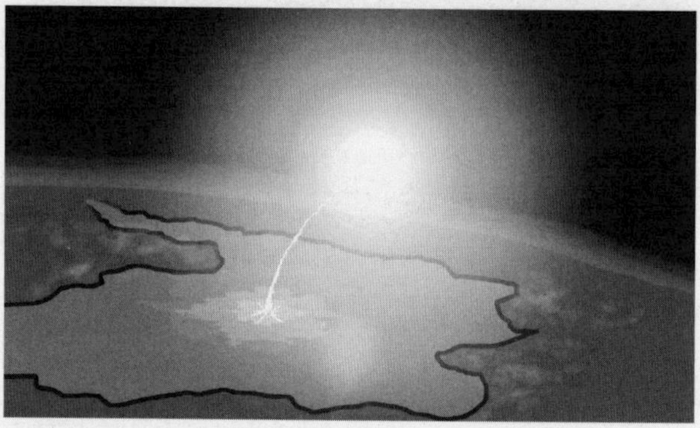

Imagem cedida pelo comandante Hadfield.

Em vez de se jogar na atmosfera como a tampa, a caixa sai voando numa bolha de plasma em expansão que oferece pouca resistência. Ela deixa a atmosfera e segue seu rumo, lentamente passando de segundo sol a estrela fraquinha. Boa parte dos territórios do noroeste canadense está em chamas, mas a Terra sobreviveu.

Contudo, há quem desejaria que não tivéssemos sobrevivido.

PERGUNTAS BIZARRAS (E PREOCUPANTES) QUE CHEGAM AO *E SE?* — Nº 2

P. Jogar antimatéria no reator de Chernobil quando ele estava derretendo ajudaria a parar o derretimento?

— A. J. Shellenbarger

P. É possível chorar tanto a ponto de você se desidratar?

— Karl Wildermuth

A ÚLTIMA LUZ HUMANA

P. Se o ser humano simplesmente sumisse da face da Terra, quanto tempo levaria para a última fonte de luz artificial se apagar?

— Alan

R. HAVERIA UM MONTE DE concorrentes ao título de "última luz".

O mundo sem nós, livro magnífico de Alan Weisman, dá detalhes minuciosos do que aconteceria com casas, estradas, arranha-céus, fazendas e bichos se os seres humanos sumissem da Terra de uma hora para outra. Uma série de TV chamada *Life After People* [A vida depois das pessoas], de 2008, fez uma investigação em torno da mesma premissa. Nenhum deles, porém, responde essa pergunta.

Vamos começar pelo óbvio: a maioria das luzes não ia durar muito, pois as grandes redes de energia cairiam relativamente rápido. Usinas de combustível fóssil, que fornecem a maioria da eletricidade mundial, exigem combustível constante e sua cadeia de abastecimento envolve seres humanos que tomem decisões.

Sem pessoas, a demanda de energia iria diminuir, mas nossos termostatos continuariam ligados. Quando as usinas de carvão e petróleo começassem a se desligar, nas primeiras horas, outras usinas teriam que assumir a carga. Essa situação já é complicada *com* a orientação de seres humanos. O resultado seria um encadeamento acelerado de falhas, que levaria ao blecaute de todas as grandes redes de energia.

Uma boa parte da eletricidade, porém, vem de fontes que não são ligadas às grandes redes. Vamos conferir algumas e saber quando se desligariam.

Geradores a diesel

Muitas comunidades remotas, como as das ilhas distantes, têm a base de sua energia em geradores a diesel. Elas podem seguir operando até ficar sem combustível — na maioria dos casos, isso seria de alguns dias a meses.

Usinas geotérmicas

Estações de geração que não precisam de fornecimento humano de combustível se dariam melhor. As usinas geotérmicas, que são alimentadas pelo calor interno da Terra, sustentam-se algum tempo sem intervenção humana.

Segundo o cronograma de manutenção da usina geotérmica da ilha Svartsengi, na Islândia, a cada seis meses os operadores têm que trocar o óleo e lubrificar todos os motores e engates elétricos. Sem seres humanos para realizar todos esses procedimentos de manutenção, talvez algumas usinas seguissem funcionando por anos, mas em algum momento sucumbiriam à corrosão.

Turbinas eólicas

Quem depende da energia eólica ia se dar relativamente melhor. As turbinas são projetadas para não exigir manutenção frequente, pelo simples motivo de que são muitas e é um saco ter que subir lá em cima.

Há moinhos que duram muito tempo sem intervenção humana. A turbina eólica Gedser, na Dinamarca, foi instalada no final dos anos 1950 e gerou energia durante onze anos sem precisar de manutenção. As turbinas modernas normalmente saem com uma garantia de 30 mil horas (três anos) sem consertos, e com certeza existem algumas que podem durar décadas. Uma delas, sem dúvida, teria pelo menos um LED de status em algum lugar.

Mas, por fim, a maioria das turbinas eólicas pararia pelo mesmo motivo das usinas geotérmicas: a caixa de transmissão ia dar pau.

Usinas hidrelétricas

Os geradores que convertem quedas-d'água em eletricidade continuariam a funcionar por um bom tempo. O programa *Life After People* do History Channel falou com um dos operadores da represa Hoover, que disse que, se todo mundo caísse fora, a instalação continuaria funcionando no piloto automático por anos a fio. A represa provavelmente sucumbiria por causa de um entupimento ou do mesmo tipo de falha mecânica que atingiria as turbinas eólicas e usinas geotérmicas.

Pilhas

Luzes à base de pilhas ou baterias se desligariam em uma ou duas décadas. Mesmo sem ter alguma coisa consumindo a energia, as pilhas acabam se descarregando sozinhas. Algumas duram mais do que outras, mas até as que se vendem dizendo ser de alta durabilidade normalmente só mantêm a carga durante uma ou duas décadas.

Há exceções. No Laboratório Clarendon da Universidade de Oxford há um sino movido a bateria que funciona desde 1840. O sino "bate" tão baixinho que é quase inaudível, usando uma carga minúscula a cada movimento do badalo. Ninguém sabe exatamente que tipo de bateria ele contém, porque ninguém quer desmontar para descobrir.

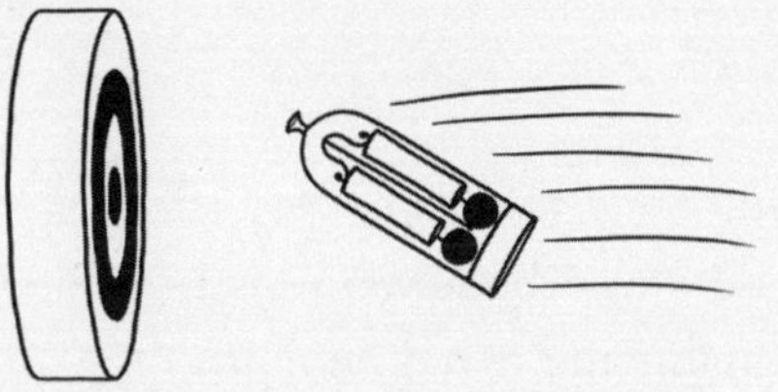

FÍSICOS DA CERN INVESTIGAM O SINO DE OXFORD

Infelizmente, não há nenhuma luz conectada a ele.

Reatores nucleares

Reatores nucleares são meio complicados. Se eles ficam em baixa potência, podem seguir rodando por período quase indeterminado; isso aconteceria por conta da densidade de energia no combustível que eles utilizam. Como já foi exposto em certo *webcomic*:

Infelizmente, mesmo que tenham bastante combustível, os reatores não seguiriam ativos por muito tempo. Assim que alguma coisa desse errado, o núcleo entraria em desligamento automático. Aconteceria algo rápido; tem muita coisa que ativa esse protocolo, mas o motivo mais provável seria a perda da energia externa.

Pode soar estranho uma usina depender de energia externa para funcionar, mas cada pedacinho do sistema de controle de um reator nuclear é projetado para que uma falha ative rapidamente sua paralisação, o que chamam de SCRAM.[1]

---

1 Quando Enrico Fermi construiu o primeiro reator nuclear, ele deixou as hastes de controle suspensas por uma corda amarrada a uma grade de sacada. Caso algo desse errado, havia um físico renomado perto da grade, a postos, com um machado na mão. Isso levou à história provavelmente apócrifa de que SCRAM significa *Safety Control Rod Axe Man* [Homem da segurança com machado nas hastes de controle].

Quando se perde a energia externa, seja porque a usina externa se desligou ou porque os geradores secundários locais ficaram sem combustível, o reator entraria em SCRAM.

Sondas espaciais

De todos os artefatos humanos, os veículos espaciais talvez sejam os que venham a durar mais. Algumas de suas órbitas vão resistir milhões de anos, por mais que sua energia elétrica normalmente não dure tanto.

Daqui a séculos, nossas sondas-robôs em Marte estariam encobertas de poeira. Aí, muitos dos nossos satélites já teriam tombado na Terra devido ao decaimento orbital. Os satélites de GPS, que têm órbitas mais distantes, durariam mais, mas com o tempo até as órbitas mais estáveis seriam perturbadas pela Lua e pelo Sol.

Muitos veículos espaciais são movidos por energia solar e outros por decaimento radioativo. A sonda-robô *Curiosity* em Marte, por exemplo, é abastecida pelo calor de um pedacinho de plutônio que ela transporta num recipiente na ponta de uma vareta.

O *Curiosity* poderia permanecer recebendo energia elétrica do RTG durante mais de um século. Uma hora a voltagem cairia tanto que o robô não continuaria operante, mas é provável que outras partes se desgastem antes que isso aconteça.

Ou seja, o *Curiosity* é um candidato bem promissor. Só tem um problema: não tem luz.

O *Curiosity* até *tem* umas luzes: as que usa para iluminar amostras e fazer espectroscopia. Porém, essas luzes só são acesas quando ele tira medidas. Sem instruções humanas, ele não tem motivo para acendê-las.

Caso não tenham humanos a bordo, os veículos espaciais não precisam de muita luz. A sonda *Galileu,* que fez a exploração de Júpiter nos anos 1990, tinha vários LEDs no seu mecanismo de registro de voo. Já que eles emitiam infravermelho e não luz visível, chamá-los de "luzes" é forçar a barra — e, de qualquer forma, a *Galileu* foi destruída intencionalmente num choque contra Júpiter em 2003.[2]

Existem outros satélites com LEDs. Há satélites de GPS, por exemplo, que usam LEDs UV para controlar o acúmulo de carga em alguns equipamentos, e eles são abastecidos por painéis solares, ou seja, teoricamente podem continuar funcionando enquanto o Sol brilhar. Infelizmente, a maioria não vai durar tanto quanto o *Curiosity*: uma hora serão vítimas do impacto com detritos espaciais.

Mas não é só no espaço que se usa painel solar.

Energia solar

É comum as *call boxes* de emergência, em geral encontradas à beira da estrada em lugares remotos, serem abastecidas com energia solar. Normalmente elas têm lâmpadas para iluminação noturna.

Assim como as turbinas eólicas, o conserto é complicado, por isso elas são feitas para durar. Desde que não fiquem à mercê de poeira e detritos, os painéis solares costumam durar tanto quanto os aparelhos eletrônicos a eles conectados.

Os fios e circuitos do painel acabarão sendo vítimas da corrosão. Mas em lugar seco e com a parte eletrônica bem acabada, esses painéis solares tranquilamente continuariam fornecendo energia durante um século — basta ficarem sem poeira de brisas ocasionais ou chuva na parte exposta.

Se seguirmos uma definição rigorosa de iluminação, pode-se dizer que as luzes abastecidas por energia solar em lugares remotos serão a última fonte de luz humana a sobreviver.[3]

Só que existe mais um concorrente, e esse é dos bizarros.

Radiação Cherenkov

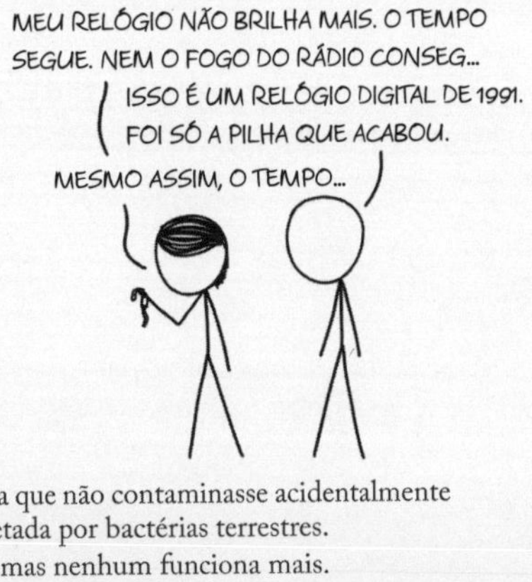

Radioatividade não é uma coisa que se enxerga. Os visores dos relógios costumavam ser revestidos com rádio para brilhar no escuro. Esse brilho, porém, não vinha da radioatividade em si, mas da tinta fosforescente sobre o rádio, que brilhava quando era irradiada. Com o passar dos anos, essa tinta se de-

2 O propósito do choque foi incinerar a sonda de maneira segura, de forma que não contaminasse acidentalmente as luas ao redor — a lua Europa, por exemplo, é aquosa e poderia ser afetada por bactérias terrestres.

3 A URSS construiu alguns faróis alimentados por decaimento radioativo, mas nenhum funciona mais.

compôs. Embora os visores de relógio ainda sejam radioativos, eles não brilham mais.

Esses displays, contudo, não são a única fonte de luz radioativa.

Quando partículas radioativas atravessam materiais como água ou vidro, elas podem emitir luz através de uma espécie de estrondo sônico óptico. Essa luz é chamada de radiação Cherenkov, e é a que se vê no brilho azul característico do centro de reatores nucleares.

Parte dos nossos resíduos radioativos, tais como o césio-137, são derretidos e misturados com vidro, depois resfriados até formar um bloco sólido que pode ser envolto com mais amparos para ser transportado e armazenado com segurança.

No escuro, esses blocos de vidro têm um brilho azul.

O césio-137 tem meia-vida de trinta anos, de forma que daqui a dois séculos eles ainda estarão brilhando com 1% da radioatividade original. Já que a cor da luz depende apenas da energia de decaimento, e não da quantidade de radiação, com o tempo ela perderá o brilho, mas manterá a cor azulada.

E, assim, chegamos a nossa resposta: daqui a séculos, em galerias de concreto profundas, a luz do lixo mais tóxico que já produzimos seguirá brilhando.

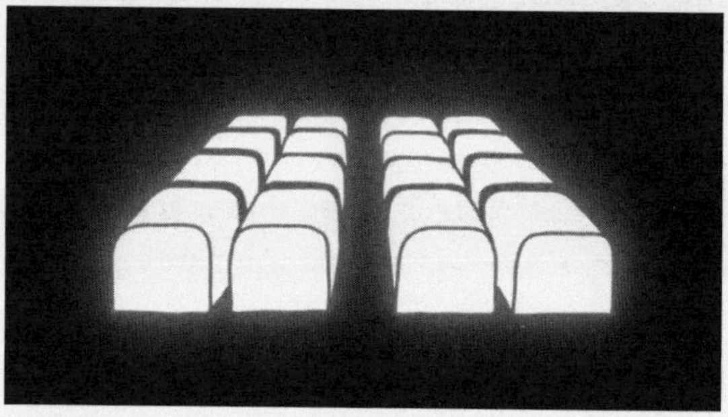

METRALHADORA JETPACK

P. Dá para construir um propulsor a jato (*jetpack*) usando metralhadoras que atirem para baixo?

— Rob B.

R. EU FIQUEI MEIO SURPRESO quando descobri que a resposta é positiva! Mas, para fazer direito, você vai ter que conversar com os russos.

O princípio é bem básico. Se você atira uma bala para a frente, o coice empurra você para trás; então, se atirar para baixo, o coice vai lançar você para cima.

A primeira pergunta a responder é: "Tem como uma arma erguer seu próprio peso?". Se uma metralhadora pesa 4 kg mas o coice dela ao disparar é de 3 kg, ela não vai conseguir se erguer do chão, muito menos erguer ela mesma mais uma pessoa.

No mundo da engenharia, a razão entre a potência de um veículo e o peso é chamada de, veja só, **relação peso-potência**. Se for menor que 1, o veículo não consegue se erguer. O *Saturno V* tinha uma relação peso-potência, para a decolagem, de aproximadamente 1,5.

Apesar de eu ter crescido no sul dos Estados Unidos, não sou especialista em armas de fogo. Por isso, conversei com um conhecido do Texas para ajudar na resposta.[1]

Aviso: por favor, POR FAVOR não tente fazer isso em casa.

---

1 A julgar pela quantidade de munição que eles já tinham para medir e pesar, na hora em que eu pedia, acho que o Texas virou uma zona de guerra pós-apocalíptica ao estilo *Mad Max*.

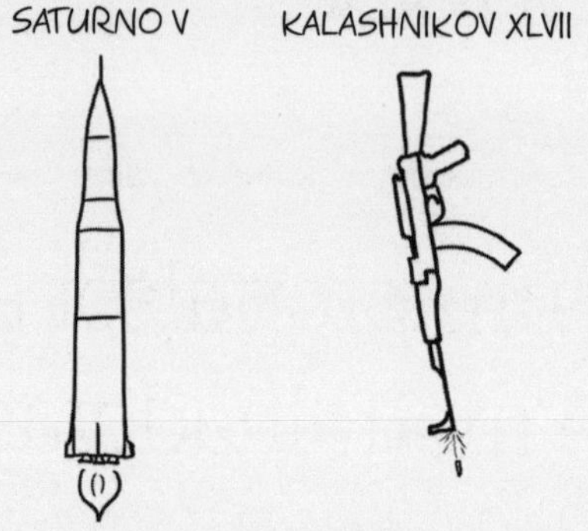

Descobri então que a AK-47 tem uma relação peso-potência de aproximadamente 2. Ou seja, se ela ficasse de ponta-cabeça e você desse um jeito de grudar o gatilho, ela se ergueria no ar enquanto atirava.

Não se pode dizer o mesmo de toda metralhadora. A M60, por exemplo, provavelmente não tem um coice tão forte a ponto de se erguer do chão.

A quantidade de potência criada por um foguete (ou metralhadora em disparo) depende de (1) quanta massa ela está jogando para trás e (2) da velocidade em que joga essa massa. A potência é produto destas duas quantidades:

$$\text{Impulso} = \text{ritmo de ejeção de massa} \times \text{velocidade de ejeção}$$

Se uma AK-47 dispara dez balas de 8 g/s a 715 m/s, sua potência é de:

$$10\,\frac{\text{balas}}{\text{segundo}} \times 8\,\frac{\text{gramas}}{\text{bala}} \times 715\,\frac{\text{metros}}{\text{segundo}} = 57{,}2\text{N} \approx 6 \text{ quilos de força}$$

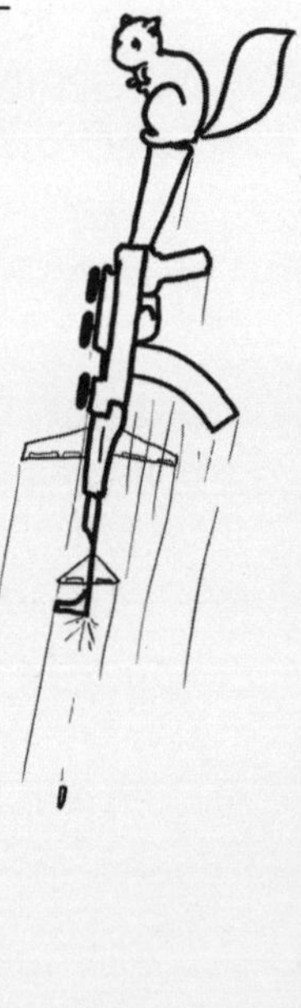

Já que a AK-47 pesa apenas 4,7 kg carregada, ela provavelmente conseguiria decolar e ter aceleração ascendente.

Na prática, a potência real seria uns 30% maior. Isso porque a arma não cuspiria somente balas — também iria soltar gás quente e detritos explosivos. A quantidade de força extra que isso gera varia de acordo com a arma e com o cartucho.

A eficiência também depende do fato de você ejetar ou não as cápsulas de bala da arma. Perguntei aos meus conhecidos do Texas se podiam pesar algumas cápsulas. Já que eles tiveram dificuldade para achar uma balança, dei a sugestão procedente de que, dado o tamanho do arsenal deles, era só achar *outra* pessoa que tivesse uma balança.[2]

Então o que isso significa para o nosso propulsor a jato?

2 De preferência alguém com menos munição.

Bom, a AK-47 conseguiria decolar, mas não teria potência suficiente para erguer nada mais pesado que um esquilo.

Podemos tentar com várias armas. Se você disparar duas contra o chão, gera o dobro de potência. Se cada metralhadora consegue erguer 2,25 kg a mais que o próprio peso, duas conseguem erguer 4,5 kg.

Pensando assim, fica claro aonde queremos chegar:

Não é hoje que você vai para o espaço.

Com um bom número de metralhadoras, o peso do passageiro torna-se irrelevante; fica tão distribuído entre elas que mal se nota cada uma. Com o aumento desse número, já que na prática a engenhoca consiste em várias armas individuais voando em paralelo, a relação peso-potência do veículo é próxima da de uma metralhadora sozinha e sem peso em cima.

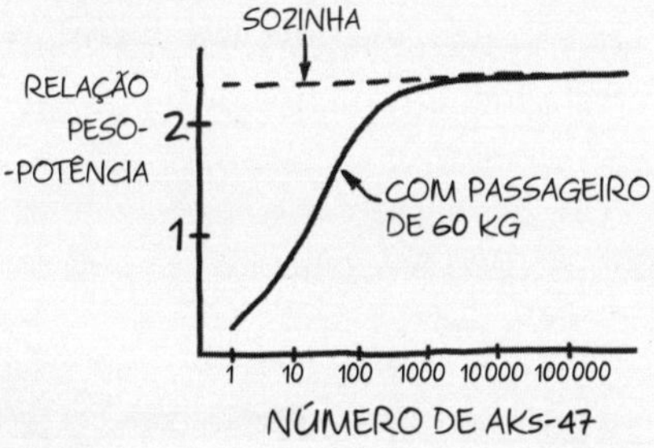

Mas temos um problema: a munição.

Um pente de AK-47 tem trinta balas. A dez balas por segundo, teríamos míseros três segundos de aceleração.

Podemos incrementar com um pente maior — mas só até certo ponto. Aparentemente não existe vantagem em carregar mais que 250 balas. O motivo é o problema fundamental e central para quem constrói foguetes: o combustível pesa.

Cada bala pesa 8 g, e o cartucho (a "bala integral") pesa mais de 16 g. Se inserirmos mais do que umas 250 balas, a AK-47 fica pesada demais para decolar.

Isso nos leva a crer que nosso veículo ideal incluiria um número maior de AKS-47 (no mínimo 25, mas o ideal seria pelo menos trezentos) com 250 balas cada. As versões maiores desse veículo poderiam ter aceleração ascendente em velocidades verticais perto dos 100 m/s, e subir mais de 0,5 km no céu.

Então, respondemos à pergunta do Rob: com um certo número de metralhadoras, dá para voar.

Mas é óbvio que nosso dispositivo de AK-47s não é prático. Será que a gente faz melhor?

Meus amigos do Texas propuseram uma série de metralhadoras, e fiz os cálculos para cada uma. Algumas se deram muito bem; a MG-42, uma metralhadora mais pesada, tinha uma proporção peso-potência mais alta que a da AK-47.

Aí resolvemos ampliar.

A GAU-8 Avenger dispara até sessenta balas de 450 g *por segundo.* Ela gera quase 5 toneladas de coice, o que é uma loucura se você pensar que ela é acoplada a um tipo de avião (o A-10 "Warthog") que tem dois motores que geram apenas 4 toneladas de potência cada um. Se você põe dois deles numa aeronave e dispara as duas armas para a frente pisando no acelerador, elas iriam ganhar e você teria aceleração retrógrada.

Explicando de outra forma: se eu acoplasse uma GAU-8 ao meu carro, deixasse o veículo parado e no ponto morto, e começasse a atirar para trás, eu ia passar o limite de velocidade interestadual em menos de *3 segundos.*

"Na verdade, o que mais me confunde é como parar."

Por mais que essa arma servisse de motor de foguete, os russos construíram uma ainda melhor. A Gryazev-Shipunov GSh-6-30 tem metade do peso de uma

GAU-8 e um ritmo de disparos ainda maior. Sua relação peso-potência é próxima dos 40; ou seja, se você apontasse ela para o chão e atirasse, não só ela ia decolar com uma onda hiperveloz de fragmentos mortais de metal, mas você também sentiria 40 G de aceleração.

Isso dá um monte. Na verdade, mesmo quando ela ficava firmemente acoplada a uma aeronave, a aceleração era um problema:

> *[O] coice… ainda tem a tendência de provocar avarias na aeronave. O ritmo de disparos foi reduzido a 4 mil balas por minuto, mas não ajudou. As luzes de pouso quase sempre quebravam depois dos disparos… Disparar mais de 30 balas por vez era pedir encrenca, pois provocava superaquecimento…*
>
> Greg Goebel, airvectors.net

Mas se você desse um jeito de fixar o passageiro humano, deixasse o veículo forte o bastante para resistir à aceleração, envolvesse a GSh-6-30 num chassi aerodinâmico e conseguisse deixá-lo com o devido resfriamento…

… daria para saltar montanhas.

ASCENSÃO CONSTANTE

P. E se, de repente, você começasse a subir sem parar, a 30 cm/s, como você morreria? Primeiro você ia congelar ou sufocar? Ou outra coisa?

— Rebecca B.

R. VOCÊ LEVOU CASACO?

Trinta centímetros por segundo não é muito rápido; é bem mais devagar que um elevador comum. Você levaria de 5 a 7 segundos para sair do alcance dos seus amigos (dependendo da altura deles).

Em 30 segundos, você estaria a 9 m do chão. Se você pular para a página 190, vai descobrir que seria a última chance de um amigo lhe jogar um sanduíche, uma garrafinha de água ou coisa do tipo.[1]

Passados 1 ou 2 minutos, você veria a copa das árvores pelo alto. No geral, você ainda estaria tão à vontade quanto se estivesse no chão. Se estiver ventando, talvez você vá sentir um friozinho devido à corrente de ar constante acima da linha das árvores.[2]

---

1 Não que isso vá ajudar na sua sobrevivência…

2 Nesta resposta, vou dizer que há um perfil típico da temperatura atmosférica. É óbvio que pode variar bastante.

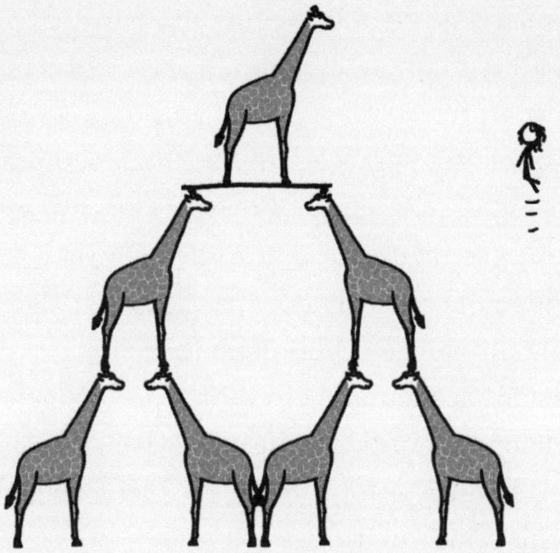

Passados 10 minutos, você estaria acima dos arranha-céus mais altos; depois de 25 minutos, passaria da agulha do Empire State Building.

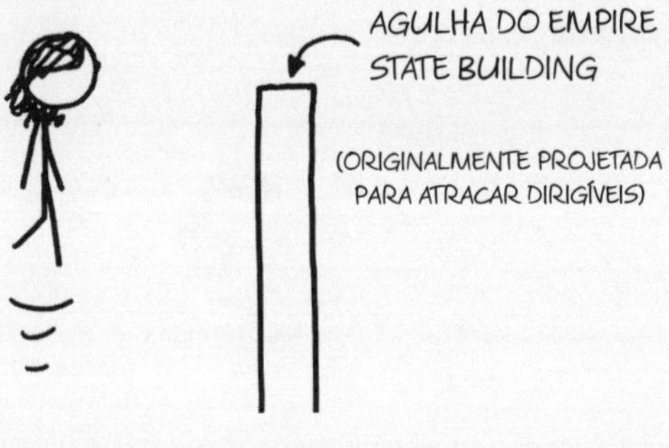

O ar nessa altura é aproximadamente 3% menos denso que na superfície. Felizmente, seu corpo sabe lidar com mudanças de pressão como essa o tempo todo. Pode ser que seus tímpanos estourem, mas você não vai notar mais nada.

A pressão do ar muda muito rápido conforme a altura. Quando você está no chão, ela tem mudanças mensuráveis na faixa de um metro e pouco. Se o seu celular tiver um barômetro — muitos aparelhos modernos têm —, dá para baixar um aplicativo que mostra a diferença de pressão entre sua cabeça e seus pés.

Trinta centímetros por segundo é bem perto de 1 km/h; assim, em 1 hora você estará a 1 km do solo. Aí com certeza que começará a sentir frio. Se tiver um casaco, tudo bem, mas você vai perceber que o vento aumentou.

Por volta de 2 horas e 2 km depois, a temperatura ficaria congelante. O vento provavelmente também iria aumentar. Se alguma parte da sua pele estiver exposta, comece a se preocupar com queimaduras provocadas pelo frio.

A partir deste ponto, a pressão do ar ficaria abaixo do que você sentiria numa cabine de aeronave,[3] e os efeitos começariam a ser mais significativos. Mas se você não tiver um casaco que aqueça bastante, a temperatura vai ser um problemão.

Ao longo das duas horas seguintes, a atmosfera cairia a temperaturas abaixo de zero.[4,5] Supondo que tenha sobrevivido à privação de oxigênio, em algum momento você morreria de hipotermia. Mas quando?

As maiores autoridades acadêmicas em morte por congelamento são, veja só, os canadenses. O modelo mais utilizado de sobrevivência humana no ar frio foi desenvolvido por Peter Tikuisis e John Frim, do Defence and Civil Institute of Environmental Medicine, em Ontário.

Segundo o modelo deles, a principal causa da morte seriam suas roupas. Se estivesse nu, provavelmente você seria vítima de hipotermia por volta das cinco horas, antes de ficar sem oxigênio.[6] Se estiver agasalhado, talvez tenha queimaduras do frio, mas provavelmente terá chances de sobreviver...

... até chegar à **Zona da Morte**.

Acima dos 8 mil metros — além do topo das montanhas mais altas — a proporção de oxigênio no ar é tão baixa que não sustenta a vida humana. Perto dessa zona, você teria várias sensações, como desnorteamento, tontura, visão prejudicada e náuseas.

Quando se aproximasse da Zona da Morte, a taxa de oxigênio no seu sangue cairia. São as suas veias que têm que levar o sangue para os pulmões até ele se reabastecer. Na Zona da Morte, porém, o oxigênio no ar é tão pouco que suas veias perdem oxigênio para o ar em vez de recebê-lo.

3 ... que normalmente fica em 70% a 80% da pressão ao nível do mar, a julgar pelo barômetro do meu telefone.
4 Celsius ou Fahrenheit, tanto faz.
5 Mas não Kelvin.
6 Mas, sinceramente, essa situação de "nudez" gera mais perguntas do que respostas.

O resultado seria a perda veloz da consciência e a morte. Isso aconteceria por volta das 7 horas; há pouquíssima chances de você chegar às 8 horas.

Ela morreu da mesma forma que viveu — subindo 30 cm/s. Quer dizer, como viveu as últimas horas.

E 2 milhões de anos depois, seu corpo congelado, ainda em ascensão constante de 30 cm/s, passaria da heliosfera e chegaria ao espaço interestelar.

Clyde Tombaugh, o astrônomo que descobriu Plutão, morreu em 1997. Parte de seus restos mortais foi depositada na nave *New Horizons*, que vai atravessar Plutão e deixar o sistema solar.

É fato que sua viagem hipotética de 30 cm/s seria fria, desagradável e fatal. Mas, daqui a 4 bilhões de anos, quando o Sol virar uma gigante vermelha e consumir a Terra, você e o Clyde serão os únicos que conseguiram fugir.

Então tem essa vantagem.

PERGUNTAS BIZARRAS (E PREOCUPANTES) QUE CHEGAM AO *E SE?* — Nº 3

P. Com o conhecimento e os recursos atuais da humanidade, é possível criar uma nova estrela?

— Jeff Gordon

P. Que tipos de percalços logísticos você teria ao tentar formar um exército de macacos?

— Kevin Learner

P. Se as pessoas tivessem rodas e pudessem voar, como poderíamos diferenciá-las dos aviões?

— Anônimo

SUBMARINO ORBITAL

P. Quanto tempo um submarino nuclear duraria em órbita?

— Jason Lathbuy

R. O SUBMARINO NÃO TERIA problemas, mas a tripulação sim.

O submarino não explodiria: seus cascos aguentam entre 50 e 80 atmosferas de pressão externa da água, por isso não teriam problema em conter uma atmosfera de pressão interna vinda do ar.

É possível que o casco seja hermético. Embora lacres à prova d'água não necessariamente retenham o ar, o fato de a água não conseguir entrar pelo casco com 50 atmosferas de pressão nos leva a crer que o ar não vai escapar rápido. Talvez existam válvulas unilaterais especializadas que o deixam sair, mas é bem provável que o submarino continuasse selado.

O maior problema da tripulação seria o mais evidente: o ar.

Os submarinos nucleares utilizam eletricidade para extrair oxigênio da água. No espaço, não existe água,[*falta referência*] então eles não conseguiriam produzir mais ar. Eles têm uma reserva de oxigênio que dura pelo menos alguns dias, mas em algum momento todos iriam se encrencar.

Para se aquecer, poderiam ligar o reator, porém teriam que ter muito cuidado no *quanto* deixar ligado: porque o oceano é mais frio que o espaço.

Em termos técnicos, isso não é exatamente verdade. Todo mundo sabe que o espaço é muito frio. O motivo pelo qual uma nave pode superaquecer é que o espaço não conduz calor como a água, por isso ele se acumula mais rápido numa nave espacial do que num barco.

Mas se você for ainda *mais* pedante, sim, *é* verdade: o oceano é mais frio que o espaço.

O espaço interestelar é muito frio, mas o espaço próximo do Sol — e da Terra — é até bem quentinho! Você não percebe isso porque, no espaço, a definição de "temperatura" fica um pouco perdida. O espaço parece frio porque é muito *vazio.*

Temperatura é uma medida da energia cinética média de um conjunto de partículas. No espaço, as moléculas individuais possuem uma energia cinética média alta, mas são tão poucas moléculas que você não é afetado.

Quando eu era criança, meu pai tinha uma oficina no porão e eu lembro de vê-lo usando uma esmerilhadeira. Sempre que o metal tocava na serra, voavam faíscas para todo lado, cobrindo mãos e roupas. Não entendia como ele não se machucava — afinal, aquelas faíscas tinham milhares de graus.

Foi só mais tarde que descobri que as faíscas não o machucavam porque eram *minúsculas*; o calor que elas comportam seria absorvido pelo corpo sem aquecer nada mais que um pedacinho da pele.

As moléculas quentes no espaço são parecidas com as faíscas na oficina do meu pai: podem estar quentes ou frias, mas são tão pequenas que tocar nelas não vai mudar muito a sua temperatura.[1] O aquecer e o esfriar estão à mercê de quanto calor seu corpo gera e com que velocidade ele escoa de você para o vácuo.

Sem um ambiente aquecido à sua volta refletindo a irradiação do calor, você o

1 É por isso que, embora fósforos e maçaricos tenham aproximadamente a mesma temperatura, você vê o malvadão do cinema apagar um fósforo com os dedos, mas nunca um maçarico.

perde por radiação mais rápido que o normal. Mas sem ar à sua volta para transmitir calor da superfície, você também não perde muito calor por convexão.[2] Na maioria das naves espaciais que transportam humanos, o efeito posterior é mais importante; o maior problema não é se aquecer, mas sim se esfriar.

Um submarino nuclear consegue manter a temperatura interna habitável quando o casco externo é resfriado a 4°C pelo oceano. Contudo, se o casco do submarino precisasse manter essa temperatura no espaço, ele perderia calor a uma taxa de aproximadamente 6 MW à sombra da Terra. É mais do que os 20 kW que a tripulação gera — e os cento e poucos quilowatts de *apricity*[3] quando fica à luz solar direta —, por isso eles precisariam ligar o reator só para se aquecer.[4]

Para sair de órbita, o submarino precisaria diminuir a velocidade o suficiente para atingir a atmosfera. Sem foguetes, ele não teria como.

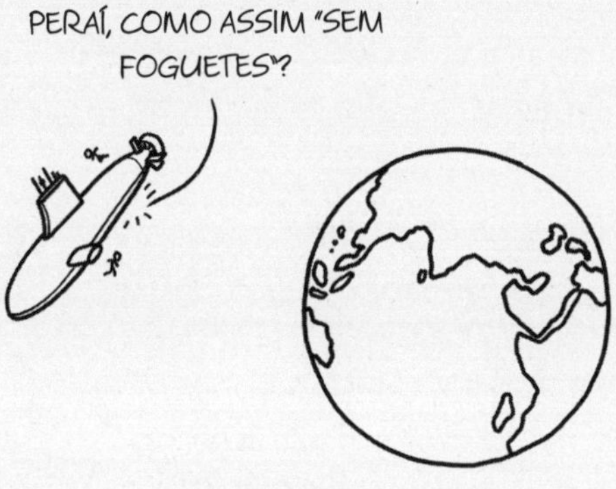

O.k. Tecnicamente um submarino *tem* foguetes.

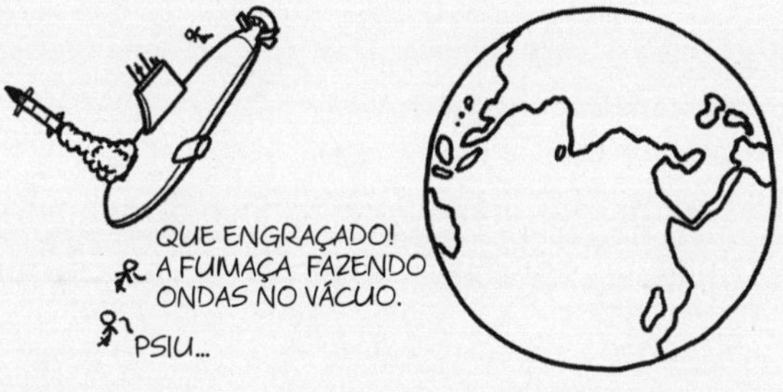

2 Nem por condução.

3 Essa é minha palavra predileta na língua inglesa. Significa: "o calor do sol no inverno".

4 Quando se dirigissem ao Sol, a superfície do submarino aqueceria, mas ainda assim eles perderiam calor mais rápido do que ganhariam.

Infelizmente, os foguetes estão apontados para o lado errado para dar a devida propulsão ao submarino. Eles possuem autopropulsão, ou seja, têm um coice mínimo. Quando uma arma dispara, na verdade está *impulsionando* a bala para ganhar velocidade. No foguete, é só ligar que ele vai. Lançar mísseis não serve para propulsionar um submarino.

Mas *não* lançar talvez resolvesse.

Se os mísseis balísticos que um submarino nuclear moderno transporta fossem tirados dos tubos, virados ao contrário e reposicionados nos tubos, eles poderiam alterar a velocidade do submarino na faixa de uns 4 m/s.

Uma típica manobra de desorbitação exige algo próximo de 100 m/s de Δv (variação de velocidade), ou seja, os 24 mísseis Trident que um submarino de escala *Ohio* comporta talvez bastassem para tirá-lo de órbita.

Mas como o submarino não possui revestimento que dissipa calor e como não tem aerodinâmica estável em velocidade hipersônica, inevitavelmente ele iria tombar e se desmanchar no ar.

Se você se enfiasse num cantinho bem específico do submarino — e estivesse amarrado a uma poltrona preparada para aceleração —, haveria uma chance muito pequena, *minúscula* de você sobreviver à desaceleração veloz. Mas você teria que pular dos restos do submarino, com paraquedas, antes de atingir o chão.

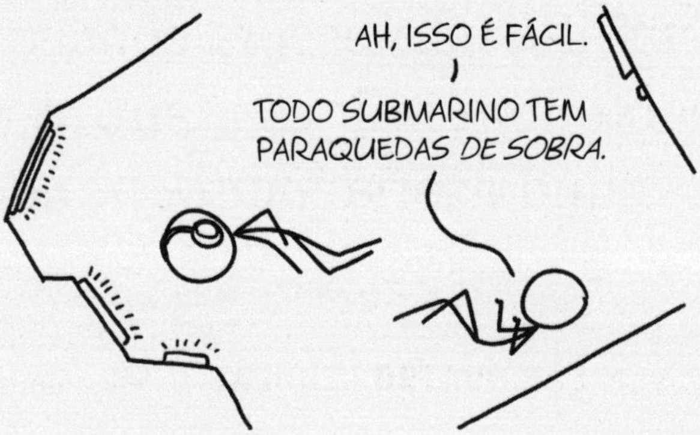

Se você for tentar — sugiro que não —, tenho um conselho que é essencial: lembre-se de desativar os detonadores dos mísseis.

SEÇÃO DE RESPOSTAS RÁPIDAS

P. Se minha impressora conseguisse literalmente imprimir dinheiro, o impacto no mundo seria muito grande?

— Derek O'Brien

R. DÁ PARA ENCAIXAR QUATRO CÉDULAS de dólar numa folha de papel ofício.

Se a sua impressora fizer uma página (frente e verso) de impressão colorida de alta qualidade por minuto, daria 200 milhões de dólares por ano.

Você ia ficar bem rico, mas não faria nem diferença para a economia mundial. Já que existem 7,8 bilhões de notas de cem dólares em circulação, e a durabilidade de uma nota de cem dólares é de uns noventa meses, quer dizer que se produz mais ou menos 1 bilhão por ano. As 2 milhões de cédulas a mais que você imprimiria mal seriam notadas.

DEIXA EU VER...
US$400 POR MINUTO...
E SÃO
525 600 MINUTOS
POR ANO...
(PUTZ, ALUGUEL!)

P. E se você explodisse uma bomba nuclear no olho de um furacão? A célula da tempestade seria vaporizada imediatamente?

— Rupert Bainbridge (e centenas de outros)

R. ESSA PERGUNTA APARECE MUITO, até demais.

Aliás, a National Oceanic and Atmospheric Administration — a agência que controla o National Hurricane Center — também a recebe com frequência. Eles são tão questionados que já até publicaram uma resposta.

Recomendo a leitura do texto completo,[1] mas acho que a última frase do primeiro parágrafo diz tudo: "Nem precisamos dizer que não é uma boa ideia".

Fico feliz em saber que uma divisão do governo dos Estados Unidos emitiu, em caráter oficial, sua opinião sobre o tema **disparar mísseis nucleares contra furacões**.

P. Se todo mundo instalasse geradores de turbina nas calhas das casas e empresas, quanta energia iríamos gerar? Teria como produzir o bastante para compensar o custo dos geradores?

— Damien

1 Procure: "Why don't we try to destroy tropical cyclones by nuking them?" ["Por que não se tenta destruir ciclones tropicais com bombas?"], de Chris Landsea.

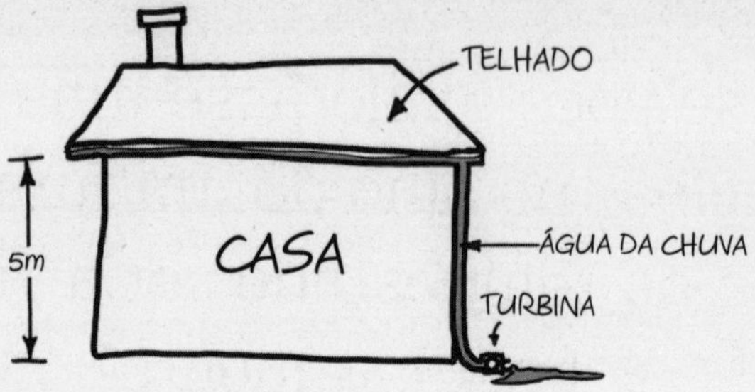

R. UMA CASA NUM LUGAR bem chuvoso, tipo o sudeste do Alasca, chega a receber 4 m de chuva por ano. Turbinas de água tendem a ser bem eficientes. Se a casa tiver uma área total de 140 m² e calhas a 5 m do chão, ela geraria uma média de menos de 1 W de energia que vem das chuvas, e a economia máxima de eletricidade seria:

$$140\ \text{m}^2 \times 4\,\frac{\text{metros}}{\text{ano}} \times 1\,\frac{\text{kg}}{\text{litro}} \times 9{,}81\,\frac{\text{m}}{\text{s}^2} \times 5\text{metros} \times 15\,\frac{\text{cent.}}{\text{kWh}} = \frac{\text{US\\$ }1{,}14}{\text{ano}}$$

A hora de chuva mais forte já registrada até 2014 aconteceu em 1947 em Holt, Missouri, onde choveu aproximadamente 30 cm em 42 minutos. Durante esse tempo, nossa casa hipotética geraria até 800 W de eletricidade, o que seria bastante para fazer funcionar tudo o que houvesse lá dentro. No restante do ano, não chegaria nem perto de dar conta.

Se o gerador custasse cem dólares, os moradores do local mais chuvoso dos Estados Unidos — Ketchikan, Alasca — teriam chance de compensar o custo em menos de um século.

P. Utilizando apenas combinações de letras pronunciáveis, de que tamanho teriam que ser os nomes para que cada estrela no universo tivesse seu próprio nome com uma palavra só?

— Seamus Johnson

R. EXISTEM APROXIMADAMENTE 300000000000000000000000 de estrelas no universo. Se uma palavra for pronunciável porque alterna vogais e consoantes (existem formas melhores de criar palavras pronunciáveis, mas isso já nos basta para fazer uma aproximação), então cada par de letras que acrescentar permite que você nomeie mais 105 estrelas (21 consoantes × 5 vogais). Já que os números possuem uma densidade de informação similar — cem possibilidades por dígito —, isso nos leva a crer que o nome acabará sendo quase tão longo quanto o número total de estrelas.

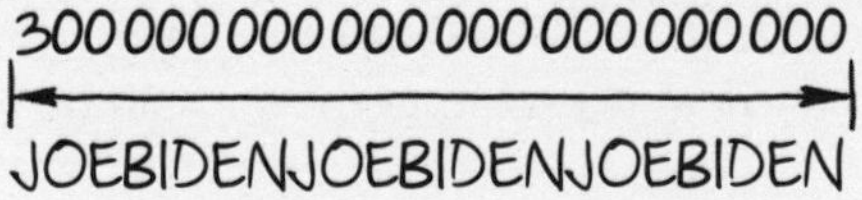

As estrelas chamam-se Joe Biden.

Gosto de fazer contas medindo a extensão dos números escritos na página (que na verdade é uma forma grosseira de estimar $\log_{10} x$). Funciona, mas me parece tão *errado.*

P. Às vezes, vou à aula de bicicleta. No inverno é chato pedalar, por causa do frio. A que velocidade eu teria que pedalar para minha pele se aquecer como uma nave espacial que ganha calor na reentrada?

— David Nai

R. AS ESPAÇONAVES EM REENTRADA atmosférica aquecem porque comprimem o ar à sua frente (e não devido à fricção com o ar, como costuma-se acreditar).

Para aumentar a temperatura da camada de ar diante de seu corpo em 20°C (o suficiente para ir de congelante à temperatura interna de sua casa), você precisaria pedalar a 200 m/s.

Os veículos com movimento humano mais rápidos ao nível do mar são bicicletas reclinadas dentro de cápsulas aerodinâmicas, que possuem um limite de velocidade máxima próximo dos 40 m/s — a velocidade na qual o ser humano consegue gerar impulso o bastante para equilibrar a força de arrasto do ar.

Já que o arrasto aumenta conforme o quadrado da velocidade, seria difícil ultrapassar esse limite. Pedalar a 200 m/s exigiria pelo menos 25 vezes a potência necessária para fazer 40 m/s.

Com essa velocidade, você nem precisa se preocupar com o aquecimento do ar — um cálculo rapidinho já mostra que, se seu corpo fizesse tanto esforço, sua temperatura central chegaria a níveis fatais em questão de segundos.

P. Quanto espaço físico a internet ocupa?

— Max L.

R. EXISTEM VÁRIAS MANEIRAS de estimar a quantidade de informação armazenada na internet, mas podemos pôr um limite superior convincente no cálculo só de ver quanto espaço de armazenagem nós (como espécie) já compramos.

A indústria de armazenagem produz cerca de 650 milhões de discos rígidos por ano. Se a maioria deles corresponde a discos de 3,5 polegadas, isso dá 8 litros de HDs por segundo.

Ou seja, com os últimos anos de produção de discos rígidos — o que, graças ao tamanho crescente, representa a maior parte da capacidade de armazenamento global — daria para encher mais ou menos um petroleiro. Portanto, de acordo com essa medida, a internet é menor que um petroleiro.

P. E se você prendesse um C-4 a um bumerangue? Seria uma arma eficaz ou seria tão imbecil quanto parece?

— Chad Macziewski

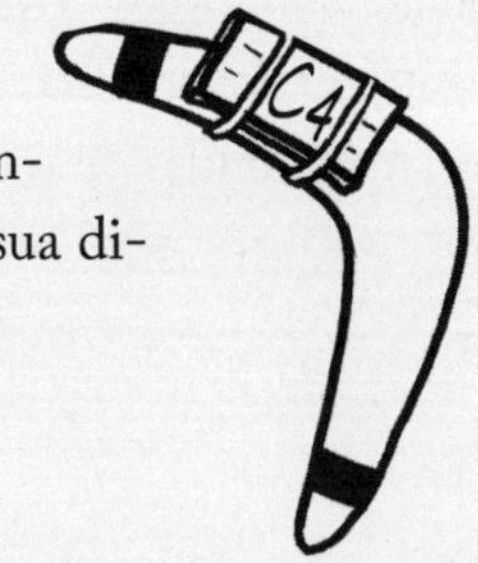

R. DEIXANDO A AERODINÂMICA DE LADO, fico curioso para saber qual vantagem tática você espera conseguir ao ter um explosivo potente voando de volta na sua direção caso erre o alvo.

RAIOS

Antes de seguirmos adiante, quero deixar uma coisa bem clara: **Não sou autoridade no assunto da segurança com raios.**

Sou só um cara que faz desenhinhos na internet. Gosto de coisas que pegam fogo e explodem, ou seja, o seu bem-estar foge à minha consideração. Os caras que são autoridade em segurança com raios são os do National Weather Service dos Estados Unidos: **<http://www.lightningsafety.noaa.gov/>**.

O.k. Resolvido isso…

Para responder às perguntas a seguir, precisamos ter uma ideia da trajetória provável de um raio. Existe um macete bem legal para entender, e já vou entregar de cara: deixe uma esfera imaginária de 60 m rolar pela paisagem e veja onde ela toca.[1] Nesta seção, vou responder várias perguntas sobre raios.

Dizem que os raios atingem o que houver de maior por perto. Essa é uma daquelas afirmações absurdamente imprecisas que imediatamente gera toda sorte de perguntas. Qual é a distância de "por perto"? Afinal, nem todo raio atinge o monte Everest. Mas será que ele vai encontrar a pessoa mais alta na multidão? O cara mais alto de que já ouvi falar foi Ryan North.[2] Será que eu devia andar perto dele para me proteger dos raios? E para escapar de outras coisas? Acho que é melhor eu ficar nas respostas em vez das perguntas.

Então: *como* que o raio escolhe o alvo?

O raio começa com um feixe de carga — o "líder" — com ramificações que desce da nuvem. Ele se espalha em direção descendente a velocidades que vão das dezenas às centenas de quilômetros por segundo, e percorre os primeiros quilômetros até o chão em dezenas de milissegundos.

O líder carrega relativamente pouca corrente — da ordem de 200 amperes. Já é suficiente para matar uma pessoa, mas nem se compara com o que vem depois. Assim que o líder faz contato com o chão, a nuvem e o chão equalizam-se com uma descarga maciça de cerca de 20 mil amperes. É aquele lampejo que você enxerga. Ele volta pelo mesmo canal a uma fração significativa da velocidade da luz, percorrendo a mesma distância em menos de um milissegundo.[3]

---

1 Ou uma esfera de verdade, se preferir.

2 Paleontólogos estimam que ele tinha quase 5 m na altura do ombro.

3 Embora seja chamada de "descarga de retorno", a carga ainda tem fluxo descendente. A descarga, porém, parece ter propagação ascendente. O efeito é similar ao que acontece quando o semáforo fica verde, ou qualquer outra cor, e os carros da frente começam a andar, depois os carros de trás, de forma que o movimento pareça se espalhar de maneira retrógrada.

Ou seja, o ponto no solo onde vemos um raio "atacar" é onde o líder fez o primeiro contato com a superfície. Ele desce pelo ar aos pulinhos e, no fim das contas, está se dirigindo (geralmente) à carga positiva no solo. Contudo, o líder só "sente" as cargas a poucas dezenas de metros da sua ponta quando decide aonde vai em seguida. Se houver algo conectado ao solo nessa distância, é ali que o raio vai saltar. Se não, ele pula numa direção quase aleatória e repete o processo.

É aqui que entra a esfera de 60 m. É uma forma de imaginar que pontos podem ser os primeiros que o líder vai captar — os lugares onde ele poderá pular no seu próximo (e último) passo.

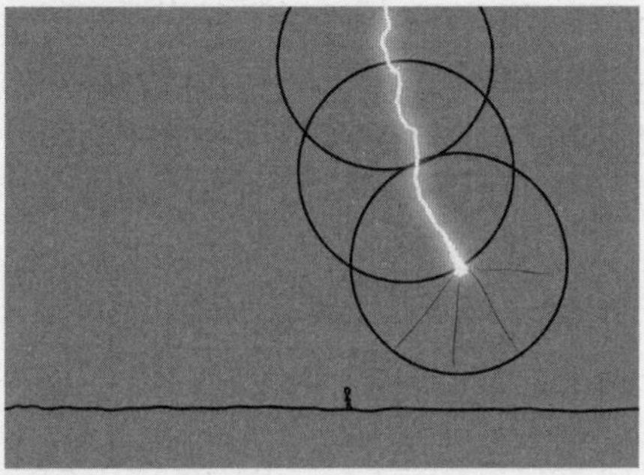

Para descobrir onde provavelmente o raio vai atingir, você deixa a esfera imaginária de 60 m rolar paisagem afora.[4] Essa esfera passa sobre as árvores e edificações sem atravessar nada (nem passar por cima). Os lugares onde a superfície faz contato — copas de árvores, postes de cercas, gente jogando golfe — são alvos potenciais de um raio.

Ou seja, pode-se calcular uma "sombra" de raio em torno de um objeto de altura h numa superfície plana.

$$\text{Raio da sombra} = \sqrt{-h(h-2r)}$$

A sombra é a região onde há maior probabilidade de o líder atingir o objeto alto em vez do solo ao redor:

4 Por questões de segurança, não utilize uma esfera de verdade.

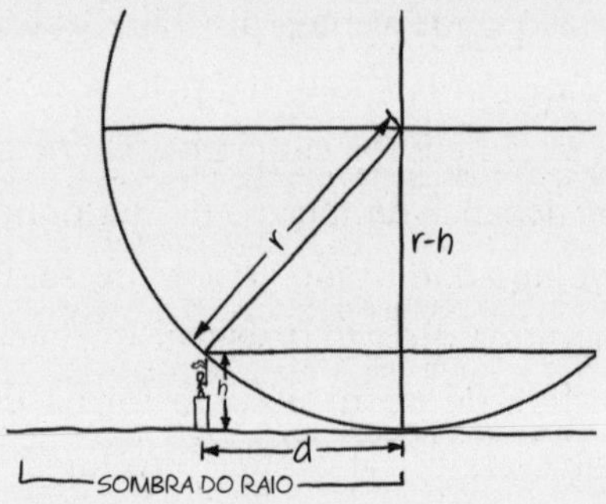

Isso não quer dizer que você estará seguro se estiver na sombra — geralmente, quer dizer o oposto. Depois que atinge o objeto mais alto, a corrente flui para o solo. Se você estiver tocando o solo próximo, ela pode percorrer seu corpo. Das 28 pessoas mortas por raios nos Estados Unidos em 2012, treze estavam paradas sob ou perto de árvores.

Tendo isso em mente, vejamos possíveis trajetórias de raios nas situações das perguntas a seguir.

P. Qual o risco de ficar numa piscina durante uma trovoada?

R. ALTAMENTE PERIGOSO. PARA COMEÇAR, a água conduz eletricidade. Mas o maior problema não é esse: o pior é que, se você estiver nadando, sua cabeça está projetando-se de uma ampla superfície plana. Mas um raio que atinja a água perto de você ainda assim seria muito ruim. Os 20 mil amperes se espalham para os lados — a maioria sobre a superfície —, porém é complicado calcular o choque que você vai tomar de acordo com a distância.

Meu palpite é que você estaria correndo perigo significativo em qualquer ponto num mínimo de 12 m — e mais longe em água corrente, pois a correnteza vai preferir pegar atalho atravessando você.

E se estivesse tomando um banho de chuveiro quando fosse atingido por um raio? Ou debaixo de uma cachoeira?

Você não está em perigo com o borrifar da água — não passam de um monte de pinguinhos no ar. A ameaça mesmo é a banheira ou a poça d'água a seus pés em contato com o encanamento.

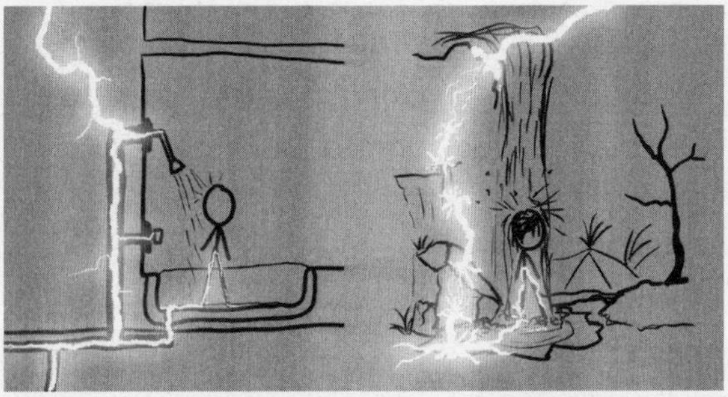

P. E se você estivesse num barco ou avião que fosse atingido por um raio? E num submarino?

R. UM BARCO SEM CABINE tem a mesma segurança de um campo de golfe. Um barco com cabine fechada e sistema de proteção contra raios tem a mesma segurança de um carro. Um submarino é tão seguro quanto um cofre submarino (não confundir o cofre submarino com um cofre num submarino — um cofre num submarino é consideravelmente mais seguro que um cofre submarino).

P. E se você estivesse trocando a luz no alto de uma torre de rádio e fosse atingido por um raio? E se estivesse fazendo um mortal de costas? Ou pisando num campo de grafite? Ou olhando direto para o raio?

R.

P. E se um raio atingisse uma bala de revólver durante sua trajetória depois de disparada?

R. NÃO IRIA AFETAR o caminho do raio. Você teria que dar um jeito de cronometrar para a bala ficar no meio do raio quando acontecesse a descarga de retorno.

O núcleo de um raio tem alguns centímetros de diâmetro. Uma bala disparada de uma AK-47 tem 26 mm de comprimento e velocidade aproximada de 700 mm por milissegundo.

A bala tem núcleo de chumbo revestido por cobre. Chumbo é um excepcional condutor de eletricidade, e boa parte dos 20 mil amperes poderia pegar atalho pela bala.

O surpreendente é que a bala aguentaria na boa. Se estivesse parada, a corrente aqueceria o metal depressa, até derreter. Mas, disparada, ela estaria num movimento tão veloz que deixaria o canal antes que pudesse se aquecer, poucos graus que fosse. Ela seguiria na trajetória do alvo praticamente sem problemas. Haveria algumas forças eletromagnéticas interessantes que derivam do campo magnético em torno do raio e do fluxo de corrente que passa pela bala, mas nenhuma das que conferi mudaria muito o panorama geral.

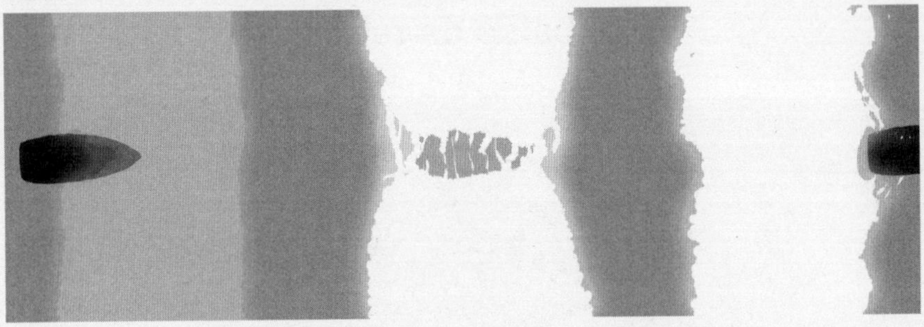

P. E se você estivesse fazendo uma atualização da sua BIOS durante uma trovoada e fosse atingido por um raio?

R.

PERGUNTAS BIZARRAS (E PREOCUPANTES) QUE CHEGAM AO *E SE?* — Nº 4

P. Dá para impedir uma erupção vulcânica depositando uma bomba (termobárica ou nuclear) debaixo da terra?

—Tomasz Gruszka

P. Eu tenho um amigo que tem certeza que existe som no espaço. Não existe, né?

— Aaron Smith

COMPUTADOR HUMANO

P. Quanto poder computacional teríamos se toda a população do mundo parasse tudo que está fazendo agora e começasse a fazer cálculos? Qual seria a diferença entre essa potência e a de um computador ou de um smartphone atual?

— Mateusz Knorps

R. DE CERTO PONTO DE VISTA, humanos e computadores pensam de um jeito bem diferente, então compará-los seria como equiparar maçãs e laranjas.

Por outro lado, maçãs são mais gostosas.[1] Vamos fazer uma tentativa de comparação direta entre humanos e computadores desempenhando a mesma tarefa.

É fácil — mas cada dia mais difícil — inventar uma tarefa que um ser humano sozinho possa fazer mais rápido que todos os computadores do mundo. As pessoas, por exemplo, se dão muito melhor em olhar a foto de uma cena e desvendar o que acaba de acontecer.

Para testar essa teoria, enviei esse desenho para a minha mãe e perguntei o que *ela* achava que havia acontecido. Ela respondeu de cara:[2] "A criança derrubou o vaso e o gato está conferindo o estrago".

Ela foi esperta em recusar hipóteses alternativas, tais como:

- O gato derrubou o vaso.
- O gato pulou do vaso e se jogou na criança.
- A criança estava sendo perseguida pelo gato e tentou escapar escalando o aparador com uma corda.
- Essa casa tem um gato selvagem, e alguém jogou um vaso nele.
- O gato estava mumificado no vaso, mas despertou quando a criança tocou no vaso com a corda mágica.
- A corda que segurava o vaso se partiu, e o gato está tentando consertar o objeto quebrado.
- O vaso explodiu, o que chamou a atenção da criança e do gato. A criança pôs o chapéu para se proteger de novas explosões.
- A criança e o gato estavam correndo pela casa tentando pegar uma cobra. Ela finalmente conseguiu capturá-la e a amarrou com um nó.

1 Fora a maçã Red Delicious, cujo nome é uma enganação.
2 Nossa casa tinha um monte de vasos quando eu era garoto.

Nenhum computador do mundo descobriria a resposta certa mais rápido que um pai ou uma mãe. Mas isso se dá porque os computadores não foram programados para descobrir esse tipo de coisa,[3] mas os cérebros foram treinados durante milhões de anos de evolução para serem bons em desvendar o que os outros cérebros à sua volta fazem e por quê.

Por isso, poderíamos escolher uma tarefa que desse vantagem aos humanos. Mas aí não teria graça: os computadores são limitados pela capacidade que temos de programá-los, ou seja, já sairíamos com a vantagem.

Porém vejamos como podemos competir no campinho deles.

A complexidade dos microchips

Em vez de criar uma nova tarefa, vamos só aplicar aos humanos os mesmos testes de benchmarks que fazemos com os computadores. Esses testes geralmente envolvem coisas do tipo: aritmética de ponto flutuante, memorizar e repetir números, manipular sequências de letras, além de cálculos lógicos simples.

Segundo o cientista da computação Hans Moravec, um ser humano que faça à mão, com papel e caneta, cálculos de benchmark aplicados a chips de computador consegue desempenhar o equivalente a uma instrução completa a cada 1,5 minuto.[4]

Seguindo essa medida, o processador de um celular de preço médio conseguiria fazer cálculos setenta vezes mais rápido que toda a população do planeta. Um chip de um PC novo de última geração aumentaria essa proporção para 1500.

3 Por enquanto.

4 Esse número vem de uma lista disponível em: <http://www.frc.ri.cmu.edu/users/hpm/book97/ch3/processor.list.txt>. Em *Robot: Mere Machine to Transcendent Mind*, de Hans Moravec.

Então, em que ano um computador desktop comum ultrapassou sozinho a capacidade de processamento de toda a humanidade?

1994.

Em 1992, a população mundial era de 5,5 bilhões de pessoas, de forma que o poder computacional somado delas segundo nosso benchmark era de aproximadamente 65 MIPS (milhões de instruções por segundo).

No mesmo ano, a Intel lançou o famoso 486DX, cuja configuração-padrão alcançava algo em torno de 55 ou 60 MIPS. Em 1994, os novos chips Pentium da Intel alcançavam notas de benchmark na faixa dos 70 e 80. A humanidade ficou comendo poeira.

Talvez você ache que estamos sendo injustos com os computadores. Afinal, essas comparações são de um computador contra todos os humanos. Como todos os humanos se veriam contra *todos* os computadores?

Esse cálculo é complicado. É fácil achar notas de benchmark para vários tipos de computador, mas como medir as instruções por segundo, digamos, do chip de um Furby?

A maioria dos transístores do mundo está em microchips que não são projetados para rodar esse tipo de teste. Se imaginarmos que todos os seres humanos foram adaptados (adestrados) para realizar cálculos de benchmark, quanto empenho deveríamos ter para adaptar cada chip de computador até ele poder executar um benchmark?

A RAIZ QUADRADA DE
0,1383338129 É 0,371938

Para evitar esse problema, podemos estimar o poder agregado de todos os aparelhos computacionais do mundo a partir da contagem de transístores. Descobri que os processadores dos anos 1980 e os processadores de hoje têm uma proporção quase parecida de transístores por MIPS — aproximadamente trinta transístores por instrução por segundo, uma ordem de magnitude para mais ou para menos.

Um artigo de Gordon Moore (aquele da Lei de Moore) dá cifras do número total de transístores fabricados por ano desde a década de 1950. É aproximadamente assim:

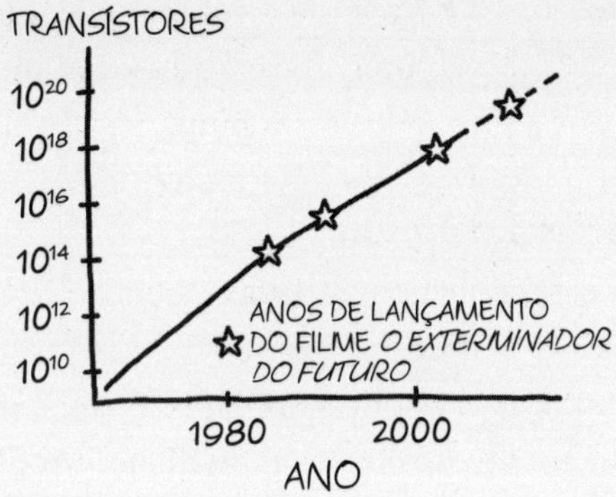

Segundo essa proporção, conseguimos converter o número de transístores em quantidade total de poder computacional. Isso nos diz que um laptop moderno comum, que tem uma nota de benchmark na faixa das dezenas de milhares de MIPS, possui maior poder computacional do que existia no mundo inteiro em 1965. Seguindo essa medida, o ano em que a potência combinada dos computadores finalmente ficou à frente do poder computacional somado dos seres humanos foi **1977**.

A complexidade dos neurônios

Mais uma vez, fazer as pessoas executarem benchmarks de CPU com lápis e papel é um jeito *fenomenalmente* burro de medir a capacidade computacional humana. Se formos mensurar a complexidade, nosso cérebro é mais sofisticado que qualquer supercomputador. Não é mesmo?

É. Quase.

Existem projetos que vêm tentando usar os supercomputadores para simular totalmente um cérebro, no nível de cada sinapse.[5] Se observarmos quantos processadores e quanto tempo essas simulações exigem, talvez tenhamos uma noção do número de transístores necessários para se igualar à complexidade do cérebro humano.

As cifras de um processamento do supercomputador japonês *K*, em 2013, sugerem algo em torno de 10^{15} transístores por cérebro humano.[6] Segundo essa medida, foi só no ano de 1988 que todos os circuitos lógicos do mundo se somaram até atingir a complexidade de um único cérebro... E a complexidade total de

5 Embora isto nem dê conta de tudo que se passa. A parte biológica é complicadinha.

6 Usando 82 944 processadores, cada um com aproximadamente 750 milhões de transístores, o *K* passa 40 minutos simulando 1 segundo de atividade cerebral em um cérebro com 1% do número de conexões do cérebro humano.

todos os nossos circuitos ainda é minúscula comparada à dos cérebros. Segundo projeções baseadas na Lei de Moore, e usando esses números da simulação, os computadores só vão ficar à frente dos seres humanos em **2036**.[7]

Por que esse negócio é ridículo

Essas duas maneiras de fazer benchmark do cérebro são extremos opostos do mesmo espectro.

Um deles, o benchmark Dhrystone, com lápis e papel, pede aos **seres humanos** para simular manualmente operações individuais em um chip de **computador**, e dá que os seres humanos executam cerca de 0,01 MIPS.

No outro, um projeto de simulação de neurônios num supercomputador, pede a **computadores** para simular cada neurônio que dispara num cérebro **humano**, e descobre que os humanos executam o equivalente a 50 bilhões de MIPS.

Uma abordagem um pouquinho melhor seria combinar as duas formas. E até faz sentido, mesmo que soe estranho. Se supusermos que nossos softwares são quase tão ineficientes em simular a atividade neurológica humana quanto é o cérebro humano ao simular a atividade computacional de um chip, quem sabe uma classificação de potência neurológica mais justa seria a média geométrica entre os dois números.

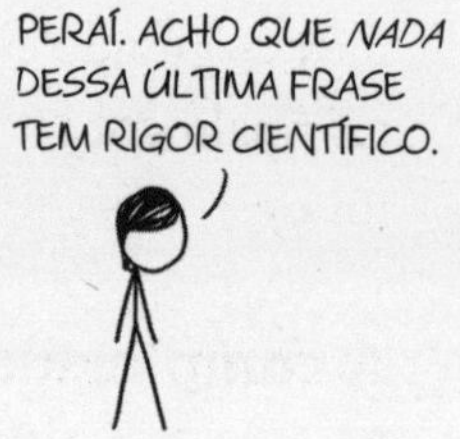
PERAÍ. ACHO QUE NADA DESSA ÚLTIMA FRASE TEM RIGOR CIENTÍFICO.

O resultado somado sugere que os cérebros humanos registram em torno de 30 mil MIPS — praticamente equiparável ao computador no qual estou digitando estas palavras. Também sugere que o ano em que a complexidade digital da Terra superou a complexidade neurológica humana foi **2004**.

Formigas

No artigo "A Lei de Moore aos 40", Gordon Moore faz uma observação interessante. Ele ressalta que, segundo o biólogo E. O. Wilson, existem entre 10^{15} e 10^{16} formigas no mundo. Em comparação, em 2014, há aproximadamente 10^{20} transístores no mundo — ou dezenas de milhares de transístores por formiga.[8]

O cérebro de uma formiga talvez contenha $\frac{1}{4}$ de milhão de neurônios e milhares de sinapses por neurônio, o que leva a crer que os cérebros das formigas

7 Se você está lendo este livro depois de 2036, aí vai um alô do passado! Espero que a coisa esteja melhor aí no futuro. P.S.: Por favor, descubram um jeito de vir nos buscar!

8 "TPF".

do mundo têm uma complexidade somada similar à dos cérebros humanos do mundo.

Por isso não temos que nos preocupar sobre quando os computadores vão nos alcançar em termos de complexidade. Afinal de contas, já alcançamos as formigas, e parece que *elas* não estão nem aí. Claro que dá impressão que a gente tomou conta do planeta, mas se eu tivesse que apostar em qual de nós ainda vai existir daqui a 1 milhão de anos — primatas, computadores ou formigas —, sei qual seria a minha escolha.

PLANETINHAS

P. Se um asteroide fosse bem pequeno mas superdenso, seria possível morar nele como o Pequeno Príncipe?

— Samantha Harper

— Você comeu minha rosa?
— Talvez.

R. ***O PEQUENO PRÍNCIPE,*** de Antoine de Saint-Exupéry, é a história de um viajante que mora num asteroide longínquo. Um texto simples, triste, tocante e memorável.[1] Aparentemente é um livro infantil, mas é difícil ter certeza de quem

1 Embora nem todo mundo leia dessa forma, Mallory Ortberg, em texto para o site The Toast, caracterizou a trama de *O pequeno príncipe* como uma criancinha mimada exigindo ao sobrevivente de um acidente aéreo que fizesse desenhos, para depois criticar o traço do outro.

é o público-alvo. De qualquer forma, o certo é que ele *encontrou* seu público: está entre os livros mais vendidos da história.

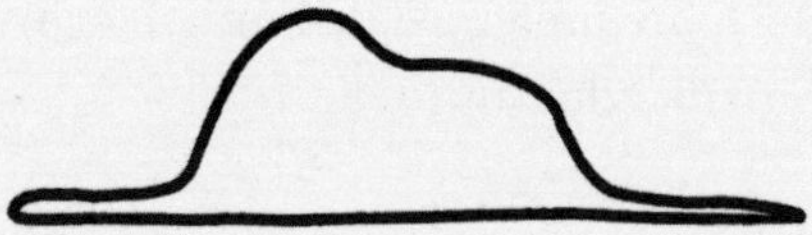

O livro foi escrito em 1942. Era uma época bem interessante para se escrever sobre asteroides, pois nesse ano não sabíamos como *seria* um asteroide. Mesmo com nosso melhor telescópio, os maiores só poderiam ser vistos como pontinhos de luz. Aliás, é daí que vêm os nomes deles: *asteroide* significa "parecido com uma estrela".

Tivemos a primeira confirmação da aparência de um asteroide em 1971, quando a *Mariner 9* visitou Marte e tirou fotos de Fobos e Deimos. Essas luas — que se acreditava serem asteroides capturados pela órbita — solidificaram a imagem que se tem atualmente do asteroide como uma batata com crateras.

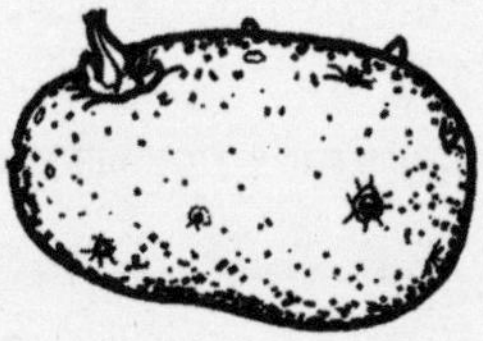

IMAGEM DE FOBOS
PELA *MARINER 9*

Antes dos anos 1970, era comum a ficção científica supor que asteroidezinhos seriam redondos igual aos planetas.

O pequeno príncipe dava um passo além, pois imaginava o asteroide como um planeta minúsculo que teria gravidade, ar e uma rosa. Não há por que criticar a parte científica da coisa, afinal (1) não é uma história sobre asteroides e (2) o livro começa com uma parábola sobre como os adultos são bobos em ver tudo de forma tão literal.

Em vez de usar a ciência para ficar encontrando probleminha na trama, vejamos que pecinhas novas e estranhas ela tem a acrescentar. Se existisse mesmo um asteroide superdenso com gravidade superficial suficiente para alguém caminhar, ele teria algumas propriedades notáveis.

Se o asteroide tivesse um raio de 1,75 m, para ele ter gravidade similar à da Terra na superfície, precisaria ter massa de aproximadamente 500 milhões de toneladas. Isso é mais ou menos equivalente à massa somada de todos os humanos na Terra.

Se você estivesse na superfície, sentiria forças de maré. Seus pés iam parecer mais pesados que sua cabeça, e haveria uma sensação delicada de alongamento. Seria como ficar estirado sobre uma bola de borracha curva ou deitado num carrossel com sua cabeça próxima do centro.

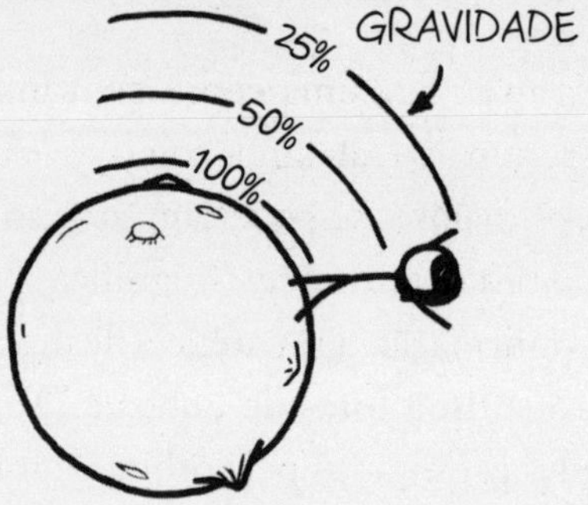

A velocidade de escape na superfície seria de aproximadamente 5 m/s. Isso dá menos que uma corrida puxada, mas ainda é bem rápido. A regra básica é que, se você não consegue fazer uma enterrada no basquete, não daria para fugir desse asteroide pulando.

Todavia, o estranho na velocidade de escape é que não interessa a direção em que você vai.[2] Se for mais rápido que a velocidade de escape, desde que não vá *rumo* ao planeta, dá para fugir. Ou seja, talvez você consiga sair do seu asteroide correndo na horizontal e pulando da ponta de uma rampa.

2 ... E é por isso que ela devia ser chamada de "velocidade escalar de escape" — o fato de ela não ter direção (e essa é a diferença entre "velocidade escalar" e "velocidade vetorial") tem um significado inesperado nesse caso.

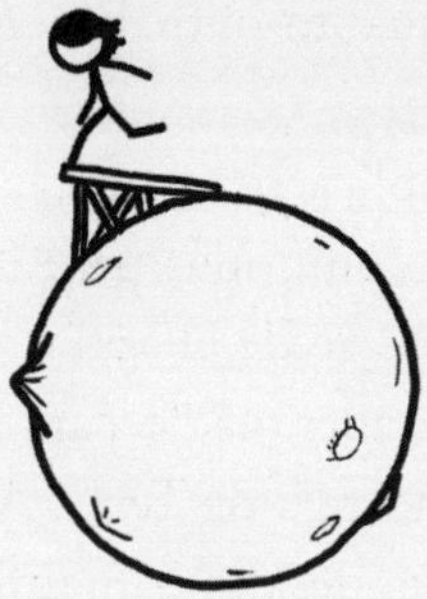

Se você não for rápido o suficiente para escapar do planeta, você entra em órbita ao redor dele. Sua velocidade orbital seria de aproximadamente 3 m/s, que é a típica velocidade de jogging.

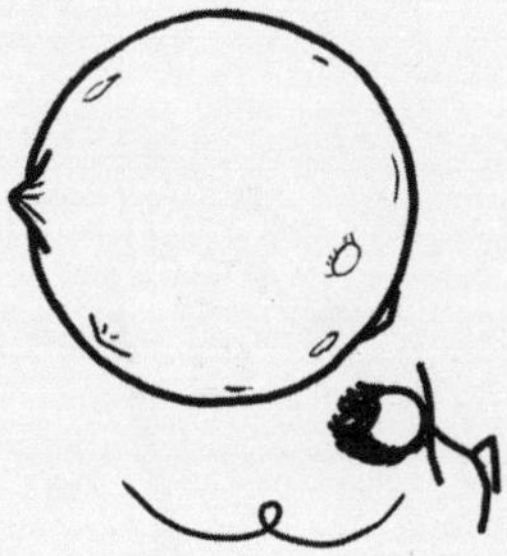

Mas seria uma órbita *bizarra.*

As forças de maré agiriam sobre o seu corpo de várias formas. Se você esticasse seu braço na direção do planeta, ele seria puxado com mais força que o restante do corpo. E quando alongasse um braço, o resto seria empurrado para cima, ou seja, outras partes do corpo sentiriam *menos* gravidade. Na prática, cada parte do seu corpo tentaria entrar em uma órbita distinta.

Um grande objeto orbital sujeito a esses tipos de forças de maré — uma lua, digamos — geralmente iria se decompor em anéis.[3] Não é o que vai acontecer no seu caso. Contudo, sua órbita ficaria mais caótica e instável.

Esses tipos de órbitas foram investigadas num artigo de Radu D. Rugescu e Daniele Mortari. As simulações deles demonstraram que objetos grandes e compridos fazem trajetórias estranhas ao redor do corpo central que orbitam. Nem seus centros de massa movimentam-se como elipses tradicionais: alguns

3 Provavelmente foi o que aconteceu com o Sonic.

fazem órbitas pentagonais, enquanto outros caem de forma caótica e esbarram no planeta.

Esse tipo de análise teria aplicações práticas. Já fizeram várias propostas a respeito de como usar amarras compridas para inserir e tirar carregamentos de poços gravitacionais — uma espécie de elevador espacial flutuante. Essas amarras poderiam transportar carregamentos de/para a superfície da Lua ou apanhar naves espaciais da borda da atmosfera da Terra. A instabilidade inerente a tantas órbitas de amarras representa um desafio para um projeto como esse.

Em relação aos habitantes do asteroide superdenso, eles precisariam ter muito cuidado. Caso corressem rápido demais, teriam o risco sério de entrar em órbita, começar a dar cambalhotas e vomitar o almoço.

Pulos verticais, felizmente, não seriam um problema.

Fãs de literatura infantil francesa na região de Cleveland ficaram tristes quando o príncipe decidiu assinar contrato com o Miami Heat.

BIFE À QUEDA LIVRE

P. De que altura você teria que soltar um bife para ele chegar ao chão cozido?

— Alex Lahey

R. ESPERO QUE VOCÊ GOSTE do seu bife malpassado à moda Pittsburgh. E talvez você precise descongelar depois de pegá-lo.

Tudo fica muito quente quando volta do espaço. Ao entrar na atmosfera, o ar não consegue sair da frente na velocidade que precisa, aí é amassado na frente do objeto — e ar comprimido aquece. A regra geral é que você vai começar a perceber calor por compressão por volta de Mach 2 (por isso que o Concorde usava material com resistência térmica nos bordos de ataque).

Quando o *skydiver* Felix Baumgartner fez o salto de 39 km, ele chegou a Mach 1 por volta dos 30 km. Já foi suficiente para aquecer o ar em questão de poucos graus, mas ele estava tão abaixo de zero que não fez diferença. (No início do salto, era algo em torno de −40°, aquele ponto mágico onde você não precisa especificar se é Fahrenheit ou Celsius: é −40° nos dois.)

Pelo que sei, essa pergunta sobre o bife surgiu numa tripa de discussão do 4chan, que logo acabou em tiradas sacanas com a física, muito mal informadas, que se misturaram a insultos homofóbicos. Não se chegou a uma conclusão clara.

Tentando chegar a uma resposta melhor, decidi fazer uma série de simulações de um bife caindo de várias alturas.

Um bife de 30 g tem aproximadamente o tamanho e formato de um disco de hóquei, por isso baseei os coeficientes de resistência aerodinâmica do meu bife nos que são mostrados na página 74 de *The Physics of Hockey* (o autor, Alain Haché, mediu pessoalmente o disco, usando material de laboratório). Um bife não é um disco de hóquei, mas o coeficiente de arrasto exato acabou não tendo muita diferença no resultado.

Já que responder a essas perguntas geralmente envolve analisar objetos incomuns em circunstâncias físicas extremas, as únicas pesquisas relevantes que costumo encontrar são estudos das Forças Armadas dos Estados Unidos da época da Guerra Fria. (Parece que o governo norte-americano dava dinheiro aos montes para tudo que tivesse a mínima relação com pesquisa armamentista.) Para se ter uma ideia de como o ar esquentaria o bife, consultei artigos científicos sobre o aquecimento dos cones da proa do Míssil Balístico Intercontinental ao fazer o reingresso na atmosfera. Entre os artigos mais úteis estavam dois: "Previsão de aquecimento aerodinâmico em domos de mísseis táticos" e "Cálculo de histórico de temperatura de veículo em reentrada".

Por fim, eu tinha que descobrir a velocidade com que o calor se dispersa por um bife. Comecei consultando artigos de produção industrial de alimentos que simulavam o fluxo de calor em várias peças de carne. Levei um tempo para perceber que existia um jeito bem mais fácil de descobrir qual proporção de tempo e temperatura aquecerá eficientemente as várias camadas de um bife: livros de culinária.

Cozinha Geek, o excelente livro de Jeff Potter, faz uma introdução sensacional à ciência de cozinhar carne e explica que níveis de calor geram qual efeito no bife e por quê. *The Science of Good Cooking,* da Cook's Illustrated, também ajudou.

Depois de juntar tudo, descobri que o bife vai ter uma aceleração rápida até chegar à altitude de uns 30 km a 50 km, e nesse ponto o ar fica tão denso que começa a diminuir a velocidade da queda.

A velocidade do bife em queda cai regularmente quando o ar fica mais espesso. Não importa a velocidade que ele ganha ao chegar às camadas mais baixas da atmosfera, ela logo se reduz à velocidade terminal. Não interessa de que altura se inicia a queda, sempre se leva 6 ou 7 minutos para cair de 25 km ao chão.

Na maior parte desses 25 km, a temperatura do ar fica abaixo do congelante — ou seja, o bife vai passar 6 ou 7 minutos sujeito às rajadas implacáveis de ventos abaixo de zero com a potência de furacões. Mesmo que ele tenha cozinhado na queda, provavelmente você terá que descongelá-lo depois da aterrissagem.

Quando o bife enfim chegar ao chão, ele estará na velocidade terminal — cerca de 30 m/s. Para se ter uma ideia do que é isso, imagine um bife arremessado contra o chão por um profissional de beisebol. Se o bife estivesse só parcialmente congelado, ele iria se estilhaçar muito fácil. Contudo, se ele aterrissar na água, na lama ou em folhas, talvez fique o.k.[1]

Um bife que caiu de 39 km, ao contrário do Felix, provavelmente não vai romper a barreira do som. Também não vai ficar bem aquecido. Faz sentido — afinal, a roupa de Felix não estava chamuscada quando ele aterrissou.

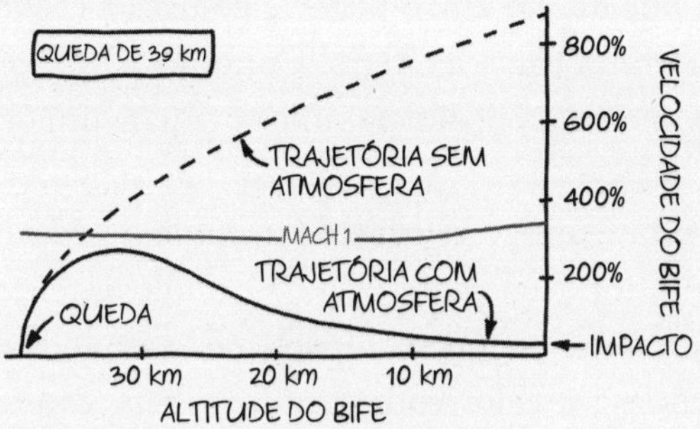

É provável que bifes sobrevivam ao romper a barreira do som. Além de Felix, pilotos já foram ejetados a velocidades supersônicas e viveram para contar a história.

Para superar a barreira do som, você precisa derrubar o bife de aproximadamente 50 km. Mas ainda não basta para ele cozinhar.

Precisamos ir mais alto.

Se for largado de 70 km, o bife atingirá velocidade suficiente para ser soprado de leve por ar a 176°C. Infelizmente, essa rajada de ar fino e delgado mal dura 1 minuto — e qualquer pessoa com mínima experiência na cozinha vai dizer que um bife deixado num forno a 176°C durante 60 segundos não vai cozinhar.

A partir de 100 km — a definição formal de fronteira com o espaço — a coisa não melhora. O bife passa 1,5 minuto a Mach 2, e a superfície externa provavelmente fica chamuscada, mas o calor logo é substituído pela rajada de vento frio estratosférico e ele não fica cozido.

A velocidades supersônicas e hipersônicas, forma-se uma onda de choque em torno do bife que ajuda a protegê-lo de ventos cada vez mais fortes. As características exatas dessa frente de choque — e, por conseguinte, da pressão mecânica

---

1 Intacto, no caso. Não o.k. para *comer.*

sobre o bife — dependem de como um filé de 30 g cru cai a velocidades hipersônicas. Pesquisei a literatura disponível, mas não consegui encontrar nenhum estudo sobre o assunto.

Para os fins desta simulação, deduzi que, a velocidades mais baixas, há uma espécie de emissão de vórtices que cria uma queda acrobática, enquanto a velocidades hipersônicas ele fica espremido num formato esferoide semiestável. Contudo, isso é pouco mais que um palpite. Se alguém puser um bife num túnel de vento hipersônico para extrair mais dados, *por favor* me mande o vídeo.

Se você largar o bife de 250 km, o negócio começa a esquentar; essa distância nos põe na faixa da órbita baixa da Terra. Contudo, já que o bife foi largado do zero, ele não se movimenta a velocidade suficiente para um objeto reingressar em órbita.

Nessa situação, o bife atinge velocidade máxima de Mach 6, e sua superfície externa talvez fique um pouco cauterizada. O miolo, infelizmente, ainda estará cru. A não ser que ele entre em queda hipersônica e exploda em pedacinhos.

De altitudes maiores, o calor começa a ficar bem considerável. A onda de choque na frente do bife chega aos milhares de graus (Fahrenheit ou Celsius, tanto faz). Nesse nível de calor, o problema é que ele queima a camada superficial totalmente e converte-a em pouco mais que carbono. Ou seja, ele fica torrado.

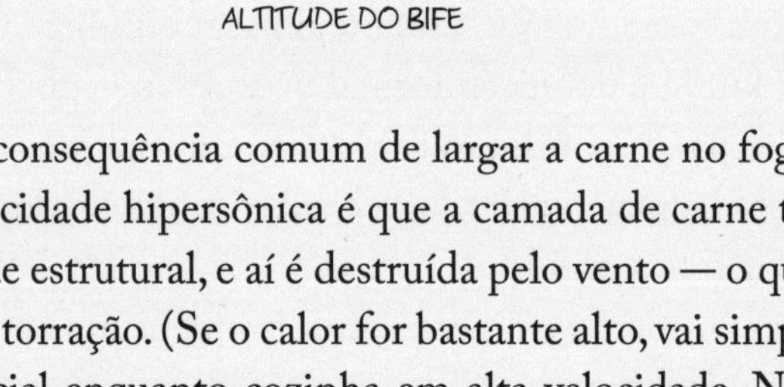

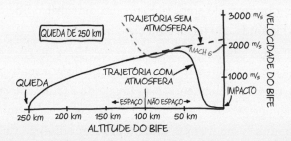

Torrar é uma consequência comum de largar a carne no fogo. O problema de fazer isso em velocidade hipersônica é que a camada de carne torrada não possui grande integridade estrutural, e aí é destruída pelo vento — o que deixa mais uma camada exposta à torração. (Se o calor for bastante alto, vai simplesmente destruir a camada superficial enquanto cozinha em alta velocidade. Nos artigos sobre o míssil balístico intercontinental, chama-se isto de "zona de ablação".)

Mesmo dessas alturas, o bife *ainda* não passa muito tempo no calor para ficar totalmente cozido.[2] Podemos tentar velocidades cada vez maiores, e talvez possamos prolongar o período de exposição largando-o com um ângulo certo, da órbita.

Mas se a temperatura for alta o bastante ou se o tempo de queima for longo o suficiente, o bife vai se desintegrar aos poucos enquanto a camada externa é repetidamente torrada e detonada. Se uma boa parte do bife chegar ao chão, o miolo ainda vai estar cru.

E é por isso que você deve largar o bife em cima de Pittsburgh.

Diz a lenda, talvez apócrifa, que os metalúrgicos de Pittsburgh cozinhavam os bifes batendo-os contras as superfícies de metal reluzente que saíam da fornalha, cauterizando a parte externa e deixando a interna crua. Supostamente é a origem do termo "malpassado à moda Pittsburgh".

Ou seja, largue seu bife de um foguete suborbital, mande uma equipe de resgate para recuperar, dê uma limpadinha, tire as partes mais torradas e mande ver.

Só cuidado com a salmonela. E com o Enigma de Andrômeda.

---

2 Eu sei o que alguns devem estar pensando, e a resposta é *não* — ele não passa tempo suficiente nos cinturões de Van Allen para ser esterilizado pela radiação.

DISCO DE HÓQUEI

P. A que velocidade o disco de hóquei teria que ser lançado para o goleiro ser jogado contra a rede?

— Tom

R. NÃO TEM COMO.

Não é nem a questão de força para atingir o disco. Neste livro a gente não se preocupa com essas limitações. Um ser humano com um taco não conseguiria fazer um disco de hóquei ir mais que uns 50 m/s. Mas vamos supor que esse disco seja lançado por um robô do hóquei ou por um trenó elétrico ou por uma arma de gás leve hipersônica.

Resumindo: o problema é que o jogador de hóquei é pesado e o disco não. Um goleiro, com todo seu aparato, ganha do peso de um disco na razão de 600 para 1. Mesmo a batida mais rápida tem menos impulso que um garoto de dez anos patinando a 1 km/h.

Os jogadores de hóquei também se prendem bem firme no gelo. O jogador que patina à velocidade máxima consegue estacionar num espaço de poucos metros, de forma que a força que ele exerce sobre o gelo é considerável. (Isso também nos leva a crer que, caso você começasse a rotacionar um rinque de hóquei lentamente, os jogadores só iam começar a deslizar para o lado depois que o rinque pendesse uns 50°. Evidentemente, precisamos de experiências para confirmar essa hipótese.)

A partir de estimativas de velocidade de colisão em vídeos de hóquei e algumas orientações de um jogador, calculei que o disco de 165 g teria que estar entre

Mach 2 e Mach 8 para jogar o goleiro contra a rede — mais rápido se ele estiver preparado para o impacto, mais devagar se o disco atingi-lo em ângulo ascendente.

Disparar um objeto a Mach 8 não é das coisas mais difíceis. Um dos métodos mais recomendáveis é usando a supracitada arma de gás hipersônica que, em essência, é o mesmo mecanismo que as armas de ar comprimido usam para disparar chumbinhos.[1]

Mas um disco de hóquei que se movimenta a Mach 8 teria um monte de problemas, a começar pelo fato de que o ar à frente do disco seria comprimido e aqueceria muito rápido. Não seria veloz a ponto de ionizar o ar e deixar uma trilha reluzente como a de um meteoro, mas a superfície do disco começaria (num voo com distância suficiente) a derreter ou a chamuscar.

A resistência do ar, contudo, diminuiria muito rápido a velocidade do disco, de forma que um disco que deixasse o propulsor a Mach 8 estaria numa fração dessa velocidade ao chegar ao gol. E mesmo em Mach 8, o disco provavelmente não atravessaria o corpo do goleiro. Em vez disso, aconteceria um estouro na hora do impacto, com a mesma potência de um rojão dos grandes ou de uma pequena pilha de dinamite.

Se você é como eu, quando viu essa pergunta pela primeira vez deve ter imaginado um buraco em forma de disco de hóquei, estilo desenho animado. Mas isso é porque seu entendimento sobre a reação dos materiais em alta velocidade não é dos melhores.

Comece a utilizar outra representação mental, que seria muito mais próxima: imagine jogar um tomate maduro — com toda força possível — contra um bolo.

É mais ou menos o que iria acontecer.

1 Embora ele utilize hidrogênio em vez de ar e, quando acerta no seu olho, você *perde* o olho.

RESFRIADO COMUM

P. Se todas as pessoas no planeta ficassem longe umas das outras durante algumas semanas, será que não erradicaríamos o resfriado comum?

— Sarah Ewart

R. MAS E VALERIA A PENA?

O resfriado comum é causado por vários tipos de vírus,[1] mas os rinovírus são a causa mais frequente.[2] Esses vírus tomam conta das células no seu nariz e garganta e usam-nas para produzir mais vírus. Passados alguns dias, seu sistema imunológico percebe e destrói tudo,[3] mas não antes de você infectar uma outra pessoa (em média).[4] Depois de eliminar a infecção, você fica imune àquela cepa de rinovírus — e essa imunidade dura anos.

1 Às vezes se usa *virii*, mas há forte recomendação contra. *Virae*, não, por favor.

2 Na verdade, qualquer infecção das vias aéreas superiores pode ser a causa do "resfriado comum".

3 A reação imunológica é a verdadeira causa dos sintomas, não o vírus em si.

4 Em termos matemáticos, é provável que isso esteja certo. Se a média fosse menor que um, o vírus seria extinto. Se fosse mais do que uma pessoa, todo mundo acabaria gripado o tempo todo.

Se a Sarah pusesse todos nós em quarentena, os vírus de resfriado que transportamos não teriam novos hospedeiros aos quais se dirigir. Será que nossos sistemas imunológicos conseguiriam erradicar todas as amostras do vírus?

Antes de responder, vamos pensar nas consequências práticas da quarentena. O Produto Interno Bruto do mundo está perto dos 80 trilhões de dólares por ano, o que dá a entender que interromper toda a atividade econômica durante algumas semanas custaria trilhões de dólares. O choque dessa "pausa" planetária levaria facilmente ao colapso econômico global.

As provisões de alimento totais do mundo provavelmente dão conta de umas quatro ou cinco semanas de quarentena, mas antes de tudo a comida teria que ser distribuída igualitariamente. Para ser sincero, não sei o que eu faria com uma provisão de vinte dias de cereais, sozinho, no meio de sabe-se lá onde.

A quarentena global leva a outra questão: a que distância conseguimos ficar um do outro? O mundo é grande,[falta referência] mas existe muita gente.[falta referência]

Se dividirmos igualmente a área total de terras do planeta, tem espaço suficiente para cada um ficar com mais de 2 ha, e a pessoa mais próxima estaria a 77 m.

Embora 77 m provavelmente seja o bastante para impedir a transmissão de rinovírus, essa distância teria um custo. Boa parte das terras do planeta não é das mais agradáveis para permanecer algumas semanas parado. Muita gente ficaria parada de pé no deserto do Saara[5] ou no meio da Antártida.[6]

A solução mais prática — mas não necessariamente a mais barata — seria dar trajes de risco biológico para todo mundo. Assim, poderíamos sair andando por aí e interagir, até mesmo dar continuidade às atividades econômicas mais corriqueiras:

Mas vamos deixar a parte prática de lado e tratar da pergunta da Sarah: *daria certo?*

Para chegar à resposta, conversei com o professor Ian M. Mackay, especialista em virologia da Australian Infectious Diseases Research Centre na Universidade de Queensland.[7]

O dr. Mackay disse que a ideia é até razoável, de um ponto de vista puramente biológico. Ele disse que os rinovírus — e outros vírus respiratórios de RNA — são eliminados totalmente do corpo pelo sistema imunológico; eles não ficam lá depois da infecção. Além disso, aparentemente não trocamos rinovírus com bichos, ou seja, não há outras espécies que sirvam de repositório do nosso resfriado. Se os rinovírus não encontrarem o devido número de seres humanos para se mover, eles serão extintos.

Chegamos a ver extinções virais assim em populações isoladas. As ilhas remotas de Saint Kilda, bem ao noroeste da Escócia, abrigaram durante séculos cerca de cem moradores. Por ano, poucos barcos visitavam essas ilhas, que sofriam

5 (450 milhões de pessoas.)
6 (650 milhões.)
7 Primeiro tentei levar a pergunta a Cory Doctorow, do site Boing Boing, mas ele me explicou com toda paciência que não é médico.

de uma síndrome incomum chamada *cnatan-na-gall*, ou "tosse do estrangeiro". Durante séculos, a tosse tomava conta do lugar toda vez que chegava um barco, automaticamente.

A causa precisa dos surtos é desconhecida,[8] mas é provável que os rinovírus tenham sido responsáveis por muitos. Toda vez que chegava um barco, ele trazia novas cepas do vírus, que se espalhavam pelas ilhas e infectavam praticamente todo mundo. Passadas algumas semanas, todos os moradores tinham imunidade renovada àquelas cepas; sem ter para onde ir, o vírus era extinto.

A mesma extinção de vírus poderia acontecer em qualquer população pequena ou isolada — por exemplo, sobreviventes de um naufrágio.

Se todos os seres humanos ficassem isolados uns dos outros, as condições de Saint Kilda se desenrolariam na escala da espécie. Passada uma ou duas semanas, nossos resfriados chegariam ao fim, e os sistemas imunológicos mais saudáveis teriam bastante tempo para se livrar dos vírus.

Infelizmente há um porém, que já basta para desalinhar nosso plano: nem todo mundo *tem* o sistema imunológico sadio.

Na maioria das pessoas, os rinovírus são totalmente extintos do corpo num prazo aproximado de dez dias. O caso difere para pessoas com sistema imunológico bem debilitado. Nos transplantados, por exemplo, cujo sistema imunológico foi estancado artificial-

8 Os moradores de Saint Kilda identificaram corretamente os barcos como gatilho dos surtos. Os especialistas médicos da época, contudo, repudiavam o que eles diziam, pondo a culpa dos surtos nos ilhéus, por ficar a céu aberto quando o barco chegava e comemorar as visitas à base da bebedeira.

mente, as infecções comuns — incluindo rinovírus — podem persistir por semanas, meses, dá até para pensar em anos.

Esse pequeno grupo de pessoas imunocomprometidas serviria de refúgio para os rinovírus. A esperança de erradicá-los é muito curta; eles precisariam só sobreviver em alguns poucos hospedeiros para se espalhar e tomar o mundo de novo.

Além de provavelmente causar o colapso da civilização, o plano de Sarah não erradicaria os rinovírus.[9] Contudo, isso pode ser bom!

Embora resfriado não seja uma coisa divertida, a ausência deles podia ser pior. No livro *A Planet of Viruses,* o escritor Carl Zimmer diz que as crianças que não são expostas a rinovírus terão mais perturbações imunológicas quando adultas. É possível que essas infecções leves sirvam para treinar e calibrar nosso sistema imunológico.

Por outro lado, resfriado é um saco. Além de ser desagradável, algumas pesquisas dizem que as infecções por esses vírus também *enfraquecem* nosso sistema imunológico diretamente e podem ser porta de entrada para outras infecções.

Enfim, eu não passaria cinco semanas no meio do deserto só para me livrar dos resfriados para sempre. Mas se algum dia inventarem uma vacina para rinovírus, vou ser o primeiro da fila.

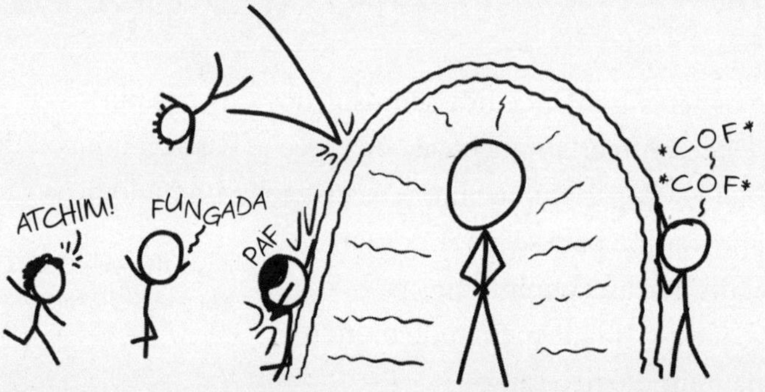

9 A não ser que todo mundo fique sem comida durante a quarentena e morra de fome; nesse caso, os rinovírus humanos morreriam conosco.

O COPO MEIO VAZIO

P. E se um copo de água ficasse, de repente, literalmente meio vazio?

— Vittorio Iacovella

R. O PESSIMISTA TALVEZ ESTEJA mais certo quanto ao que iria acontecer do que o otimista.

Quando as pessoas dizem "copo meio vazio", geralmente estão falando de um copo que tem partes iguais de água e ar.

Conforme a tradição, o otimista vê o copo meio cheio e o pessimista vê o copo meio vazio. Isso gerou um zilhão de variações da piada — por exemplo, o engenheiro que vê um copo com o dobro do tamanho necessário, o surrealista que vê uma girafa comendo uma gravata etc.

Mas e se a metade vazia do copo fosse *realmente* vazia — um vácuo?[1] O vácuo com certeza não ia durar muito. Mas saber exatamente o que aconteceria depende de uma questão-chave que ninguém se dá ao trabalho de perguntar: *qual* metade está vazia?

Para nossas condições, vamos imaginar três copos distintos meio vazios e acompanhar o que acontece com eles de microssegundo em microssegundo.

No meio está o copo tradicional ar/água. À direita, está um copo igual ao tradicional, mas o ar é substituído por vácuo. O copo da esquerda está meio cheio de água e meio vazio — mas a metade vazia é a de baixo.

Vamos supor que o vácuo surja em **t** = 0.

Nos primeiros microssegundos, nada acontece. Nessa escala temporal, até as moléculas do ar estão praticamente imóveis.

No geral, as moléculas do ar dariam uma sacudidinha a velocidades de umas centenas de metros por segundo. Mas tem algumas que se movimentam mais

1 Mesmo que um vácuo, indiscutivelmente, não seja um completo vazio; mas isso é uma questão de semântica quântica.

rápido que outras. As mais velozes se movimentam a mais de mil metros por segundo. São as primeiras a se espalhar para o vácuo no copo da direita.

O vácuo da esquerda é cercado de barreiras, por isso as moléculas do ar não conseguem entrar facilmente. A água, sendo líquida, não se expande para preencher o vácuo da mesma forma que o ar. Contudo, no vácuo dos copos, ela começa a ferver, liberando vapor de água aos poucos no espaço vazio.

Enquanto a água na superfície de ambos os copos começa a ferver e sair, no copo da direita, o ar que entra detém a água antes que ela comece a se mexer. O copo da esquerda continua a se encher com um nevoazinha bem leve de vapor d'água.

Depois de algumas centenas de microssegundos, o ar que entra no copo da direita preenche o vácuo totalmente e bate-se na superfície da água, provocando uma onda de pressão sobre o líquido. As laterais do copo incham de leve, mas contêm a pressão e não se quebram. Uma onda de choque reverbera pela água e volta ao ar, juntando-se à turbulência que já está lá.

A onda de choque do colapso do vácuo leva aproximadamente um milissegundo para se espalhar pelos outros dois copos. Tanto copo quanto água curvam-se de leve quando a onda passa por eles. Em questão de mais alguns milissegundos, ele chega aos ouvidos humanos como um estouro.

Mais ou menos nesse instante, o copo da esquerda começará a subir visivelmente no ar.

A pressão do ar está tentando espremer copo e água. É aquela força que tratamos por sucção. O vácuo da direita não durou o suficiente para a sucção erguer o copo, mas já que o ar não consegue adentrar o vácuo da esquerda, o copo e a água começam a deslizar um rumo ao outro.

A água fervente preencheu o vácuo com uma quantidade muito pequena de vapor d'água. Com a compressão do espaço, o acúmulo de vapor d'água aumenta devagar a pressão sobre a superfície da água. Eventualmente isso vai diminuir a fervura, assim como aconteceria com a pressão do ar aumentada.

Contudo, o copo e a água agora se movimentam rápido demais para o acúmulo de vapor ter importância. Menos de dez milissegundos depois do relógio se iniciar, elas voam uma na direção da outra a vários metros por segundo. Sem uma almofada de ar entre elas — apenas alguns tufos de vapor —, a água bate no fundo do copo como um martelo.

A água é praticamente incompressível, de forma que o impacto não se propaga no tempo — ele vem como um choque único e forte. A força momentânea sobre o copo é imensa, e ele se parte.

Esse efeito "martelo d'água" (o qual também é responsável pelo barulho "clunc" que às vezes se ouve em tubulação velha quando se fecha a torneira) pode ser visto num antigo e famoso truque de salão: dar um soco numa garrafa de vidro para estourar a parte de baixo.

Quando a garrafa é atingida, ela de repente é forçada para baixo. O líquido inteiro não responde à sucção (pressão do ar) de imediato — assim como nas nossas condições — e abre-se um vão. É um vácuo pequeno — da espessura de algumas frações de centímetro — mas, quando se fecha, o choque quebra o fundo da garrafa.

Na nossa situação, as forças seriam mais do que suficientes para destruir até os copos mais pesados.

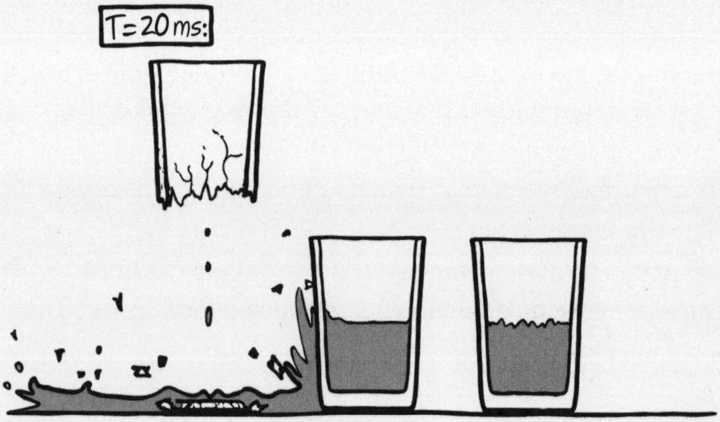

A parte inferior é levada para baixo pela água e faz um barulho contra a mesa. A água salpica ao redor, lançando gotículas e cacos para todos os lados.

Enquanto isso, a parte superior do copo continua a subir.

Passado meio segundo, os observadores que ouviram um barulho começam a titubear. As cabeças erguem-se involuntariamente para acompanhar o movimento ascendente do copo.

O copo tem velocidade suficiente para bater no teto e se desfazer em fragmentos…

… os quais, agora sem impulso, voltam à mesa.

Aprendemos que: se o otimista diz que o copo está meio cheio e o pessimista diz que o copo está meio vazio, o físico se esconde embaixo da mesa.

PERGUNTAS BIZARRAS (E PREOCUPANTES) QUE CHEGAM AO *E SE?* — Nº 5

P. Se o aquecimento global nos põe em risco de aumento da temperatura e os supervulcões nos põem em risco de esfriamento global, esses dois riscos não deveriam se equilibrar?

— Florian Seidl-Schulz

P. A que velocidade um ser humano teria que correr para ser cortado ao meio, na altura do umbigo, por um arame de cortar queijo?

— Jon Merrill

ASTRÔNOMOS ALIENÍGENAS

P. Vamos supor que exista vida no exoplaneta habitável mais próximo e que a tecnologia deles se compare à nossa. Se olhassem agora para nossa estrela, o que eles veriam?

— Chuck H.

R.

O.k., vamos a uma resposta mais completa. Começando por...

Ondas de rádio

O filme *Contato* popularizou a ideia de que os alienígenas ouvem nossa radiodifusão. Infelizmente, a chance de isso acontecer é mínima.

O problema é o seguinte: o espaço é muito vasto.

Você pode pesquisar a parte física da atenuação interestelar das ondas de rádio,[1] mas entende-se muito bem o problema pensando a parte econômica da situação: se as ondas da sua emissora de TV chegam a outras estrelas é porque você está jogando dinheiro fora. Botar potência em um transmissor sai caro, e as criaturas de outras estrelas não compram os produtos que se anuncia na TV e que pagam a conta de luz.

O quadro geral é mais complicado, mas, no fim das contas, quanto melhor ficou nossa tecnologia, menos das nossas ondas hertzianas vazaram para o espaço. Estamos extinguindo as antenas de transmissão gigantes e passando para o cabo, a fibra óptica e a rede de torres de telefonia bem focadas.

Embora nossas ondas de TV talvez tenham sido captáveis — com muito esforço — durante algum tempo, essa janela está se fechando. Mesmo no final do século XX, quando usávamos a TV e o rádio para gritar no vácuo a plenos pulmões, o sinal provavelmente ficou indetectável passados poucos anos-luz. Os exoplanetas potencialmente habitáveis que avistamos até agora estão a dezenas de anos-luz, por isso há pouca chance de que eles comecem a repetir nossos bordões.[2]

Mas as transmissões de rádio e de TV ainda assim não eram as ondas de rádio mais potentes da Terra. Elas perdiam para o campo do **radar de alerta antecipado**.

O radar de alerta antecipado, produto da Guerra Fria, consistia em um monte de estações terrestres e aéreas espalhadas pelo Ártico. Essas estações varriam a atmosfera com feixes de radar potentes e incessantes, que em geral repicavam na ionosfera, e tinha gente que monitorava obsessivamente o eco de qualquer sinal de movimentação inimiga.[3]

Essas transmissões do radar vazavam para o espaço, e provavelmente podiam ser captadas por exoplanetas próximos, caso estivessem escutando quando o feixe passasse por sua região do céu. Mas a marcha do progresso tecnológico que tornou as torres de transmissão de TV obsoletas teve o mesmo efeito sobre o radar de

1 Se você quiser, no caso.
2 Ao contrário do que dizem certos *webcomics* pouco confiáveis.
3 Eu nem existia na maior parte dessa época, mas dizem que o clima era tenso.

alerta antecipado. Os sistemas de hoje — onde quer que existam — são muito mais silenciosos, e uma hora podem ser totalmente substituídos por novas tecnologias.

O sinal de rádio mais *potente* da Terra é o feixe do radiotelescópio de Arecibo. O pratão que fica em Porto Rico pode servir de transmissor de ondas de rádio, fazendo um sinal repicar por alvos próximos, como Mercúrio e o cinturão de asteroides. É praticamente uma lanterna que projetamos sobre planetas para enxergá-los melhor. (A ideia é tão pirada quanto parece.)

Porém, ele só faz transmissões ocasionais e em um feixe estreito. Se acontecesse de um exoplaneta ser captado pelo feixe, e eles tivessem a sorte de estar com uma antena de recepção apontada para o nosso cantinho do céu exatamente naquele momento, eles só captariam um pulso breve de energia do rádio e, depois, silêncio.[4]

Por isso alienígenas hipotéticos que estejam olhando para a Terra provavelmente não nos captariam com antenas de rádio.

Mas também temos a...

Luz visível

Que é mais promissora. O Sol é bem forte,[*falta referência*] e sua luz ilumina a Terra.[*falta referência*] Parte dessa luz é refletida de volta para o espaço como "raios da

4 E é exatamente o que vimos uma vez, em 1977. A fonte do *blip* (que foi nomeado "Sinal Uau") nunca foi identificada.

Terra". Parte disso passa raspando no nosso planeta e atravessa nossa atmosfera antes de prosseguir até outras estrelas. Esses dois efeitos poderiam ser potencialmente detectados por um exoplaneta.

Nada se explicaria a respeito dos seres humanos, mas se observasse a Terra tempo o bastante, daria para entender nossa atmosfera por conta da reflexividade. Provavelmente poderia descobrir qual é nosso ciclo d'água, e nossa atmosfera rica em oxigênio daria uma pista de que tem alguma coisa medonha acontecendo por aqui.

Então, no fim das contas, o sinal mais claro da Terra talvez não seja nosso. Pode ser das algas que estão terraformando o planeta — e distorcendo os sinais que enviamos ao espaço — há bilhões de anos.

Ooopa, olha só a hora. Temos que ir.

Sem dúvida, se quiséssemos enviar um sinal mais claro, teríamos como. O único problema em relação às ondas de rádio é que os alienígenas têm que estar prestando atenção na hora em que elas chegarem lá.

Mas poderíamos *fazê-los* prestar atenção. Com propulsores de íons, propulsão nuclear ou um uso esperto do poço gravitacional do Sol, provavelmente conseguiríamos enviar uma sonda no sistema solar com velocidade suficiente para alcançar uma estrela próxima daqui a algumas dezenas de milênios. Se conseguirmos descobrir como fazer um sistema de orientação que sobreviva à viagem (o que seria bem complicado), podemos usá-lo para nos direcionar a qualquer planeta habitado.

Para aterrissar com segurança, teríamos que saber frear. Mas isso consome ainda mais combustível. E o objetivo desse negócio todo era eles nos notarem, não era?

Então, se esses alienígenas olhassem para o nosso sistema solar, é isto que eles veriam:

SEM DNA

P. Talvez seja meio nojento, mas... Se o DNA de uma pessoa sumisse de repente, quanto tempo essa pessoa ia durar?

— Nina Charest

R. SE VOCÊ PERDESSE SEU DNA, você imediatamente perderia 150 g.

Perder 150 g

Não recomendo essa estratégia para perder peso. Existem maneiras mais fáceis de perder 150 g, incluindo:

- tirar a camiseta;
- fazer xixi;
- cortar o cabelo (se você tiver cabelo bem comprido);
- doar sangue, dando um nó no tubo assim que tirarem 150 ml e recusar-se a deixar que tirem mais;
- segurar um balão de 90 cm de diâmetro cheio de hélio;
- decepar os dedos.

Também é possível perder 150 g se você fizer uma viagem das regiões polares até os trópicos. Isso acontece por dois motivos. Primeiro, porque a Terra tem este formato:

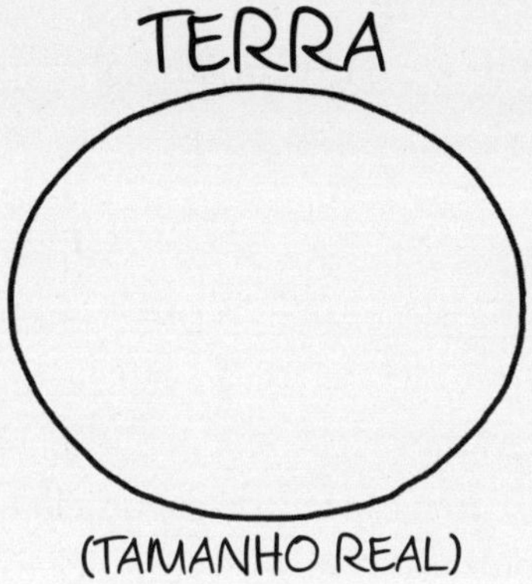

Se você estiver no polo Norte, estará 20 km mais próximo do centro da Terra do que se estiver na linha do equador e sentirá uma tração mais forte da gravidade.

Além disso, se estiver na altura da linha do equador, a força centrífuga[1] estará tentando jogar você para longe do planeta.

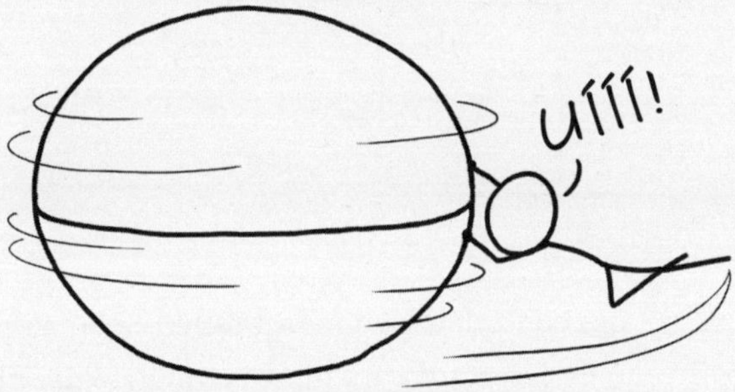

O resultado desses dois fenômenos é que, se você ficar andando entre regiões polares e equatoriais, pode perder ou ganhar até 0,5% da sua massa corporal.

O motivo pelo qual estou me focando em peso é porque, caso seu DNA sumisse, a perda física de matéria não seria a primeira coisa que você ia notar. Talvez sentisse algo — uma ondinha de choque bem leve e uniforme por conta da contração de cada célula —, mas talvez não.

Se você estiver de pé quando perder o DNA, talvez sinta um arrepio. Quando se está nessa posição, os músculos estão ativados para mantê-lo ereto. A força que é exercida por essas fibras musculares não mudaria, mas a massa que elas estão segurando — seus membros — mudaria. Já que $F = ma$, diversas partes do corpo teriam uma leve aceleração.

1 Isso mesmo, "centrífuga". Vai brigar?

Depois, você iria se sentir até que bem normal.

Por algum tempo.

Anjo destruidor

Nunca aconteceu de alguém perder todo o DNA,[2] por isso não temos como dizer ao certo qual seria a ordem exata de consequências médicas. Mas para ter uma ideia de como poderia ser, vamos recorrer ao envenenamento por cogumelos.

O *Amanita bisporigera* é uma espécie de cogumelo que se encontra no leste da América do Norte. Ele e outras espécies da América e da Europa são conhecidos pelo nome *anjo destruidor*.

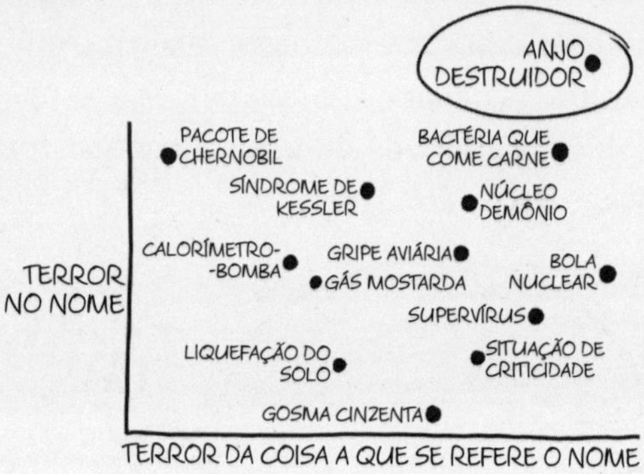

O anjo destruidor é um cogumelo pequeno, branco e com carinha de inocente. Se você é igual a mim, já lhe disseram para nunca comer cogumelos que encontrar no bosque. O motivo é o *Amanita.*[3]

Se comer um anjo destruidor, você vai se sentir bem o dia todo. À noite, ou quem sabe na manhã seguinte, terá sintomas de cólera — vômitos, dor abdominal e diarreia potente. Depois você começará a se sentir melhor.

No momento em que começar a se sentir bem, o dano provavelmente será irreversível. Os cogumelos *Amanita* contêm **amatoxina**, que se conecta a uma enzima que é usada para ler informações do DNA. Ele trava a enzima, interrompendo com total eficácia o processo pelo qual as células seguem instruções do DNA.

A amatoxina provoca danos irreversíveis a toda célula que pega para si. Já que

2 Não tenho referência para comprovar, mas acho que a gente teria ouvido falar.

3 Há vários integrantes do gênero *Amanita* chamados de "anjo destruidor", e — assim como outros *Amanita* chamados de "cicuta verde" — eles são responsáveis pela maioria das mortes por envenenamento com cogumelos.

a maior parte do seu corpo é composta de células,[4] isso é bem ruim. A morte geralmente é provocada por falência do fígado ou do rim, já que esses são os primeiros órgãos sensíveis em que a toxina se acumula. Às vezes, o tratamento intensivo e um transplante de fígado bastam para salvar o paciente, mas uma porcentagem considerável de quem come cogumelos *Amanita* morre.

O que mais assusta no envenenamento por *Amanita* é a fase de "fantasma ambulante" — o período em parece que você está bem (ou tendo alguma melhora), mas suas células estão acumulando dano irreversível e letal.

É um padrão típico de dano do DNA, e provavelmente veríamos algo parecido caso alguém perdesse seu DNA.

A situação fica mais bem ilustrada com dois outros exemplos de dano do DNA: quimioterapia e radiação.

Radiação e quimioterapia

As drogas da quimioterapia são ferramentas cegas. Algumas têm mira mais precisa que outras, mas muitas delas simplesmente interrompem a divisão celular. O motivo pelo qual isso mata células cancerígenas de forma seletiva — em vez de prejudicar o paciente e o câncer igualmente — é que células cancerígenas estão em divisão o tempo todo, enquanto a maioria das células comuns só se divide uma vez ou outra.

Existem algumas células humanas que se *dividem* constantemente. As células que fazem divisão mais veloz são as encontradas na medula óssea, a fábrica de produção de sangue.

A medula óssea também é central ao sistema imunológico humano. Sem ela, perdemos a capacidade de produzir células brancas e o nosso sistema imuno-

4 Comprovação: enquanto você dormia, mandei um de seus amigos entrar no seu quarto e conferir com um microscópio.

lógico vem abaixo. A quimioterapia prejudica o sistema imunológico, deixando pacientes de câncer vulneráveis às infecções soltas por aí.[5]

Existem outros tipos de células com divisão rápida no corpo: nossos folículos capilares e o revestimento do estômago também se dividem constantemente, e é por isso que a quimioterapia pode causar perda de cabelo e náuseas.

A doxorrubicina, uma das drogas mais comuns e potentes na quimioterapia, age conectando segmentos aleatórios de DNA um ao outro e entrelaçando-os. É como pingar supercola numa bola de barbante;[6] ele aglutina o DNA até virar um emaranhado inútil. Os efeitos colaterais iniciais da doxorrubicina, em questão de poucos dias depois do tratamento, são náusea, vômito e diarreia — o que faz sentido, já que a droga mata as células do trato digestivo.

A perda de DNA pode provocar morte celular parecida e, provavelmente, sintomas similares.

Radiação

Grandes doses de radiação gama também podem danificar seu DNA; o envenenamento por radiação provavelmente seja o tipo de ferimento real que mais se pareça com a situação da pergunta da Nina. As células mais sensíveis à radiação, assim como na quimioterapia, são as que estão na medula óssea, seguidas pelas do trato digestivo.[7]

O envenenamento por radiação, assim como a toxicidade do cogumelo anjo destruidor, tem um período de latência — a fase "fantasma ambulante". É o período em que o corpo ainda está funcionando, mas nenhuma proteína nova é sintetizada e o sistema imunológico começa a entrar em colapso.

Em casos de envenenamento por radiação muito sérios, o colapso do sistema imunológico é a causa primária da morte. Sem uma provisão de células brancas, o corpo não consegue se defender de infecções, e aí bactérias comuns conseguem entrar no sangue e fazer loucuras.

---

5 Imunoestimulantes como o *pegfilgrastim* (Neulasta) incrementam a segurança em doses frequentes de quimioterapia. Eles estimulam a produção de células brancas porque, na prática, fazem o corpo acreditar que está com uma imensa infecção de *E. coli* que precisa rechaçar.

6 Só que é um pouquinho diferente: se você pingar supercola em linha de algodão, ela pega fogo.

7 Doses extremamente altas de radiação matam as pessoas bem rápido, mas não por causa de danos ao DNA. Na verdade, elas dissolvem fisicamente a barreira sangue-cérebro, o que resulta em morte acelerada por hemorragia cerebral (o cérebro sangra).

No fim das contas

Perder seu DNA provavelmente resultaria em dor abdominal, náusea, tontura, colapso veloz do sistema imunológico e morte em questão de dias ou horas, seja por infecção sistêmica total ou falência geral dos órgãos.

Por outro lado, haveria pelo menos um ponto positivo: se um dia estivermos num futuro distópico onde governos orwellianos guardam nossa informação genética e usam isso para nos perseguir e controlar…

… você seria invisível.

CESSNA INTERPLANETÁRIO

P. E se você tentasse voar com um avião comum da Terra sobre vários corpos do sistema solar?

— Glen Chiacchieri

R. NOSSA AERONAVE VAI ser esta aqui:[1]

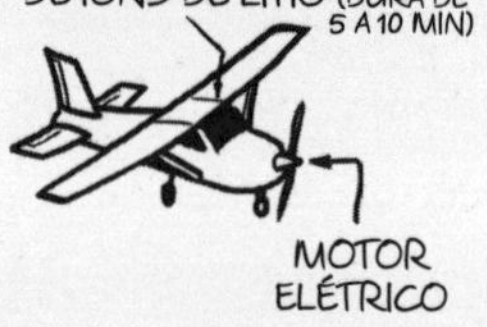

Precisamos de um motor elétrico, porque os a gasolina só funcionam perto de plantas. Em mundos sem verde, o oxigênio não fica na atmosfera, ele se combina com outros elementos para formar coisas como dióxido de carbono e ferrugem. As plantas desfazem essa combinação, arrancando o oxigênio e bombeando-o para o ar. Motores precisam de oxigênio no ar para funcionar.[2]

Nosso piloto:

1 O Cessna 172 Skyhawk, provavelmente o avião mais comum do planeta.
2 Fora que nossa gasolina é FEITA de planta velha.

Se nossa aeronave fosse lançada sobre a superfície de 32 dos maiores corpos celestes do sistema solar, aconteceria o seguinte:

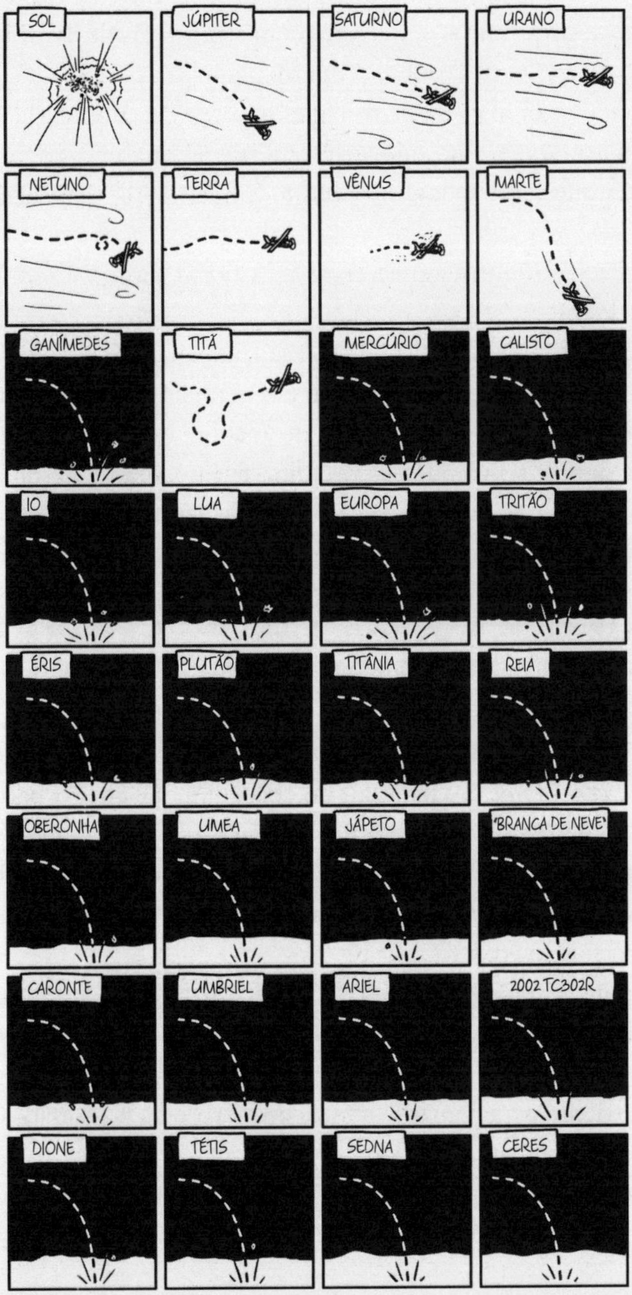

Na maioria deles, não existe atmosfera. O avião ia despencar. Se fosse largado a 1 km ou menos, em alguns casos a colisão seria lenta e o piloto conseguiria sair vivo — embora o equipamento de emergência provavelmente não desse conta.

Existem nove corpos no sistema solar com atmosferas de densidade relevante: a Terra — é óbvio —, Marte, Vênus, os quatro planetas gasosos, Titã (a lua de Júpiter) e o Sol. Vamos ver mais de perto o que aconteceria com o avião em cada um.

Sol: Daria exatamente no que você está pensando. Se o avião fosse largado num ponto em que sentisse a atmosfera do Sol, ele seria vaporizado em menos de um segundo.

Marte: Para ver o que aconteceria com a nossa aeronave em Marte, vamos recorrer ao X-Plane.

O X-Plane é o simulador de voo mais avançado que existe no mundo. Produto de vinte anos de obsessão de um fanático por aeronáutica[3] e uma comunidade de apoiadores, ele consegue simular o fluxo de ar sobre cada pedacinho do corpo de uma aeronave durante o voo. Por isso é uma ferramenta de pesquisa útil, já que consegue simular com precisão novos projetos de aeronave — e outros ambientes.

Cá entre nós, se você mexer na configuração do X-Plane para reduzir a gravidade, afinar a atmosfera e diminuir o raio do planeta, ele consegue simular um voo em Marte.

O X-Plane nos diz que voar em Marte é difícil, mas não impossível. A Nasa sabe disso e já pensou em fazer o levantamento topográfico aéreo de Marte. O complicado é que, com tão pouca atmosfera, para conseguir alguma elevação, seria preciso ir *bem rápido.* Só para sair do chão, tem que chegar perto do Mach 1. E, assim que começa a se mexer, você está com tanta inércia que é difícil mudar de rota — se você vira, seu avião gira, mas continua andando na direção original. O autor do X-Plane comparou pilotar uma aeronave marciana a fazer um transatlântico supersônico voar.

Nosso Cessna 172 não daria conta do recado. Se largado a 1 km, ele não conseguiria acumular velocidade para fugir de um mergulho e ia se enterrar em Marte a mais de 60 m/s (216 km/h). Se for largado a 4 km ou 5 km, consegue acumular velocidade suficiente para planar — a mais de metade da velocidade do som. Seria impossível sobreviver à aterrissagem.

Vênus: Infelizmente, o X-Plane não consegue simular o ambiente infernal próximo à superfície de Vênus. Mas cálculos físicos nos dão uma ideia de como

3 Que usa muito *caps lock* quando fala de avião.

seria voar por lá. O lado bom é que seu avião voaria muito bem, a não ser pelo fato de ficar o tempo todo em chamas, depois parar de voar, depois deixar de ser avião.

A atmosfera de Vênus é mais de sessenta vezes mais densa que a da Terra. Tão densa que um Cessna em velocidade de jogging conseguiria decolar. Infelizmente, o ar é tão quente que derrete chumbo. A tinta começaria a derreter em segundos, os componentes do avião entrariam em falência muito rápido, e o avião planaria tranquilamente até o chão enquanto se desmonta por conta do calor.

Seria melhor voar acima das nuvens. Embora a superfície de Vênus seja temível, sua atmosfera superior é surpreendentemente similar à da Terra. A 55 km, um humano poderia sobreviver com uma máscara de oxigênio e um traje de mergulho reforçado; o ar está a uma temperatura terrestre normal e a pressão é similar à das montanhas da Terra. Porém, você precisaria do traje de mergulho para se proteger do ácido sulfúrico.[4]

O ácido não é legal, mas a região logo acima das nuvens por acaso é um ótimo ambiente para o avião, desde que ele não tenha nenhum metal exposto para ser corroído pelo ácido sulfúrico. E que ele seja capaz de voar em ventos constantes do nível de um furacão categoria 5, que é outra coisa que me esqueci de falar.

Vênus é horrível.

Júpiter: Nosso Cessna não conseguiria voar em Júpiter; a gravidade é muito forte. A potência necessária para manter um voo nivelado sob efeito da gravidade de Júpiter é três vezes maior que a da Terra. Começando de uma pressão ao nível do mar, teríamos uma aceleração pelos ventos desnorteantes a uma planagem descendente de 275 m/s (990 km/h), cada vez penetrando mais nas camadas de amoníaco congelado e gelo, até que nós e a aeronave fôssemos esmagados. Não há superfície onde bater: Júpiter faz uma transição suave de gás a líquido quanto mais você entra.

Saturno: A situação seria um pouco mais receptiva do que em Júpiter. A gravidade mais fraca — parecida com a da Terra, aliás — e a atmosfera um pouquinho mais densa (porém, ainda assim, rala) nos permitiriam dar uma forçada com o avião antes de ceder diante do frio ou dos ventos fortes e cair: o mesmo destino de Júpiter.

Urano: Urano é uma esfera azulada uniforme e estranha. Tem ventos fortes e o frio é de rachar. Para o nosso Cessna, é o mais receptivo entre os planetas gaso-

---

4 Sou péssimo em convencer os outros, né?

sos, e provavelmente daria para voar um pouquinho. Mas como ele parece ser um planeta sem atrativo nenhum, por que você iria pra lá?

Netuno: Se você vai voar em volta de um dos planetas de gelo, eu recomendaria Netuno[5] em vez de Urano. Pelo menos tem umas nuvens para ver antes de congelar até a morte ou se desmontar devido à turbulência.

Titã: Guardamos o melhor para o final. Em termos de voo, Titã talvez seja melhor que a Terra. A atmosfera é densa, mas a gravidade é leve, o que lhe dá uma pressão de superfície apenas 50% maior que a da Terra, com o ar quatro vezes mais denso. Sua gravidade — menor que a da Lua — significa que o voo é facilitado. Nosso Cessna subiria ao ar só com a força dos pedais.

Aliás, em Titã os seres humanos conseguiriam voar só com os músculos. Uma pessoa de asa-delta conseguiria tranquilamente decolar e passear usando pés de pato extragrandes ou até alçar voo agitando asas artificiais. As exigências de força são mínimas — provavelmente seria necessário menos esforço do que para caminhar.

O lado negativo (sempre tem um) é o frio. Em Titã faz 72 K, que é quase a temperatura do nitrogênio líquido. A julgar por algumas cifras de requisitos de calor de aeronaves leves, estimo que a cabine de um Cessna em Titã provavelmente resfriaria a uns 2 graus por minuto.

As baterias ajudariam a se manter quentinho por algum tempo, mas uma hora a aeronave iria ficar sem calor e cairia. A sonda Huygens, que caiu com baterias quase esgotadas — mas tirou fotos fascinantes durante a queda — sucumbiu ao frio depois de poucas horas na superfície. Ela teve tempo de enviar uma única foto após pousar: a única que temos da superfície de um corpo celeste fora Marte.

Se os seres humanos usassem asas artificiais para voar, talvez virássemos versões titãs da história de Ícaro — nossas asas iriam congelar, se desmanchar e fazer a gente desabar até a morte.

Mas nunca entendi a história de Ícaro como uma abordagem acerca das limitações dos humanos. Entendo-a como uma lição sobre as limitações da cera como adesivo. O frio de Titã é apenas uma questão de engenharia. Com recondicionamento e fontes de calor adequados, um Cessna 172 conseguiria voar em Titã — assim como nós.

5 Slogan: "Aquele um pouquinho mais azul".

PERGUNTAS BIZARRAS (E PREOCUPANTES) QUE CHEGAM AO *E SE?* — Nº 6

P. Qual é o valor nutritivo total (calorias, gordura, vitaminas, minerais etc.) do corpo humano médio?

— Justin Risner

... PRECISO SABER ATÉ SEXTA.
SHHH! ELE TÁ CHEGANDO.

P. A que temperatura uma motosserra (ou outra ferramenta de corte) precisaria estar para cauterizar instantaneamente o ferimento que provocasse?

— Sylvia Gallagher

... PRECISO SABER ATÉ SEXTA.

YODA

P. Quanta Força o Yoda consegue gerar?

— Ryan Finnie

R. É ÓBVIO QUE VOU ignorar as *prequels*.

A maior demonstração de força de Yoda na trilogia original se deu quando ele ergueu a X-wing de Luke do pântano. No que concerne a movimentar objetos fisicamente, esse foi sem dúvida o maior dispêndio de energia através da Força que vimos em qualquer momento da trilogia.

A energia necessária para erguer um objeto até certa altura é igual à massa do objeto vezes a força da gravidade vezes a altura a que se queira erguer. A cena da X-wing nos permite determinar um limite mínimo do dispêndio de energia de Yoda.

Primeiro precisamos saber qual era o peso da nave. A massa dela nunca foi especificada no cânone, mas sua extensão sim, 12,5 m. Um F-22 tem 19 m de comprimento e pesa 19 700 kg; então, fazendo a escala a partir daí, podemos estimar que a X-wing tem aproximadamente 5,6 toneladas.

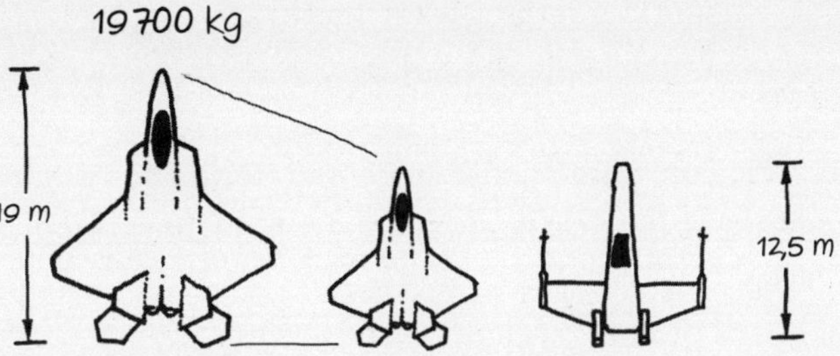

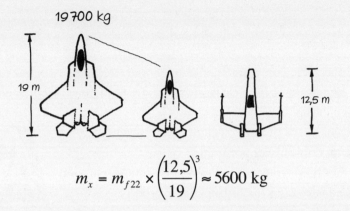

$$m_x = m_{f22} \times \left(\frac{12{,}5}{19}\right)^3 \approx 5600 \text{ kg}$$

A seguir, temos que saber a que velocidade a nave subia. Eu revi as cenas e cronometrei o ritmo de ascensão da X-wing emergindo da água.

O suporte de aterrissagem dianteiro sai da água em aproximadamente 3,5 segundos, e estimo que ele tenha 1,4 m (baseado numa cena de *Uma nova esperança* em que um tripulante passa pertinho dele), o que nos diz que a X-wing estava erguendo-se a 0,39 m/s.

Por fim, precisamos saber da força da gravidade em Dagobah. Aqui fico sem ter para onde ir, pois mesmo que os fãs de ficção científica sejam obcecados, não tem como existir um catálogo das mínimas especificações geofísicas de cada planeta que aparece em *Star Wars*, né?

Não. Subestimei os fãs. A Wookieepedia tem esse catálogo e nos diz que a gravidade superficial de Dagobah é de 0,9 g. Combinando isso à massa da X-wing e à taxa de subida, temos nosso dispêndio máximo de energia:

$$\frac{5600\ \text{kg} \times 0{,}9\ g \times 1{,}4\ \text{metro}}{3{,}6\ \text{segundos}} = 19{,}2\ \text{kW}$$

É potência suficiente para energizar um quarteirão de casinhas no subúrbio. Também é equivalente a 25 cavalos-vapor, que é quase a potência do motor do Smart Car elétrico.

Aos preços atuais de energia elétrica, Yoda valeria aproximadamente dois dólares por hora.

Mas a telecinesia é apenas uma das coisas que se faz com a Força. E aqueles raios que o Imperador usou para acertar o Luke? A natureza física da Força nunca ficou clara, mas bobinas de Tesla que fazem demonstrações similares consomem algo perto de 10 kW — o que deixaria o Imperador pau a pau com Yoda. (Essas bobinas de Tesla normalmente usam vários pulsos curtos. Se o Imperador consegue manter um arco contínuo, como numa solda elétrica, a potência pode chegar fácil aos megawatts.)

E o Luke? Investiguei a cena em que ele usou sua Força de principiante para arrancar o sabre de luz da neve. É difícil supor as cifras, mas repassei *frame* a *frame* e cheguei a uma estimativa de 400 W quanto ao dispêndio máximo. É apenas um pedacinho dos 19 kW de Yoda, e só se manteve por uma fração de segundo.

Ou seja, o Yoda parece ser nossa melhor fonte de energia. Mas com o consumo de eletricidade mundial na faixa dos 2 terawatts, precisaríamos de 100 milhões de Yodas para cumprir a demanda. Somando tudo, adotar "Yodanergia" não ia valer a pena — mas é *incontestável* que seria energia verde.

ESTADOS JANELINHA

P. Qual é o estado mais "janelinha" dos Estados Unidos?

— Jesse Ruderman

R. "ESTADOS JANELINHA" FAZ REFERÊNCIA aos estados grandes e quadradões que, segundo o estereótipo, as pessoas cruzam quando estão num avião entre Nova York, Los Angeles e Chicago, sem nunca aterrissar — só enxergam da janelinha.

Mas qual é o estado que o maior número de aviões *de fato* sobrevoa? Tem um monte de voos que atravessa a Costa Leste; é fácil imaginar que tem mais gente sobrevoando Nova York do que Wyoming.

Para descobrir quais são os verdadeiros estados janelinha, conferi 10 mil rotas de tráfego aéreo até saber quais estados cada voo atravessou.

É incrível, mas o estado sobre o qual mais aviões voaram — sem decolar nem aterrissar — é...

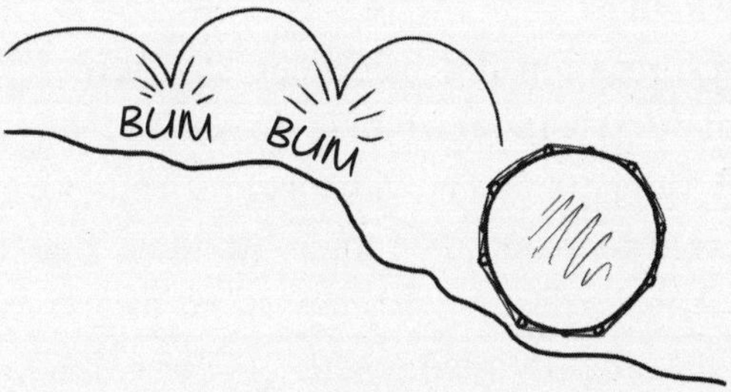

... **Virgínia.**

O resultado me deixou surpreso. Eu cresci em Virgínia e, óbvio, nunca o imaginei como um "estado janelinha".

É uma surpresa, porque Virgínia tem vários aeroportos de grande porte; dois dos aeroportos que servem à capital Washington na verdade ficam lá (o DCA/Reagan e o IAD/Dulles). Ou seja, a maioria dos voos para Washington não conta como voos *sobre* a Virgínia, já que esses voos *pousam* em Virgínia.

Abaixo, um mapa de estados norte-americanos com tons de acordo com o número de sobrevoos diários:

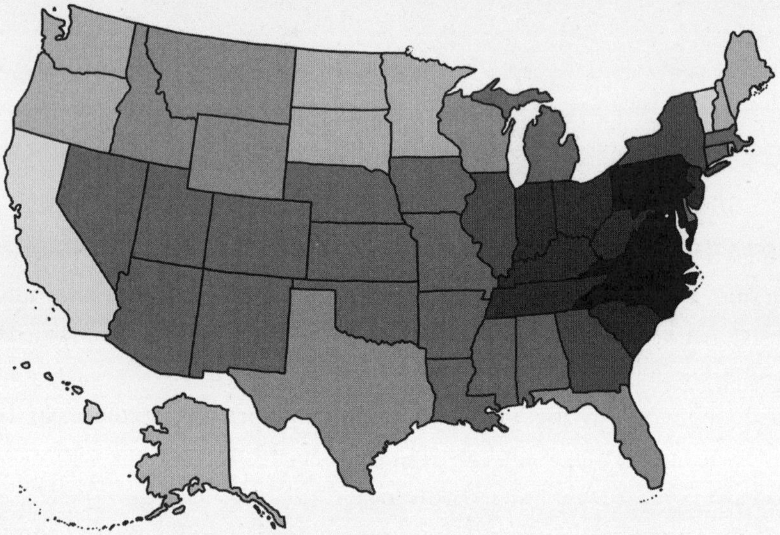

Ficam perto de Virgínia: **Maryland**, **Carolina do Norte** e **Pensilvânia**. Esses estados têm substancialmente mais voos diários que qualquer outro.

Então por que Virgínia?

São vários fatores, mas um dos principais é o **Aeroporto Internacional de Atlanta Hartsfield-Jackson**.

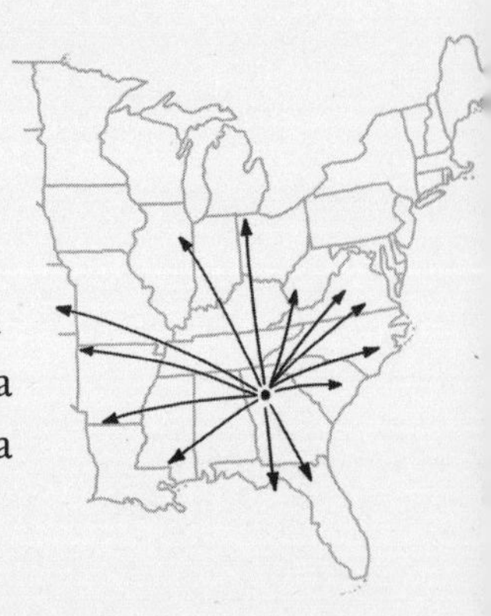

O aeroporto de Atlanta é o mais movimentado do mundo, com mais passageiros e voos do que Tóquio, Londres, Beijing, Chicago e Los Angeles. É um dos aeroportos centrais da Delta Air Lines — que até pouco tempo era a maior empresa aérea do mundo; assim, passageiros que pegam voos da Delta geralmente fazem conexão em Atlanta.

Graças ao grande volume de voos de Atlanta para o noroeste dos Estados Unidos, 20% de todos esses voos cruzam Virgínia e 25% cruzam a Carolina do Norte, o que contribui substancialmente para os totais de cada estado.

Contudo, Atlanta não é o que mais contribui para os totais de Virgínia. O aeroporto cujos voos mais sobrevoam esse estado me surpreendeu.

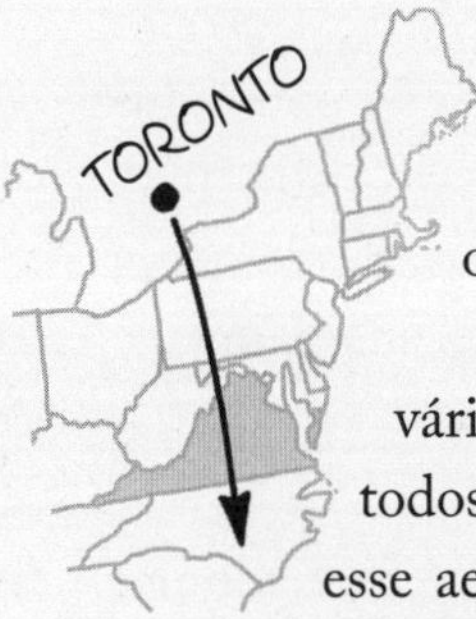

O **Aeroporto Internacional Toronto Pearson** (YYZ) soa como fonte improvável para voos que cruzam Virgínia, mas o maior aeroporto do Canadá tem mais voos sobre o estado do que o JFK e o LaGuardia de Nova York *juntos*.

Parte do motivo para a prevalência de Toronto é que ele tem vários voos diretos para o Caribe e a América do Sul, sendo que todos cruzam o espaço aéreo dos Estados Unidos.[1] Além de Virgínia, esse aeroporto também é uma grande fonte de voos sobre a Virgínia Ocidental, Pensilvânia e Nova York.

O mapa mostra, para cada estado, qual aeroporto é a fonte de mais sobrevoos:

Estados janelinha em proporção

Outra definição possível de "estados janelinha" é o estado que possui a maior proporção de voos *sobre* ele em relação a voos *para* ele. Seguindo essa medida,

1 Colabora o fato de que o Canadá, diferente dos Estados Unidos, tem vários voos comerciais para Cuba.

os estados janelinha são, em geral, apenas os estados mais densos. Os dez mais incluem, como é previsível, Wyoming, Alasca, Montana, Idaho e as duas Dakotas.

O estado com a *maior* proporção de sobrevoos-em-relação-a-voos-para, contudo, é uma surpresa: **Delaware**.

Uma fuçadinha me ajudou a encontrar uma razão bem simples: esse estado não tem aeroportos.

Bom, não é exatamente verdade. Delaware tem vários campos de pouso, incluindo a Base da Força Aérea de Dover (DOV) e o Aeroporto New Castle (ILG), que é o único que se qualificaria como aeroporto comercial, mas, desde que a Skybus Airlines fechou, em 2008, não há companhias aéreas que o atendam.[2]

Estados menos sobrevoados

O estado menos sobrevoado é o Havaí, o que faz sentido, já que é formado por várias ilhazinhas no meio do maior oceano do mundo; você tem que se esforçar muito para chegar lá.

Entre os 49 estados não ilhas,[3] o menos sobrevoado é a Califórnia. Fiquei surpreso, já que a Califórnia é comprida e esguia, e me parece que vários voos sobre o Pacífico teriam que cruzar o estado.

Contudo, já que aviões com grande tanque de combustível foram usados como arma no Onze de Setembro, a FAA tentou limitar o número de voos desse tipo que cruzam os Estados Unidos; então, a maioria dos viajantes internacionais, que poderia sobrevoar a Califórnia, acaba pegando um voo de conexão de um dos aeroportos do estado.

Estados subvoados

Por fim, temos uma pergunta um pouquinho mais estranha: qual é o estado mais *sub*voado? Ou seja, qual é o estado cujos voos do outro lado da Terra mais passam diretamente *embaixo* do seu território?

E a resposta é: **Havaí**.

O motivo pelo qual um estado tão minúsculo vence nessa categoria é que a maior parte dos Estados Unidos fica oposta ao oceano Índico, sobre o qual passam poucos voos comerciais. O Havaí, por outro lado, fica oposto a Botswana, na

2 A situação mudou em 2013, quando a Frontier Airlines começou a fazer uma rota entre o aeroporto New Castle e Fort Myers, na Flórida. Isso não estava incluído nos meus dados, e é possível que a Frontier fizesse Delaware cair na lista.

3 Estou incluindo Rhode Island, embora isso não me soe certo.

África Central. A África não tem um grande volume de linhas aéreas em comparação com a maioria dos outros continentes, mas é o suficiente para render ao Havaí a primeira posição.

Pobre Virgínia

Como fui criado lá, é difícil aceitar que Virgínia seja o estado mais janelinha. Quando eu for visitar minha família, pelo menos vou tentar lembrar — de vez em quando — de olhar para cima e acenar.

(E se você estiver no voo nº 104 da Arik, de Joanesburgo, África do Sul, para Lagos, Nigéria — diário, com saída às 9h35 — lembre-se de olhar para baixo e dizer "Aloha!".)

CAIR COM HÉLIO

P. E se eu pulasse de um avião com alguns tanques de hélio e um imenso balão vazio? Enquanto caio, solto o hélio e encho o balão. De que altura eu deveria saltar para o balão atrasar minha queda o suficiente me fazendo aterrissar em segurança?

— **Colin Rowe**

R. POR MAIS ABSURDO QUE pareça, isso é — mais ou menos — plausível.

Cair de grandes alturas é perigoso.[*falta referência*] Pode ser que um balão salve sua vida, mas é óbvio que um normal, de hélio, desses de festa, não dá conta.

Se o balão for de um tamanho bom, você nem precisa do hélio. Ele servirá de paraquedas, retardando sua descida até ficar numa velocidade não fatal.

Ninguém se surpreende em saber que evitar uma aterrissagem em alta velocidade é a chave para a sobrevivência. Como diz um artigo da área médica…

NÃO SE PREOCUPE.
VOCÊ VAI FICAR *BEM*.

> *Obviamente o maior prejuízo não está na velocidade nem na altura da queda... Mas a alta taxa de variação da velocidade, tal qual a que ocorre depois de uma queda de dez andares sobre concreto, é outra questão.*

... que é uma variação prolixa do antigo ditado: "Não é a queda que mata, mas sim aquela parada brusca no final".

Para servir de paraquedas, um balão cheio de ar — e não de hélio — teria que ter de 10 m a 20 m de lado a lado, grande o bastante para ser inflado com tanques portáteis. Dava para usar um ventilador potente para enchê-lo com ar normal, mas nesse caso seria tão bom quanto só usar um paraquedas.

Hélio

O hélio facilita a vida.

Não são necessários muitos balões de hélio para erguer uma pessoa. Em 1982, Larry Walters sobrevoou Los Angeles numa cadeira de praia erguida por balões meteorológicos e acabou chegando a vários quilômetros de altitude. Depois de cruzar o espaço aéreo do LAX, ele atirou em alguns dos balões com uma pistola de ar comprimido até descer.

Ao aterrissar, Walters foi preso, embora as autoridades tenham tido certa dificuldade para descobrir do que acusá-lo. Na época, o inspetor de segurança da FAA disse ao *New York Times*: "Sabemos que ele descumpriu alguma coisa na Lei Federal da Aviação, e assim que descobrirmos o quê, a acusação será encaminhada".

Um balão de hélio relativamente pequeno — com certeza menor que um paraquedas — seria suficiente para retardar sua queda, mas ainda teria que ser grande para os padrões de um balão de festa. Os maiores tanques de hélio para uso comercial têm aproximadamente $7 m^3$, e você teria que esvaziar pelo menos dez deles para pôr ar suficiente num balão que sustentasse seu peso.

E teria que ser rápido. Os cilindros de hélio comprimido são lisos e geralmente bem pesados, de forma que você teria velocidade terminal bem alta. Seriam alguns minutos para usar todos os cilindros. (Assim que esvaziasse um, já poderia soltá-lo.)

Não há como resolver esse problema saindo de um ponto mais alto. Como aprendemos no caso do bife, já que a atmosfera superior é bem rarefeita, qualquer coisa largada da estratosfera ou além vai acelerar até ficar numa velocidade bem grande e chegar à atmosfera inferior, depois cairá lentamente pelo resto do caminho. Isso vale para tudo, desde pequenos meteoros[1] até Felix Baumgartner.

Mas se inflar os balões bem rápido, quem sabe esvaziando vários cilindros nele ao mesmo tempo, você consiga retardar a queda. Só não use hélio demais, se não você acaba voando a 4800 m, como o Larry Walters.

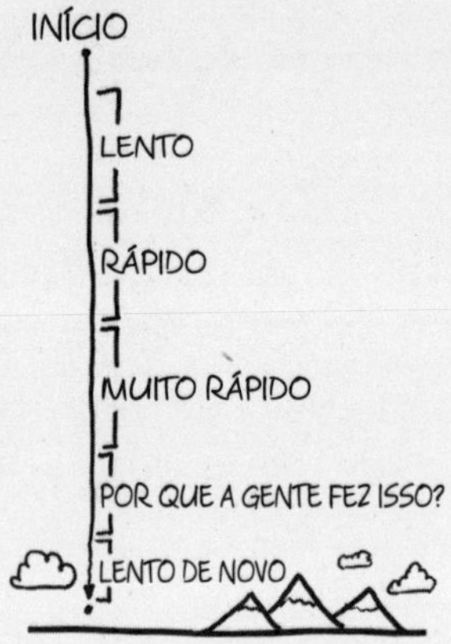

Enquanto eu pesquisava para esta pergunta, acabei bloqueando meu programa Mathematica várias vezes com equações diferenciais relacionadas a balões, e em seguida meu endereço de IP foi banido da Wolfram|Alpha por fazer operações demais. O formulário para recorrer do bloqueio pedia para explicar que tarefa eu estava realizando que exigia tantas consultas. Escrevi: "Calculando quantos tanques de hélio eu teria que levar para inflar um balão grande que fizesse com que servisse de paraquedas, caso eu caísse de uma aeronave".

Desculpe, Wolfram!

1 Enquanto eu pesquisava velocidades de impacto para esta resposta, encontrei uma discussão no fórum Straight Dope sobre alturas de queda das quais dá para sair vivo. Um colaborador comparou a queda a ser atingido por um ônibus. Outro, um legista, respondeu que a comparação era ruim:

> Quando a pessoa é atingida por um carro, o mais comum é o carro não passar por cima, mas sim por baixo dela. As partes inferiores das pernas quebram, o que faz a pessoa voar. Em geral ela atinge o capô do carro, a nuca bate no para-brisa, estilhaçando o vidro e possivelmente deixando fios de cabelo. Depois vai para cima do carro. A pessoa ainda está viva, mas com as pernas quebradas, e talvez com dores na cabeça devido ao impacto não fatal contra o para-brisa. Ela morre ao atingir o chão. Morre por causa do ferimento na cabeça.

Nossa lição: não se meta com um legista. Pelo jeito, eles são hard-core.

TODO MUNDO PRA FORA

P. Existe energia suficiente para tirar toda a população humana atual do planeta?

— Adam

R. EXISTE UM MONTE DE FILMES de ficção científica nos quais, por conta da poluição, da superpopulação ou da guerra nuclear, a humanidade abandona a Terra.

Mas levar gente para o espaço é um negócio complicado. Fora uma redução imensa na população, jogar toda a raça humana no espaço sideral seria fisicamente possível? Não vamos nem nos preocupar com o destino — vou supor que não precisamos achar um novo lar, só não podemos ficar aqui.

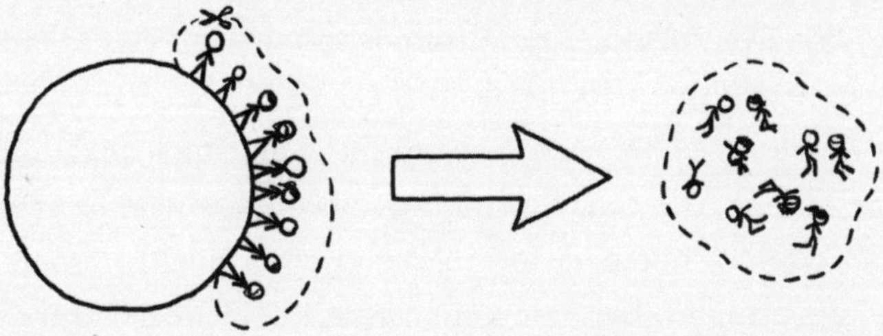

Para descobrir se a situação é plausível, começamos por um requisito básico de energia: 4 gigajoules por pessoa. Não importa como, seja usando foguetes ou um canhão, um elevador espacial ou uma escada, tirar um pessoa de 65 kg — 65 kg de qualquer coisa, na verdade — da gravidade terrestre exige pelo menos essa energia.

Quanto é 4 gigajoules? É mais ou menos 1 MW/h, que é o que uma casa comum nos Estados Unidos consome de eletricidade em um ou dois meses. É equivalente ao total de energia acumulada em 90 kg de gasolina ou num furgão de carga cheio de pilhas AA.

Quatro gigajoules vezes 7 bilhões de pessoas dá $2{,}8 \times 10^{18}$ joules, ou 8 petawatt por hora. É aproximadamente 5% do consumo anual de energia no mundo. É muito, mas não é inverossímil em termos físicos.

Contudo, 4 gigajoules é só o mínimo. Na prática, tudo dependeria do meio de transporte. Se fôssemos usar foguetes, por exemplo, precisaríamos de bem mais energia. Isso se deve a um problema fundamental dos foguetes: eles têm que erguer o próprio combustível.

Voltemos por um momento àqueles 90 kg de gasolina (que dá uns 110 litros), porque eles ajudam a exemplificar esse problema central das viagens espaciais.

Se quisermos propulsionar uma nave de 65 kg, precisamos da energia aproximada de 90 kg de combustível. Guardamos esse combustível a bordo — e aí nossa espaçonave passa a pesar 155 kg. Uma espaçonave de 155 kg precisa de 215 kg de combustível, aí carregamos com mais 125 kg...

Por sorte, nos salvamos do loop infinito — no qual acrescentamos 1,3 kg para cada 1 kg a mais —, porque não precisamos carregar todo esse combustível até lá em cima. Ele vai sendo consumido no caminho, e aí vamos ficando mais leves, de forma que precisamos dele cada vez menos. Mas temos que fazer o combustível subir até uma parte do trajeto. A fórmula para saber quanto propelente precisamos queimar para atingir movimento em certa velocidade é dada pela equação de foguete de Tsiolkovsky:

$$\Delta v = v_{\text{descarga}} \ln \frac{m_{\text{início}}}{m_{\text{fim}}}$$

$m_{\text{início}}$ e m_{fim} são a massa total da nave mais o combustível antes e depois do consumo, e v_{descarga} é a "velocidade de descarga" do combustível, número que fica entre 2,5 km/s e 4,5 km/s no caso do combustível de foguete.

O que importa é a razão entre Δv, a velocidade a que queremos chegar, e v_{descarga}, a velocidade com o que o propelente sai do nosso foguete. Para sair da Terra, precisamos de uma Δv acima dos 13 km/s, e a v_{descarga} está limitada a uns 4,5 km/s, o que nos dá uma proporção combustível-nave de pelo menos $e^{\frac{13}{4,5}} \approx 20$. Se essa proporção for x, para propulsionar 1 kg de nave, precisamos de e^x kg de combustível.

Quanto mais cresce x, mais aumenta essa quantidade.

O lado positivo é que, para vencer a gravidade da Terra usando combustível de foguete tradicional, uma nave de 1 tonelada precisa de 20 a 50 toneladas de combustível. Lançar toda a humanidade (peso total: aproximadamente 400 milhões de toneladas), portanto, exigiria dezenas de trilhões de toneladas de combustível. É bastante. Se fôssemos usar combustíveis com base em hidrocarboneto, seria um naco bem considerável das reservas de petróleo que ainda restam no planeta. E sem falar que nem estamos pensando no peso da própria nave, da comida, da água e dos nossos bichinhos de estimação.[1] Também precisaríamos de combustível para produzir todas essas naves, para transportar as pessoas às plataformas de lançamento e assim por diante. Não é totalmente impossível, mas com certeza está fora do reino do plausível.

Só que foguetes não são nossa única opção. Por mais maluco que pareça, talvez nos demos melhor tentando (1) literalmente subir para o espaço usando uma corda ou (2) nos explodir do planeta com armas nucleares. São ideias sérias — por mais audaciosas — para sistemas de propulsão, e as duas circulam por aí desde o início da era espacial.

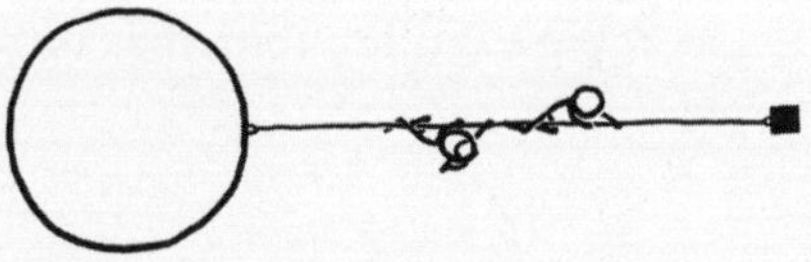

A primeira é a do "elevador espacial", muito querida dos autores de ficção científica. A ideia é conectar uma corda a um satélite que orbite a distância su-

1 Provavelmente existem 1 milhão de toneladas de cachorros de estimação, só nos Estados Unidos.

ficiente para que ela fique tensa pela força centrífuga. Aí podemos enviar os alpinistas pela corda usando eletricidade e motores comuns, ou à base de energia solar, geradores nucleares ou o que for melhor. O grande entrave da engenharia é que a corda teria que ser várias vezes mais forte do que qualquer coisa que construímos atualmente. Há esperança de que materiais com base em nanotubos de carbono possam dar a força necessária — fazendo acréscimo à longa lista de problemas de engenharia que conseguimos resolver quando se conecta o prefixo "nano-".

A segunda é a propulsão por pulso nuclear, método surpreendentemente plausível para fazer grandes quantidades de matéria se movimentar bem rápido. O básico da ideia é jogar uma bomba nuclear para trás e pegar a onda de choque. É de pensar que a espaçonave seria vaporizada, mas se você tiver uma proteção bem projetada, o estouro daria o impulso antes de ter a chance de desintegrá-lo. Se fosse confiável, esse sistema teoricamente conseguiria erguer quarteirões inteiros de uma cidade à órbita e — potencialmente — cumpriria nosso objetivo.

Os princípios de engenharia por trás da propulsão por pulso nuclear já estavam bem calcados — ou pelo menos acreditava-se que estavam — nos anos 1960, quando o governo dos Estados Unidos, sob a orientação de Freeman Dyson, chegou a tentar construir uma dessas espaçonaves. A história desse trabalho, chamado Projeto Orion, está detalhada no excelente livro homônimo do filho de Freeman, George. Os defensores da propulsão por pulso nuclear estão frustrados até hoje, porque o projeto foi cancelado antes que se construísse um protótipo. Outros dizem que quando se pensa no que eles queriam fazer — pôr um arsenal nuclear gigantesco numa caixinha, jogá-la bem alto na atmosfera e bombardeá-la várias vezes — é assustador pensar que isso conseguiu chegar tão longe.

Então a resposta é que, embora mandar uma pessoa para o espaço seja fácil, livrar-se de todos nós iria consumir nossos recursos até o limite e possivelmente destruiria o planeta. É um pequeno passo para um homem, mas um grande salto para a humanidade.

PERGUNTAS BIZARRAS (E PREOCUPANTES) QUE CHEGAM AO *E SE?* — Nº 7

P. No filme *Thor*, em certo momento o protagonista gira seu martelo tão rápido que cria um tornado bem forte. Isso seria possível no mundo real?

— Davor

NÃO.

P. Se você economizasse uma vida inteira de beijos e usasse todo esse poder de sucção num único beijo, quanta energia de sucção haveria nesse único beijo?

— Jonatan Lindströmz

P. Quantos mísseis nucleares teriam que ser lançados contra os Estados Unidos para transformá-lo numa paisagem totalmente devastada?

— Anônimo

AUTOFERTILIZAÇÃO

P. Li uma matéria sobre cientistas que estavam tentando produzir espermatozoides a partir de células-tronco da medula óssea. Se uma mulher pudesse criar espermatozoides de suas células--tronco e se fecundasse, como seria a relação dela com a filha?

— R. Scott LaMorte

R. PARA FAZER UM SER HUMANO, você precisa unir dois conjuntos de DNA.

Nos seres humanos, esses dois conjuntos encontram-se num espermatozoide e num óvulo, sendo que cada um tem uma amostra aleatória do DNA dos pais. (Já direi como funciona essa parte aleatória.) Nos humanos, essas células vêm de duas pessoas. Mas não precisa ser assim, necessariamente. As células-tronco, que podem vir de qualquer tecido, em princípio poderiam ser utilizadas para produzir espermatozoides (ou óvulos).

Até hoje, ninguém conseguiu produzir um espermatozoide completo utilizando células-tronco. Em 2007, um grupo de pesquisadores pôde transformar células-tronco da medula óssea em células-tronco espermatogônias. Essas células são predecessoras do espermatozoide. Não conseguiram fazer as células virar espermatozoides, mas foi o primeiro passo. Em 2009, o mesmo grupo publicou um artigo que dava a entender que eles haviam dado o passo final e produzido espermatozoides funcionais.

Mas havia dois problemas.

Primeiro, eles não disseram que tinham produzido *espermatozoides*, mas sim que produziram células *similares* a espermatozoides — porém a mídia em geral não fez a distinção. Segundo, houve uma retratação do artigo na revista científica que o publicou. Descobriram que os autores haviam plagiado dois parágrafos de um artigo de outra revista.

Apesar desses problemas, a ideia principal não está tão fora da realidade, e a resposta à pergunta de R. Scott é um pouco inquietante.

Manter-se atualizado sobre o fluxo de informações genéticas é bem complicado. Para ajudar a exemplificar, vamos dar uma olhada num modelo supersimplificado que pode ser familiar para os fãs de RPG.

Cromossomos: Edição D&D

O DNA humano é organizado em 23 segmentos, chamados de *cromossomos*, e cada pessoa tem duas versões de cada cromossomo: uma da mãe e uma do pai.

Na nossa versão simplificada do DNA, em vez de 23 cromossomos, teremos apenas sete. Nos seres humanos, cada cromossomo contém uma grande quantidade de código genético; mas, no nosso modelo, cada cromossomo só controla uma coisa.

Vamos partir de uma versão do sistema "d20" do D&D de atributos de personagem, no qual cada segmento de DNA tem sete cromossomos:

1. FOR
2. CON
3. DES
4. CAR
5. SAB
6. INT
7. SEX

Seis desses são os clássicos atributos de personagem dos RPGS: força, constituição, destreza, carisma, sabedoria e inteligência. O último é o cromossomo que determina o sexo.

Um exemplo de "filamento" do DNA:

1.	FOR	15
2.	CON	2
3.	DES	1X
4.	CAR	12
5.	SAB	0,5X
6.	INT	14
7.	SEX	X

No nosso modelo, cada cromossomo contém um pedacinho de informação. Esse pedacinho é ou um atributo (um número, geralmente entre 1 e 18) ou um multiplicador. O último deles, SEX, é o cromossomo que define o sexo, o qual, como acontece na genética real humana, pode ser X ou Y.

Assim como no mundo real, cada pessoa possui dois conjuntos de cromossomos — um da mãe e outro do pai. Imagine que seus genes são assim:

		DNA da mamãe	*DNA do papai*
1.	FOR	15	5
2.	CON	2X	12
3.	DES	1X	14
4.	CAR	12	1,5X
5.	SAB	0,5X	16
6.	INT	14	15
7.	SEX	X	X

A combinação desses dois conjuntos de atributos determina as características da pessoa. Essa é a regra básica para combinar atributos no nosso sistema.

Se você tiver um **número nas duas versões dos cromossomos**, seu atributo será o número maior. Se você tiver um **número em um cromossomo e um multiplicador no outro**, seu atributo será o número vezes o multiplicador. Se você tiver **multiplicador dos dois lados**, seu atributo será 1.[1]

Veja como ficaria nosso personagem hipotético anterior:

		DNA da mamãe	*DNA do papai*	*Conjunto final*
1.	FOR	15	5	15
2.	CON	2X	12	24
3.	DES	13	14	14
4.	CAR	12	1,5X	18
5.	SAB	0,5X	14	7
6.	INT	14	15	15
7.	SEX	X	X	MULHER

Quando um progenitor entra com um multiplicador e o outro com um número, os resultados podem ser excelentes! A constituição desse personagem é 24, sobre-humana. Aliás, fora a pontuação baixa em sabedoria, ele tem ótimos atributos gerais.

Agora, digamos que esse personagem (que chamaremos de "Alice") conhece outra pessoa (o "Bob"):

Bob também tem atributos sensacionais:

	Bob	*DNA da mamãe*	*DNA do papai*	*Conjunto final*
1.	FOR	13	7	13
2.	CON	5	18	18
3.	DES	15	11	15
4.	CAR	10	2X	20
5.	SAB	16	14	16
6.	INT	2X	8	16
7.	SEX	X	Y	HOMEM

1 Porque 1 é o neutro multiplicativo.

Se eles tiverem um filho, cada um vai entrar com um filamento de DNA. Mas o filamento que trouxerem será uma mistura aleatória dos filamentos do pai e da mãe. Cada espermatozoide — e cada óvulo — contém uma combinação aleatória de cromossomos de cada filamento. Então digamos que Bob e Alice compõem o espermatozoide e o óvulo a seguir:

	Alice	*DNA da mamãe*	*DNA do papai*	**Bob**	*DNA da mamãe*	*DNA do papai*
1.	FOR	(15)	5	FOR	13	(7)
2.	CON	(2X)	12	CON	(5)	18
3.	DES	13	(14)	DES	15	(11)
4.	CAR	12	(1,5X)	CAR	(10)	2X
5.	SAB	0,5X	(14)	SAB	(16)	14
6.	INT	(14)	15	INT	(2X)	8
7.	SEX	(X)	X	SEX	(X)	Y

	Óvulo (da Alice)		*Espermatozoide (do Bob)*	
1.	FOR	15	FOR	7
2.	CON	2X	CON	5
3.	DES	14	DES	11
4.	CAR	1,5X	CAR	10
5.	SAB	14	SAB	16
6.	INT	14	INT	2X
7.	SEX	X	SEX	X

Se espermatozoide e óvulo se combinarem, os atributos da criança serão os seguintes:

		Óvulo	*Espermatozoide*	*Atributos da criança*
1.	FOR	15	7	15
2.	CON	2X	5	10
3.	DES	14	11	14
4.	CAR	1,5X	10	15
5.	SAB	14	16	16
6.	INT	14	2X	28
7.	SEX	X	X	MULHER

A criança tem a força da mãe e a sabedoria do pai. Ela também possui inteligência sobre-humana, graças aos ótimos 14 que vieram de Alice e ao multiplicador de Bob. Sua constituição, por outro lado, é bem mais fraca que a dos pais, já que o multiplicador 2X dela não tinha muita opção com o 5 dele.

Tanto Alice quanto Bob têm multiplicadores no cromossomo paterno de "carisma". Já que dois multiplicadores juntos dão um atributo de 1, se ambos tivessem transmitido seu multiplicador, a criança teria um CAR no fundo do poço. Felizmente, as chances de isso acontecer são apenas uma em quatro.

Se a criança tivesse multiplicadores nos dois filamentos, o atributo seria reduzido a 1. Felizmente, como multiplicadores são relativamente raros, a chance de eles se alinharem em duas pessoas a esmo são muito baixas.

Agora, vejamos o que aconteceria se Alice tivesse um filho sozinha.

Primeiro, ela produziria um par de células sexuais, que fariam o processo de seleção aleatória duas vezes:

	Óvulo de Alice	*DNA da mamãe*	*DNA do papai*	**Espermatozoide de Alice**	*DNA da mamãe*	*DNA do papai*
1.	FOR	(15)	5	FOR	15	(5)
2.	CON	(2X)	12	CON	(2X)	12
3.	DES	13	(14)	DES	13	(14)
4.	CAR	12	(1,5X)	CAR	(12)	1,5X
5.	SAB	0,5X	(14)	SAB	(0,5X)	14
6.	INT	(14)	15	INT	(14)	15
7.	SEX	(X)	X	SEX	X	(X)

Então os filamentos selecionados iriam para a criança:

	Alice II	*Óvulo*	*Espermatozoide*	*Atributos da criança*
1.	FOR	15	5	15
2.	CON	2X	2X	1
3.	DES	14	14	14
4.	CAR	1,5X	12	16
5.	SAB	0,5X	14	7
6.	INT	14	14	15
7.	SEX	X	X	X

A criança será seguramente mulher, já que não há ninguém para entrar com um cromossomo Y.

Também tem um problema: em três dos seus sete atributos — INT, DES e CON —, ela herdou os mesmos cromossomos dos dois lados. O que não é problema para DES e INT, já que Alice tinha notas altas nas duas categorias; mas em CON ela herdou um multiplicador dos dois lados, o que lhe deu um resultado de constituição 1.

Se alguém fabrica um filho por conta própria, cresce fortemente a possibilidade de a criança herdar o mesmo cromossomo dos dois lados e, assim, um multiplicador duplo. As chances de a filha de Alice ter um multiplicador duplo são de 58% — em comparação aos 25% de um filho com Bob.

No geral, se você tiver um filho consigo mesmo, 50% dos seus cromossomos terão o mesmo atributo dos dois lados. Se o seu atributo for 1 — ou se for um multiplicador —, a criança estará encrencada, mesmo que você não esteja. Essa situação, a de ter o mesmo código genético em duas cópias do cromossomo, é chamada de *homozigosidade*.

Seres humanos

Nos seres humanos, a doença genética mais comum causada pela endogamia é a amiotrofia espinhal (AME). A AME provoca a morte das células na medula espinhal e geralmente é fatal ou muito debilitante.

Essa doença é causada por uma versão anormal de um gene no cromossomo 5. Aproximadamente 1 em cada 50 pessoas tem essa anormalidade, de forma que 1 em cada 100 transmite isso para seus filhos... Assim, 1 em cada 10 mil pessoas (100 × 100) herdará o gene imperfeito dos *dois* progenitores.[2]

Se um progenitor tem filho consigo mesmo, por outro lado, a chance de AME é 1 em 400 — já que se ele ou ela possuem uma cópia do gene defeituoso (1 em 100), há 1 entre 4 chances de que será a *única* cópia da criança.

Uma em 400 pode não parecer tão ruim, mas a AME é só começo.

DNA é uma coisa complicada

O DNA é um código-fonte para a máquina mais complexa do universo conhecido. Cada cromossomo contém uma quantidade assombrosa de informação, e a interação entre o DNA e o maquinário das células ao seu redor é absurdamente com-

2 Há algumas variedades de AME provocadas por defeitos em *dois* genes, por isso, na prática, o quadro estatístico é um pouco mais complicado.

plicada, com inúmeros componentes móveis e loops de feedback à moda *Mousetrap*. Aliás, chamar o DNA de "código-fonte" é ser reducionista — comparado ao DNA, nossos projetos de programação mais complexos são calculadoras de bolso.

Nos seres humanos, cada cromossomo afeta um monte de coisas por meio de várias mutações e variações. Algumas dessas mutações, como as que são responsáveis pela AME, parecem ser totalmente negativas; a mutação não tem benefício nenhum. No nosso sistema D&D, é como se o cromossomo tivesse FOR de 1. Se seu outro cromossomo é normal, você terá um atributo de personagem normal; vai ser um "portador" silencioso.

Outras mutações, como o gene das hemácias em forma de foice no cromossomo 11, podem ser uma mistura de vantagem e prejuízo. Quem tem esse gene nas duas cópias do cromossomo sofre de **anemia falciforme**. Porém, se você tiver esse gene em só *um* dos cromossomos, eles têm uma vantagem: resistência extra contra malária!

No sistema D&D, isso equivale a um multiplicador "2x". Uma cópia do gene pode deixar você mais forte, mas duas cópias — uma dupla de multiplicadores — ocasiona uma doença séria.

Essas doenças ilustram um dos motivos pelos quais a diversidade genética é tão importante. Mutações surgem por todos os cantos, mas nossos cromossomos redundantes ajudam a aliviar o efeito. Ao evitar a endogamia, uma população reduz as chances de que mutações estranhas e danosas surjam no mesmo lugar dos dois lados do cromossomo.

Coeficiente de endogamia

Os biólogos utilizam um número chamado "coeficiente de endogamia" para quantificar a porcentagem dos cromossomos de uma pessoa com probabilidade de serem idênticos. Uma criança de pais sem parentesco tem coeficiente de endogamia 0, enquanto a que tem um conjunto totalmente duplicado de cromossomos tem coeficiente de endogamia 1.

Isso nos leva à resposta da pergunta original. O filho de um progenitor que se autofertilizou seria como um clone do pai com avarias genéticas graves. O progenitor teria todos os genes da criança, mas a criança não teria todos os genes do pai. Metade dos cromossomos do filho teria seus cromossomos "parceiros" substituídos por uma cópia deles mesmos.

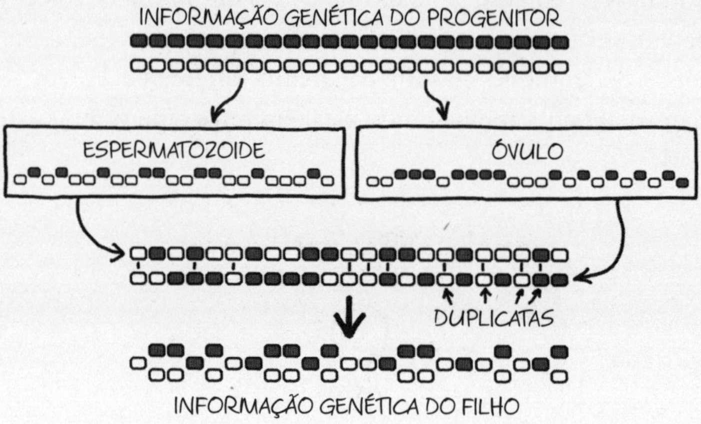

Isso significa que a criança teria um coeficiente de endogamia 0,5. É muito alto; é o que se espera num filho de três gerações de casamentos entre irmãos. De acordo com *Introdução genética quantitativa*, de D. S. Falconer, o coeficiente de endogamia 0,5 resultaria numa redução média de 22 pontos no QI e de 10 cm na altura aos dez anos. Há grandes chances de que o feto não sobreviva ao parto.

Essa variedade de endogamia ficou famosa nas famílias reais que tentavam manter sua linhagem "pura". A Dinastia Europeia de Habsburgo, uma família de governantes europeus de meados do segundo milênio, ficou marcada por casamentos frequentes entre primos, o que culminou no nascimento do rei Carlos II da Espanha.

Carlos tinha um coeficiente de endogamia 0,254, o que o tornava um tiquinho mais endogâmico que um filho de dois irmãos (0,250). Ele sofria de várias debilidades físicas e emocionais, foi um rei estranho e em grande parte incompetente. Conta-se que certa vez ordenou que os cadáveres de seus parentes fossem desenterrados para que ele pudesse ver como eram. Como Carlos era estéril, foi o fim da linhagem real.

A autofertilização é uma estratégia arriscada, e por isso o sexo é tão popular entre organismos grandes e complexos.[3] Vez por outra há animais complexos que se reproduzem assexuadamente,[4] mas é um comportamento extremamente raro. Em geral ele só aparece em ambientes onde a reprodução sexuada é difícil, seja devido à escassez de recursos repentina, ao isolamento populacional...

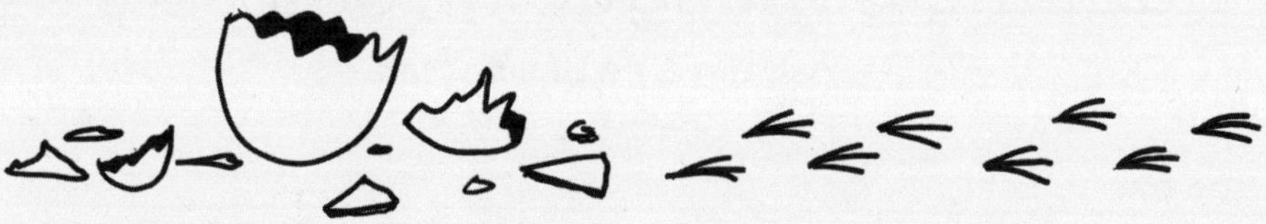

A vida sempre dá um jeito.

... ou administradores de parques temáticos muito seguros de si.

3 Bom, é um dos motivos.

4 A salamandra de Tremblay é uma espécie híbrida de salamandra que se reproduz exclusivamente por autofertilização. É uma espécie 100% feminina, e — o mais estranho — elas possuem três genomas em vez de dois. Para procriar, fazem um ritual de acasalamento com salamandras machos de espécies próximas e depois põem ovos autofertilizados. A salamandra macho não fica com nada: só é usada para estimular a fêmea a pôr os ovos.

JOGANDO ALTO

P. Até que altitude um ser humano consegue arremessar?

— Irish Dave, da Ilha de Man

R. SERES HUMANOS SÃO BONS de arremesso. Aliás, somos ótimos; não tem outro bicho que saiba arremessar tão bem quanto nós.

Sim, os chimpanzés arremessam as fezes (e, em raras ocasiões, pedras), mas não são tão precisos nem minuciosos quanto os humanos. A formiga-leão arremessa areia, porém sem mirar. O peixe-arqueiro caça insetos arremessando gotas d'água, mas ele tem uma boca especial, não braços. O lagarto-de-chifres projeta jatos de sangue dos olhos a distâncias de até 1,5 m. Não sei *por que* ele faz isso, mas quando chego à frase "projeta jatos de sangue dos olhos" num texto, paro ali, fico olhando e preciso ir me deitar.

Então, embora existam outros animais que usam projéteis, somos praticamente o único bicho que consegue pegar um objeto a esmo e acertar um alvo com certa dose de confiança. Aliás, somos tão bons nesse negócio que há pesquisadores que sugeriram que arremessar pedras teve papel central na evolução do cérebro humano moderno.

Arremessar é difícil.[1] Para uma bola de beisebol chegar ao rebatedor, o arremessador precisa soltá-la no ponto preciso do arremesso. Um erro de cronometragem de meio milissegundo em qualquer direção já basta para fazer a bola errar a zona de strike.

Para vermos em perspectiva, são necessários aproximadamente 5 milissegundos para o impulso nervoso mais rápido percorrer a extensão do braço. Ou seja, quando seu braço ainda está rotacionando para voltar à posição correta, o sinal para soltar a bola já está no seu pulso. Em termos de sincronia, é como um baterista soltar sua baqueta do décimo andar e atingir um tambor no chão *no ritmo certo.*

Parece que somos muitos melhores em arremessar coisas para a frente do que em arremessar para cima.[2] Já que queremos altura máxima, podemos usar projéteis que fazem curva ascendente quando você arremessa para a frente; os bumerangues Aerobie Orbiter que eu tinha quando era criança geralmente se prendiam nas copas das árvores mais altas.[3] Mas também podemos contornar o problema usando um aparelho como este:

Mecanismo para acertar uma bola de beisebol na própria cabeça em quatro segundos.

1 Referência: minha carreira infantil no beisebol.
2 Contraexemplo: minha carreira no beisebol infantil.
3 E ficavam lá pro resto da vida.

Inclusive poderíamos usar um trampolim, uma rampa lubrificada ou mesmo um laço suspenso — qualquer coisa que redirecione o objeto para cima sem fazer acréscimo ou decréscimo na velocidade. Claro que é possível tentar isso:

Repassei os cálculos aerodinâmicos básicos para uma bola de beisebol arremessada em várias velocidades. Vou dar as unidades de altura em girafas:

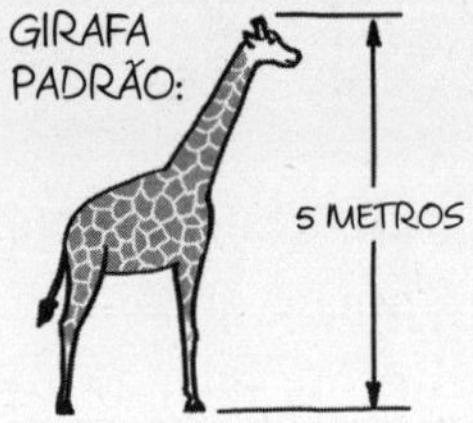

Uma pessoa normal provavelmente consegue arremessar uma bola de beisebol até pelo menos três girafas de altura:

Quem tiver um braço dos bons talvez consiga cinco:

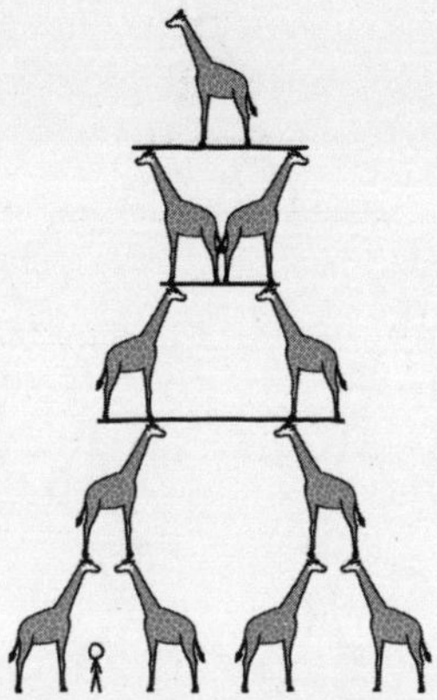

Um arremessador que lança *fastballs* de 130 km/h conseguiria dez girafas:

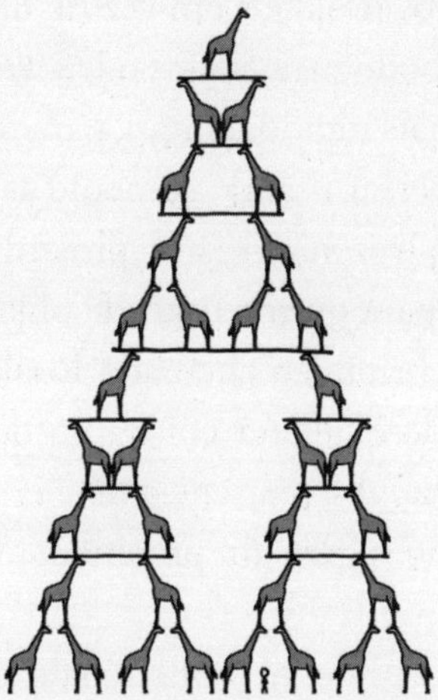

Aroldis Chapman, que atingiu o recorde mundial de arremesso mais veloz já registrado (168 km/h), teoricamente conseguia arremessar uma bola de beisebol a catorze girafas de altura:

Mas e se usássemos outros projéteis em vez de uma bola de beisebol? Com a ajuda de ferramentas como bodoques, bestas ou as *xisteras* do jai alai, poderíamos arremessar projéteis ainda mais rápido. Porém, para os fins desta pergunta, vamos supor que você queira arremessar usando somente as mãos.

Uma bola de beisebol talvez não seja o projétil ideal, mas é difícil encontrar registros de velocidade para outros tipos de objetos arremessados. Por sorte, um arremessador de dardos britânico chamado Roald Bradstock organizou uma "competição de arremesso de qualquer coisa", no qual arremessava desde peixe morto até uma pia de cozinha. A experiência dele nos rendeu vários dados muito úteis.[4] Principalmente porque sugere um projétil com grande potencial: uma bola de golfe.

Houve poucos registros de atletas profissionais arremessando bolas de golfe. Felizmente, Bradstock já fez isso e afirma ser o autor de um arremesso recorde de 155 metros. Antes foi preciso dar uma corridinha, mas, mesmo assim, é motivo para pensar que uma bola de golfe pode funcionar melhor que uma de beisebol. Do ponto de vista da física, faz sentido: o fator limitante nos arremessos de beisebol é a torção do cotovelo; e a bola de golfe, que é mais leve, talvez dê ao braço arremessador a chance de ir um pouquinho mais rápido.

A melhoria da velocidade ao usar uma bola de golfe em vez de uma de beisebol provavelmente não seria imensa, mas é plausível pensar que um arremessador

4 E outros tipos de dados também.

profissional com alguma prática conseguiria mandar uma bola de golfe mais rápido que uma de beisebol.

Assim, com base em cálculos aerodinâmicos, Aroldis Chapman provavelmente conseguiria arremessar a bola de golfe a umas dezesseis girafas de altura:

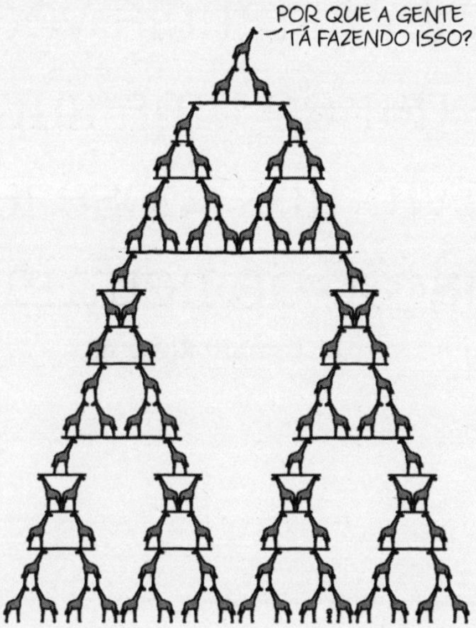

E essa provavelmente seja a altitude máxima para um objeto arremessado.

... a não ser que você considere a técnica que qualquer criança de cinco anos usaria para bater todos esses recordes.

NEUTRINOS MATAM

P. A que distância você teria que chegar de uma supernova para levar uma dose letal de radiação de neutrinos?

— **Dr. Donald Spector**

R. A EXPRESSÃO "DOSE LETAL de radiação de neutrinos" é estranha. Tive que rever e repensar várias vezes depois que ouvi.

Se você não é da física, talvez não lhe soe estranho. Então entenda o contexto para ver como essa ideia é incomum:

Neutrinos são partículas-fantasma que mal interagem com o mundo. Olhe para sua mão: tem aproximadamente 1 trilhão de neutrinos do Sol que passam por ela por segundo.

O.k., já pode parar de olhar a mão.

O motivo pelo qual você não percebe essa enchente de neutrinos é que, no geral, eles ignoram a matéria comum. Na média, dessa enorme enchente, apenas um neutrino vai "atingir" um átomo no seu corpo a cada poucos anos.[1]

Na verdade, os neutrinos são tão sombrios que a Terra inteira é transparente para eles; quase toda a névoa de neutrinos do Sol passa direto por ela sem ser afetada. Para detectá-los, constroem-se tanques gigantes com centenas de toneladas de contraste na esperança de que eles registrem o impacto de um único neutrino solar.

Ou seja, quando um acelerador de partículas (que produz neutrinos) quer enviar um raio de neutrinos até um detector em outra parte do mundo, basta apontar o feixe para ele — mesmo que esteja do outro lado da Terra!

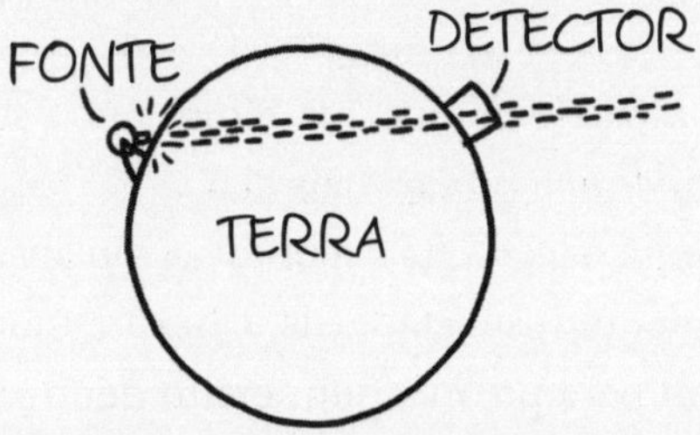

Por isso a expressão "dose letal de radiação de neutrinos" soa estranha: ela mistura as escalas de forma incongruente. É como a expressão "me derruba com uma pena" ou "um campo de futebol entupido de formigas".[2] Se sua formação é em matemática, é como ver a expressão "$\ln(x)^e$" — não é que não faça sentido, mas você não imagina uma situação onde isso se aplicaria.[3]

De forma similar, é difícil produzir neutrinos suficientes para conseguir que *um* deles interaja com matéria; então é estranho imaginar uma situação na qual haveria neutrinos o bastante a ponto de machucar você.

As supernovas são uma situação onde isso acontece.[4] O dr. Spector, físico das faculdades Hobart e William Smith que fez esta pergunta, me passou a regra básica para estimar números relacionados a supernovas: quão maior você considerar uma supernova, ainda maior ela será.

---

1 A menos que você seja criança, pois tem menos átomos para se atingir. Segundo as estatísticas, minha primeira interação com neutrinos deve ter acontecido por volta dos dez anos.

2 Que ainda assim daria menos de 1% das formigas do mundo.

3 Se você quer ser maldoso com alunos do primeiro ano de cálculo, peça a eles para fazer uma derivada de $\ln(x)^3$ dx. Parece que devia ser "1" ou algo bem perto, só que não é.

4 Ou *supernovae*. Não apoiamos *supernovii*.

Aí vai uma pergunta para dar uma noção das proporções.

O que seria mais claro, em termos de quantidade de energia que chega à sua retina: uma supernova, vista da mesma distância entre o Sol e a Terra, ou a detonação de uma bomba de hidrogênio *colada no seu olho*?

Dá pra apressar aí e detonar este troço? Tá pesado!

Aplicando a regra básica do dr. Spector, temos que a supernova é mais clara. E realmente é: *nove ordens de magnitude* mais clara.

Por isso que a pergunta é legal. As supernovas são absurdamente gigantes e os neutrinos são absurdamente insubstanciais. Em que momento essas duas coisas inimagináveis se anulam para provocar um efeito dentro da escala humana?

A resposta está no artigo de Andrew Karam, especialista em radiação. Ele explica que durante certas supernovas, quando um núcleo estelar entra em colapso e vira uma estrela de nêutrons, liberam-se até 10^{57} neutrinos (um para cada próton na estrela que entra em colapso e torna-se nêutron).

Karam calcula que a dose de radiação de neutrinos a uma distância de 1 parsec[5] seria por volta de um nanosievert, ou 1/500 da dose de comer uma banana.[6]

Uma dose fatal de radiação seria de aproximadamente 4 sieverts. Adotando a lei do inverso do quadrado, dá para calcular a dose de radiação:

$$0{,}5 \text{ nanosieverts} \times \left(\frac{1 \text{ parsec}}{x}\right)^2 = 5 \text{ sieverts}$$

$$x = 0{,}00001118 \text{ parsecs} = 2{,}3 \text{ AU}$$

Um pouco mais que a distância entre o Sol e Marte.

Supernovas com colapso do núcleo ocorrem em estrelas gigantes. Por isso, se

5 Equivalente a 3,262 anos-luz ou um pouco menos que a distância entre nós e Alpha Centauri.
6 "Tabela de doses radioativas", disponível em: <http://xkcd.com/radiation>.

observar uma supernova de longe, provavelmente você estaria dentro das camadas externas da estrela que a criou.

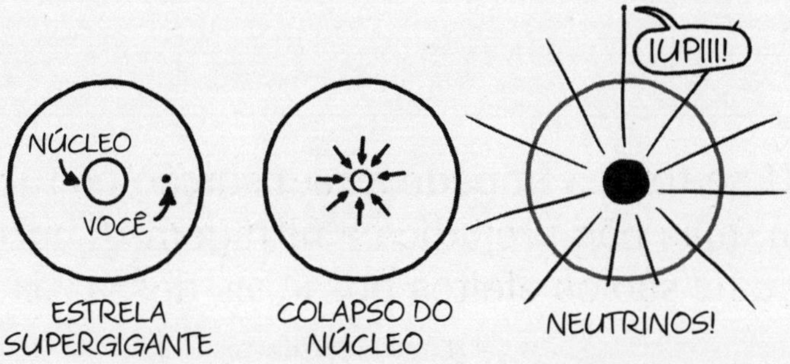

A GRB 080319B foi o evento mais forte que já se observou — principalmente para quem estava flutuando lá perto, com prancha de surfe.

A ideia de ser afetado por radiação de neutrinos reforça o tamanho das supernovas. Se você as observasse a uma distância de 1 AU — dando um jeito de não ser incinerado, vaporizado ou convertido num tipo exótico de plasma —, mesmo a enchente de neutrinos-fantasma seria densa o bastante para matá-lo.

Se estiver em velocidade bem alta, uma pena *com certeza* vai derrubá-lo.

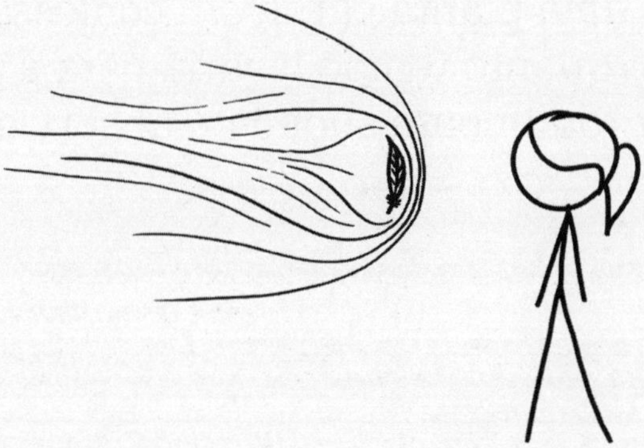

PERGUNTAS BIZARRAS (E PREOCUPANTES) QUE CHEGAM AO *E SE?* — Nº 8

P. Uma toxina impede a reabsorção no túbulo do néfron, mas não prejudica a filtragem. A curto prazo, quais são os efeitos possíveis dessa toxina?

— Mary Herrmann

P. Se uma planta carnívora comesse uma pessoa, quanto tempo levaria para a pessoa ser totalmente sugada e absorvida?

— Jonathan Wang

LOMBADAS

P. Qual é a velocidade máxima para você bater numa lombada e sair vivo?

— Myrlin Barber

R. SURPREENDENTEMENTE RÁPIDO.

Antes de mais nada, faço um aviso: depois de ler esta resposta, não tente atravessar lombadas em alta velocidade.

Alguns dos motivos:

- você pode bater em alguém — e até matar;
- isso pode acabar com seus pneus e com a suspensão, talvez com o carro todo;
- você *leu* as outras respostas deste livro?

Se isso não bastou, aqui vão trechos de artigos da área médica sobre lesão da medula resultante de lombadas.

Exame de raios X toracolombar e tomografia computadorizada revelaram fraturas por compressão em quatro pacientes... Aplicou-se fixação posterior... Todos os pacientes recuperaram-se bem, com exceção de um que apresentava fratura cervical.

L1 foi a vértebra com maior incidência de fraturas (23/52, 44,2%).

A incorporação das nádegas com propriedades realistas reduziu a primeira frequência natural vertical de ~12 a 5,5 Hz, em concordância com a literatura.

(Essa última não tem relação direta com ferimentos resultante de lombadas, mas incluí porque me deu vontade.)

Lombadinhas normais provavelmente não vão matar ninguém

As lombadas são instaladas para que o motorista ande mais devagar. Passar por uma lombada comum a 5 mph resulta num leve salto,[1] enquanto passar a 20 mph* dá uma balançada considerável. É natural pensar que passar por uma lombada a 60 mph** daria uma balançada proporcionalmente maior, mas talvez não.

Como atestam as referências médicas, é fato que vez por outra as pessoas saem feridas em lombadas. Contudo, quase todos esses ferimentos acontecem numa categoria específica: gente sentada em assento duro no fundo do ônibus, que passam por ruas sem a devida manutenção.

Quando você está dirigindo um carro, as duas coisas que mais o protegem das lombadas na rua são os pneus e a suspensão. Não interessa a velocidade que atingir a lombada — a menos que ela seja da altura do chassi do carro —, quase todo solavanco será absorvido pelos dois sistemas e você provavelmente não vai sair ferido.

Absorver o choque não será necessariamente *bom* para esses sistemas. No caso dos pneus, pode ser que eles explodam ao absorver o choque.[2] Se a lombada for tão alta a ponto de atingir os aros das rodas, pode danificar vários componentes importantes do carro.

Uma lombada típica tem de 7 cm a 10 cm de altura. Essa geralmente também é a espessura média da borracha do pneu (a separação entre a parte inferior do aro e o chão).[3] Ou seja, se um carro atingir uma lombada pequena, o aro não chega a tocar na lombada; o pneu vai se comprimir.

---

1 Assim como todas as pessoas com formação em física, faço meus cálculos em unidades do SI, mas levei multa demais nos Estados Unidos para escrever isso aqui em outra coisa que não seja milhas por hora; ficou cauterizado no cérebro. Desculpe!

* Ou 30 km/h. (N. T.)

** Ou 100 km/h. (N. T.)

2 Busque no Google "hit a curb at 60" [bater no meio-fio a 100 km/h].

3 Não há lugar onde não exista carros. Pegue uma régua, saia na rua e confira.

A velocidade máxima do típico sedã fica por volta dos 120 mph.* Passando por uma lombada nessa velocidade, independentemente de como isso aconteceu, é provável que você perca o controle do carro e bata.[4] Todavia, o solavanco *em si* talvez não seja fatal.

Se você passar numa lombada maior — como quebra-molas ou faixas elevadas — talvez seu carro não se dê tão bem.

A que velocidade você deveria estar para ter morte certa?

Vamos pensar que o carro consiga *superar* sua velocidade máxima. Em média, os carros modernos estão limitados à velocidade máxima de 120 mph, e os mais rápidos chegam a uns 200 mph.**

Embora a maioria dos carros de passeio tenha algum tipo de limite artificial imposto pelo computador de bordo, o limite físico supremo à velocidade máxima do carro vem da resistência do ar. Esse tipo de arrasto aumenta conforme o quadrado da velocidade; em algum momento, o motor não tem potência suficiente para empurrar o ar com mais rapidez.

Se você *conseguisse* forçar um sedã a ir mais rápido que a velocidade máxima dele — quem sabe ao reutilizar o acelerador mágico da bola de beisebol relativista —, a lombada seria o menor dos seus problemas.

Carros geram força de sustentação. O ar que circula ao redor do carro gera tudo quanto é tipo de força.

De onde todas estas setinhas saíram?

* Ou 200 km/h. (N. T.)

4 Em altas velocidades, é fácil perder o controle mesmo sem bater numa lombada. A colisão de Joey Huneycutt a 350 km/h fez o Camaro dele virar uma carcaça chamuscada.

** Ou 320 km/h. (N. T.)

As forças de sustentação são relativamente menores em velocidades comuns de autoestrada, mas ficam substanciais em velocidades mais altas.

Num carro de Fórmula 1 equipado com aerofólios, essa força faz pressão para baixo, prendendo o carro à pista. Num sedã, a força ergue-o.

Entre os fãs de Nascar, fala-se muito numa "velocidade de decolagem" nas 200 mph, caso o carro comece a girar. Outras modalidades de corrida automobilística já registraram colisões espetaculares de *backflip* quando a aerodinâmica não funcionou como planejada.

No fim das contas, entre 150 mph e 300 mph,* um sedã normal iria decolar do chão, capotar e bater... Antes mesmo de você passar numa lombada.

EXCLUSIVO: Criança e criatura não identificada no cestinho da bicicleta são atropeladas e mortas por carro voador.

Se você conseguisse fazer o carro não decolar, a força do vento nessas velocidades acabaria com o chassi, os painéis laterais e as janelas. Em velocidades mais altas, o carro inteiro iria se desmanchar e talvez até queimasse como uma espaçonave readentrando a atmosfera.

Qual é o limite definitivo?

No estado da Pensilvânia, os motoristas podem ter dois dólares acrescentados à multa por excesso de velocidade a cada milha por hora excedida em relação ao limite máximo.

---

* Ou 240 km/h a 480 km/h. (N. T.)

Assim, se você passasse com seu carro lá sobre uma lombada a 90% da velocidade da luz, além de destruir a cidade...

... sua multa seria de 1,14 bilhão de dólares.

IMORTAIS PERDIDOS

P. Se dois imortais fossem posicionados em lados opostos de um planeta inabitado, similar à Terra, quanto tempo eles levariam para se encontrar? Cem mil anos? Um milhão de anos? Cem bilhões de anos?

— Ethan L.

R. VAMOS COMEÇAR PELA RESPOSTA simples, bem estilo de físico:[1] 3 mil anos.

É mais ou menos o quanto levaria para duas pessoas se encontrarem, supondo que estivessem caminhando a esmo por uma esfera durante doze horas por dia e tivessem que ficar a 1 km para uma avistar a outra.

---

1 Considerando um imortal esférico no vácuo…

Já de cara dá para ver problemas nesse modelo.[2] O mais simples é supor que você conseguiria avistar alguém que chegasse a 1 km de distância. Isso só é possível dentro das condições mais ideais: alguém que caminha sobre um desfiladeiro pode ser visto a 1 km; mas, numa floresta densa durante a tempestade, duas pessoas passam a poucos metros uma da outra sem se ver.

Podemos tentar calcular a visibilidade média em todas as regiões da Terra, porém aí cairíamos em outra questão: por que duas pessoas que estão tentando se encontrar andariam por uma floresta densa? Parece que faria mais sentido ficarem em áreas abertas e planas onde poderiam facilmente ver e ser vistas.[3]

Assim que começarmos a pensar no aspecto psicológico da nossa dupla, o modelo do imortal-esférico-no-vácuo entra em perigo.[4] Por que pensar que duas pessoas andariam a esmo? A estratégia ideal pode ser totalmente diferente.

Qual estratégia *faria* mais sentido para nossos dois imortais perdidos?

Se tiverem tempo de se planejar, seria fácil. Eles podem combinar de se encontrar no polo Sul ou no polo Norte, ou — se os polos forem inalcançáveis — no ponto mais alto da superfície, ou na nascente do rio mais extenso. Se houver

2 Mas, vem cá, o que aconteceu com as outras pessoas? Está todo mundo bem?
3 Embora o cálculo de visibilidade pareça *muito* divertido. Já tenho o que fazer no sábado à noite!
4 E é por isso que a gente não costuma levar essas coisas em conta.

alguma ambiguidade, podem só viajar a esmo entre todas as opções. Tempo é o que não falta.

Se eles não tiverem chance de combinar antes, aí a coisa fica um pouquinho complicada. Sem saber a estratégia do outro, como saber qual será a *sua* estratégia?

Existe um enigma antigo, muito anterior ao telefone celular, que diz mais ou menos o seguinte:

> *Suponhamos que você vai encontrar um amigo numa cidade dos Estados Unidos onde nenhum dos dois jamais esteve. Vocês não têm como planejar o encontro antecipadamente. Aonde iriam?*

O autor do enigma sugere que a solução seria ir à principal agência dos correios na cidade e esperar na principal janela de coleta, onde chegam os pacotes de outras cidades. A lógica dele é que esse é o único estabelecimento que toda cidade dos Estados Unidos possui e que todo mundo sabe onde encontrar.

A meu ver, é um argumento meio fraco. O mais importante é que ele não se sustenta empiricamente. Já fiz essa pergunta a várias pessoas, e nenhuma delas sugeriu os correios. O autor do enigma original ficaria esperando sozinho na agência.

Nossos imortais perdidos têm um problema maior, pois não sabem nada da geografia do planeta no qual estão.

Seguir a linha costeira parece razoável. A maior parte da população mora perto da água, e é mais rápido buscar ao longo de uma linha do que sobre um plano. Caso chute errado, você não terá perdido tanto tempo quanto se procurasse primeiro continente adentro.

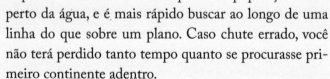

Caminhar por um continente médio levaria aproximadamente cinco anos, baseado na proporção típica largura/extensão da costa das massas terrestres da Terra.[5]

Vamos supor que você e a outra pessoa estão no mesmo continente. Se os dois caminharem no sentido anti-horário, vocês fariam círculos infinitos e nunca iriam se encontrar. Não seria produtivo.

Outra opção seria fazer um círculo completo anti-horário, depois jogar a moe-

5 Claro que algumas regiões seriam desafiadoras. A baía pantanosa da Louisiana, os manguezais do Caribe e os fiordes da Noruega dariam uma pernada mais lenta que uma praia normal.

dinha: se der cara, faça anti-horário de novo; se der coroa, sentido horário. Se vocês estiverem seguindo o mesmo algoritmo, teriam alta probabilidade de se encontrar em questão de poucos circuitos.

Deduzir que vocês dois usariam o mesmo algoritmo talvez seja otimismo exagerado. Felizmente, existe uma solução melhor: ser uma formiga.

Este é o algoritmo que eu seguiria (se um dia você se perder num planeta comigo, lembre-se disso!):

Se você não tem informação, saia caminhando a esmo, deixando uma trilha de pedras, de forma que uma aponte para a seguinte. Para cada dia que caminhar, descanse três. Periodicamente, marque o dia ao longo do caminho de montículos. Não interessa como, desde que tenha consistência. Você pode talhar o número de dias nas pedras ou empilhá-las conforme o número.

Se você deparar com uma trilha mais nova do que as que já viu, comece a acompanhá-la o mais rápido possível. Se perder o rastro e não conseguir recuperar, volte a deixar sua própria trilha.

Você não tem que encontrar a localização atual do outro jogador; apenas precisa achar uma localização onde ele já esteve. Ainda pode acontecer de vocês saírem um atrás do outro em círculos, mas, se for mais rápido ao seguir uma trilha do que quando está fazendo uma, vocês se encontrarão em questão de anos ou décadas.

E se o seu parceiro não cooperar — quem sabe ele ficou sentado desde o começo, esperando —, pelo menos você vai ver um monte de coisa legal.

VELOCIDADE ORBITAL

P. E se uma espaçonave diminuísse a velocidade na reentrada usando foguetes auxiliares, como o guindaste aéreo usado em Marte? Aí ela não ia precisar de resistência ao calor?

— Brian

P. É possível uma espaçonave controlar a reentrada de tal forma que evite a compressão atmosférica e, assim, não precise de proteção externa contra calor, que é cara (e relativamente frágil)?

— Christopher Mallow

P. Um foguete (pequeno, com carga útil) pode ser erguido até um ponto alto na atmosfera onde só precisaria de um foguete pequeno para chegar à velocidade de escape?

— Kenny Van de Maele

R. AS RESPOSTAS A ESSAS PERGUNTAS baseiam-se na mesma ideia — que eu já abordei em outras respostas, mas agora vou focar especificamente nela.

O motivo pelo qual é difícil chegar à órbita **não é** o fato de o espaço estar muito alto.

É difícil chegar à órbita porque você precisa ir bem *rápido*.

O espaço não é assim:

Não corresponde ao tamanho real.

O espaço é *assim*:

Ah, quer saber? Corresponde ao tamanho real, sim.

O espaço fica a uns 100 km de distância. Isso é bem longe — eu é que não subiria uma escada para chegar lá — mas não *tão* longe assim. Se você estiver em Sacramento, Seattle, Camberra, Calcutá, Hyderabad, Phnom Penh, Cairo, Beijing, Japão central, Sri Lanka central ou em Portland, o espaço fica mais perto que o mar.

Chegar ao espaço é fácil.[1] Não é uma coisa que se pode fazer com o carro, mas não é um desafio tão grande assim. Dá para levar uma pessoa ao espaço com um foguete do tamanho de um poste de telefone. A aeronave *X-15* chegou ao espaço só porque anda bem rápido e aí deu uma guinada para cima.[2,3]

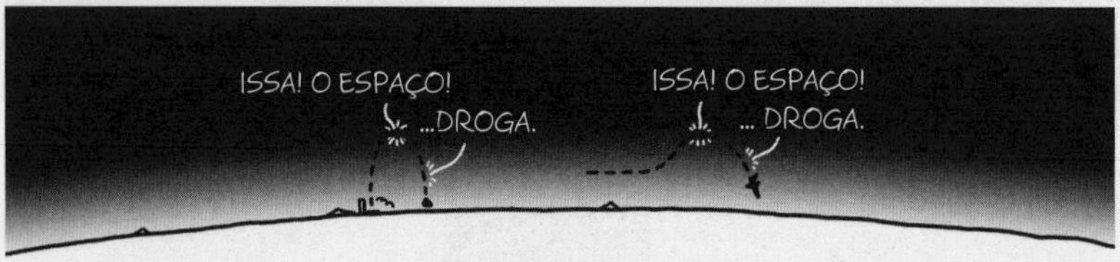

Hoje você vai chegar ao espaço, e aí vai voltar rapidinho.

Mas *chegar* ao espaço é fácil. O problema é *ficar* lá.

A gravidade na órbita baixa da Terra é quase tão forte quanto a gravidade superficial. A Estação Espacial não fugiu em nada da gravidade terrestre: ela está sujeita a uns 90% da atração que sentimos na superfície.

Para não cair de volta à atmosfera, você tem que andar na lateral **muito, muito rápido**.

A velocidade necessária para ficar em órbita é de aproximadamente 8 km/s.[4] Só se usa uma fração da energia do foguete para decolar da atmosfera; a maior parte da energia é usada para atingir velocidade orbital (lateral).

O que nos leva ao problema central para entrar em órbita: **atingir velocidade orbital consome bem mais combustível do que chegar à altura orbital**. Fazer uma nave chegar a 8 km/s exige *muito* dos foguetes auxiliares. Chegar à velocidade orbital já é difícil; chegar à velocidade orbital carregando combustível suficiente para retardar a descida seria totalmente inviável.[5]

Essas exigências absurdas de combustível são o motivo pelo qual toda espa-

---

1 Especificamente na órbita baixa da Terra, onde fica a Estação Espacial Internacional e os ônibus espaciais costumam andar.

2 A *X-15* chegou ao espaço em duas ocasiões, em ambas pilotadas por Joe Walker.

3 Lembre-se de puxar o manche para cima e não para baixo, senão você vai se dar mal.

4 Um pouco menos se você estiver numa região mais alta da órbita baixa da Terra.

5 Esse crescimento exponencial é o problema central dos foguetes: o combustível necessário para aumentar sua velocidade em 1 km/s multiplica seu peso em aproximadamente 1,4. Para chegar à órbita, você precisa subir a velocidade até 8 km/s, e por isso vai precisar de um monte de combustível: 1,4 × 1,4 × 1,4 × 1,4 × 1,4 × 1,4 × 1,4 × 1,4 = 15 vezes o peso original da sua nave. Usar um foguete para retardar a descida implica o mesmo problema: cada 1 km/s de retardamento na velocidade multiplica sua massa inicial pelo mesmo fator de 1,4. Se quiser retardar até zero — e cair delicadamente na atmosfera —, a necessidade de combustível multiplica seu peso por 15 de novo.

çonave que adentra a atmosfera tem freado usando escudo térmico em vez de foguetes — esbarrar contra o ar é o jeito mais prático de diminuir a velocidade. (E respondendo à pergunta do Brian, o *rover Curiosity* não foi exceção; embora tenha usado foguetes pequenos para pairar quando estava perto da superfície, ele usou freio aerodinâmico para perder a maior parte da velocidade.)

Mas quanto é 8 km/s?

Acho que o motivo de muita confusão com esses problemas é que, quando os astronautas estão em órbita, não parece que eles estão se mexendo muito rápido; parece que estão vagando lentamente sobre uma bolinha azul.

Mas 8 km/s é *alucinantemente* rápido. Quando você olha o céu perto do pôr do sol, às vezes dá para ver a EEI passar... E aí, 90 minutos depois, vê a estação passar de novo.[6] Nesse tempo, ela contorna o mundo inteiro.

A EEI anda tão rápido que, se você disparasse uma bala de espingarda da ponta de um campo de futebol,[7] a EEI atravessaria a extensão do campo antes de a bala passar dos 9 metros.[8]

Vamos imaginar como seria fazer *speed-walking* sobre a superfície da Terra a 8 km/s.

Para ter uma ideia melhor do seu ritmo, vamos usar a batida de uma música para marcar a passagem do tempo.[9] Digamos que começa a tocar "I'm Gonna Be (500 Miles)", dos Proclaimers. A música tem aproximadamente 131,9 batidas por minuto; então imagine que, a cada batida da música, você percorre mais de 3 km.

Só no tempo que leva para cantar a primeira frase do refrão, você já pode ter ido da Estátua da Liberdade até o Bronx.

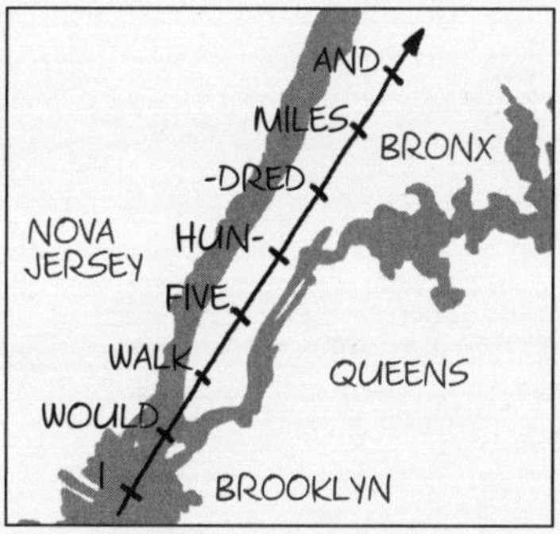

Você passaria por quinze estações de metrô por segundo.

Precisaria de duas frases do refrão (dezesseis batidas da música) para atravessar o canal entre a Inglaterra e a França.

A extensão da música leva a uma estranha

6 Existem bons aplicativos e recursos na internet que ajudam a avistar a estação, assim como outros satélites legais.

7 Americano ou outro.

8 As regras do futebol australiano autorizam essa jogada.

9 Usar músicas para ajudar a medir a passagem do tempo é uma técnica comum no treinamento de RCP, em que se utiliza a música "Stayin' Alive".

coincidência: o intervalo entre o início e o fim de "I'm Gonna Be" é de 3 minutos e 30 segundos, e a EEI movimenta-se a 7,66 km/s.

Isso quer dizer que se um astronauta na EEI ouvir essa música no tempo entre a primeira batida e as frases finais…

… ele terá viajado quase que exatamente *a thousand miles*.

A BANDA DA FEDEX

P. Quando — se é que um dia — a largura de banda da internet vai superar a da FedEx?

— Johan Öbrink

Nunca subestime a largura de banda de um furgão cheio de fitas magnéticas a toda a velocidade na rodovia.

Andrew Tanenbaum, 1981

R. SE VOCÊ QUISER TRANSFERIR centenas de gigabytes de dados, costuma ser mais fácil mandar um disco rígido pela FedEx do que enviar os arquivos pela internet. Essa ideia não é nova — às vezes chamam de "SneakerNet" — e é assim que o Google transfere internamente grandes quantidades de dados.

Mas sempre vai ser mais rápido?

A Cisco estima que o tráfego total na internet atualmente esteja na média dos 167 terabits por segundo. A FedEx tem uma frota com capacidade de carga de 12 milhões de quilos diários. Um drive de estado sólido de laptop pesa aproximadamente 78 g e comporta até 1 terabyte.

Quer dizer que a FedEx é capaz de transferir 150 exabytes de dados por dia ou 14 petabits por segundo — quase cem vezes a taxa de transferência atual da internet.

Se você não está nem aí para os custos, esta caixa de sapatos de 10 kg sustenta um monte de internet.

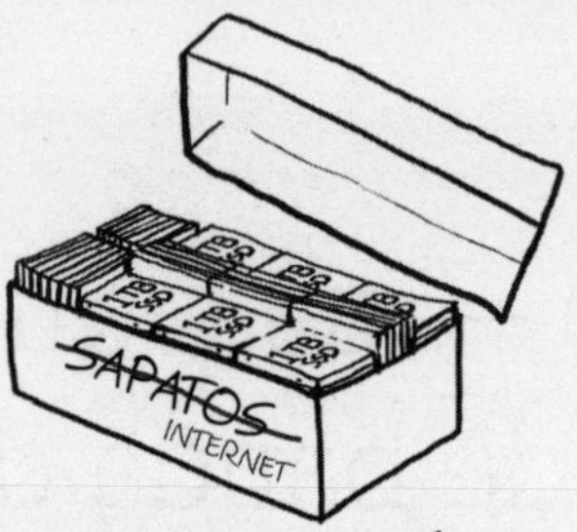

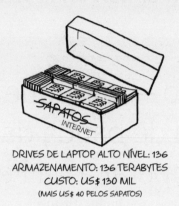

DRIVES DE LAPTOP ALTO NÍVEL: 136
ARMAZENAMENTO: 136 TERABYTES
CUSTO: US$ 130 MIL
(MAIS US$ 40 PELOS SAPATOS)

Podemos aumentar a densidade de dados ainda mais usando cartões microSD:

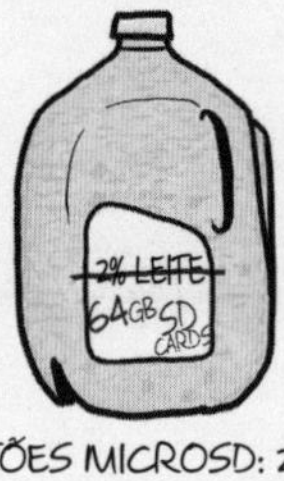

CARTÕES MICROSD: 25 MIL
ARMAZENAMENTO: 1,6 PETABYTES
CUSTO NO VAREJO: US$ 1,2 MILHÃO

Esses floquinhos do tamanho de uma unha têm densidade de armazenamento de até 160 terabytes por quilo, de forma que a frota da FedEx carregada de cartões microSD conseguiria transferir aproximadamente 177 petabits por segundo ou 2 zettabytes por dia — mil vezes o tráfego atual da internet. (A infraestrutura seria bem interessante — o Google precisaria de depósitos gigantes para comportar uma imensa operação de processamento de cartões.)

A Cisco estima que o tráfego na internet cresça por volta dos 29% ao ano. Nesse ritmo, chegaremos à FedEx em 2040. Claro que a quantidade de dados que conseguimos inserir em um drive também já vai ter crescido. Só se alcançará de fato a FedEx se as taxas de transferência ficarem bem maiores que as de armazenagem. Por intuição, parece improvável que isso aconteça, pois armazenagem e transferência estão fundamentalmente conectadas — todos esses dados vêm de algum lugar e vão para algum lugar —, mas não há como prever com certeza os padrões de uso.

Embora a FedEx seja tão grande a ponto de conseguir manter-se à frente pelas próximas décadas de uso, não há motivo tecnológico para não podermos construir uma conexão que ganhe deles em largura de banda. Há aglomerados de fibras experimentais que suportam mais de 1 petabit por segundo. Um aglomerado de duzentas dessas venceria a FedEx.

Se você recrutar toda a indústria de cargas dos Estados Unidos para transportar cartões SD, a taxa de transferência seria da ordem de 500 exabits — meio zettabit — por segundo. Para vencer essa velocidade de transferência digitalmente, seria necessário meio milhão desses cabos de petabit.

Então, no fim das contas, pensando na largura de banda bruta da FedEx, a internet nunca vai vencer a SneakerNet. Contudo, a largura de banda virtualmente infinita teria a contrapartida de tempos de *ping* de 80 milhões de milissegundos.

QUEDA LIVRE

P. Que lugar na Terra deixaria você cair em queda livre por mais tempo depois de saltar? E se você usasse um traje planador?

— Dhash Shrivathsa

R. A MAIOR QUEDA TOTALMENTE VERTICAL da Terra é a encosta do monte Thor, no Canadá, que tem este formato:

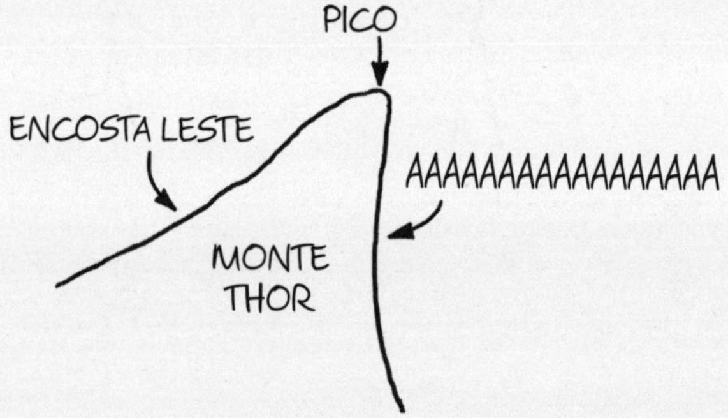

Fonte: AAAAAAAAAAAAAAAAAAAAAAAAAAAAAAAAAAAAAAAAAAAAAAAAAAAAAAAAAAAAAAAAAAAAAAAAAAAAAAAAAAAAAAAAAAAAAAAAAAAAAAAAAAAAAAAAAAAAAAAA.

Para não deixar o contexto tão horripilante, vamos supor que exista um fosso no final do desfiladeiro, recheado com alguma coisa macia — como algodão--doce —, para você cair com segurança.

Funcionaria? Você vai ter que esperar o segundo livro...

Um ser humano caindo com braços e pernas estendidos tem velocidade terminal aproximada de 55 m/s. São necessárias algumas centenas de metros para atingir a velocidade, por isso você levaria mais de 26 segundos para cair a distância total.

O que dá para fazer em 26 segundos?

Para início de conversa, é tempo suficiente para atravessar a fase 1-1 no Super Mario World, desde que você aproveite o tempo com perfeição e pegue o atalho do tubo.

É tempo suficiente para perder uma chamada telefônica. O ciclo de chamada da Sprint — o tempo que o telefone toca antes de ir para o correio de voz — é 23 segundos.[1]

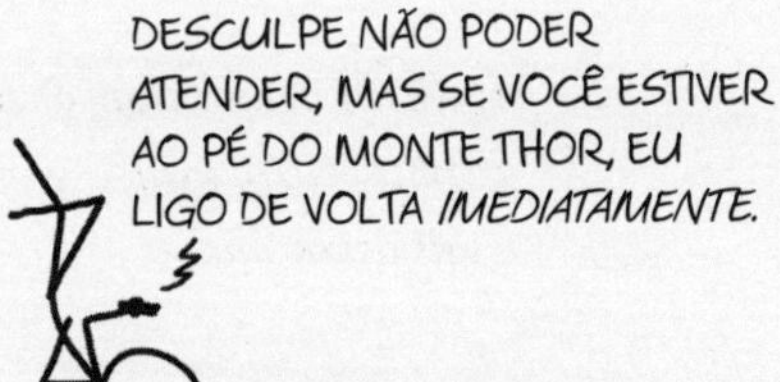

Se alguém ligasse para o seu telefone e ele começasse a tocar assim que você pulasse, a ligação cairia na secretária eletrônica três segundos antes de você chegar lá embaixo.

Por outro lado, se você pulasse do desfiladeiro de Moher, de 210 m, na Irlanda, sua queda seria de apenas oito segundos — ou um pouquinho mais, se as correntes ascendentes estivessem fortes. Não é muito tempo, mas (segundo a River Tam)

1 Se alguém estiver contando, o do Wagner é 2350 vezes mais longo.

com bons sistemas de sucção, é tempo suficiente para drenar todo o sangue do seu corpo.

Até aqui, deduzimos que sua queda foi vertical. Mas não precisa ser.

Mesmo sem equipamento especial, um *skydiver* com experiência — assim que chega à velocidade máxima — pode voar a um ângulo de quase 45°. Ao sair planando na base do desfiladeiro, você pode conseguir estender sua queda consideravelmente.

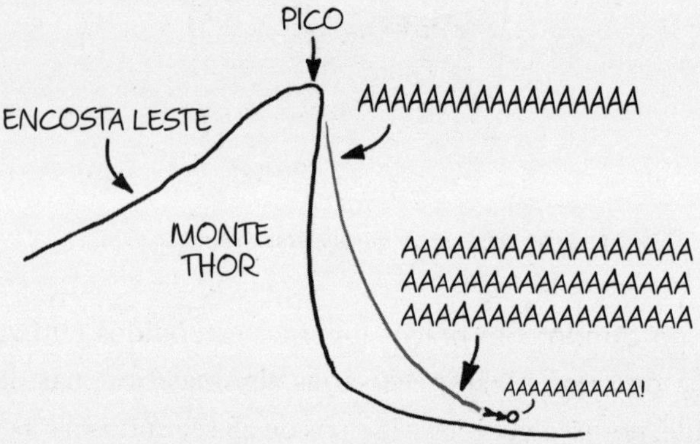

AAAAAAAAAAAAAAAAAAAAAAAAAAAAAAAAAAAAAAAAAAAAAAAAAA ::glup::
AAAAAAAAAAAAAAAAAAAAAAAAAAAAAAAAAAAAAAAAAAAAAAAAAAAAAAAA

É difícil dizer precisamente quanto; além do relevo local, depende muito do que você vai vestir. Como foi postado num comentário na wiki sobre recordes de *BASE jumping*:

> *É difícil determinar o recorde [de tempo de queda mais longo] sem* wingsuit, *já que o limite entre jeans e* wingsuits *ficou obscuro desde que se introduziu o… vestuário mais avançado.*

O que nos leva aos *wingsuits* ou trajes planadores (o meio-termo entre a calça paraquedas e o paraquedas), que retardam bastante a sua queda. Um especialista nesse traje postou dados de acompanhamento de uma série de saltos. Eles mostram que, ao planar, um *wingsuit* pode perder altitude até a 18 m/s — que é bem melhor que 55 m/s.

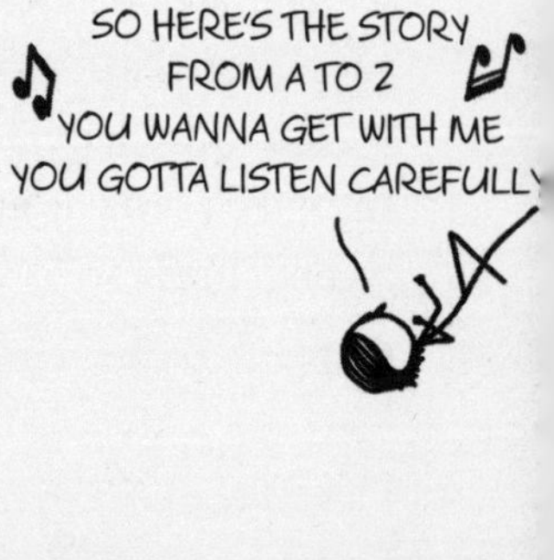

Mesmo ignorando a viagem horizontal, isso estenderia nossa queda a mais de um minuto. Tempo suficiente para um jogo de xadrez. Também daria para cantar a primeira estrofe de — nada mais apropriado — "It's the End of the World as We Know It", do REM, seguida por — não tão apropriado — todo o *breakdown* de "Wannabe", das Spice Girls.

Quando somamos os desfiladeiros mais altos à extensão de planar horizontal, o tempo fica ainda maior.

Há muitas montanhas que provavelmente aguentariam voos de *wingsuit* bem longos. Por exemplo, Nanga Parbat, uma montanha do Paquistão, tem uma queda de mais de 3 km num ângulo bem íngreme. (O surpreendente é que um *wingsuit* ainda funcione bem no ar rarefeito, embora o saltador precise de oxigênio, porque ele plana um pouco mais rápido que o normal.)

Até agora, o recorde de *BASE jumping* com *wingsuit* mais longo é de Dean Potter, que pulou do Eiger — uma montanha da Suíça — e voou durante 3 minutos e 20 segundos.

O que dá pra fazer em 3 minutos e 20 segundos?

Vamos supor que você recrute Joey Chestnut e Takeru Kobayashi, os recordistas mundiais em concursos de comer depressa.

Se encontrássemos um modo de operar *wingsuits* enquanto se come (em alta velocidade), e Chestnut e Kobayashi pulassem do Eiger, eles conseguiriam — teoricamente — engolir até 45 cachorros-quentes antes de atingir o chão…

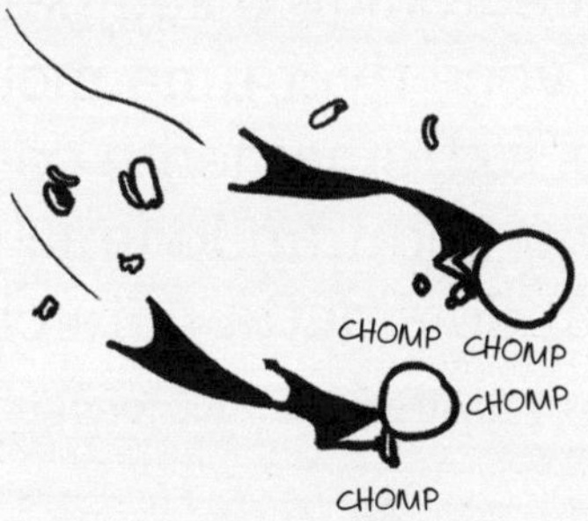

… o que lhes valeria, no mínimo, o recorde mundial mais bizarro da história.

PERGUNTAS BIZARRAS (E PREOCUPANTES) QUE CHEGAM AO *E SE?* — Nº 9

P. Você teria como sobreviver a um maremoto mergulhando numa piscina?

— Chris Muska

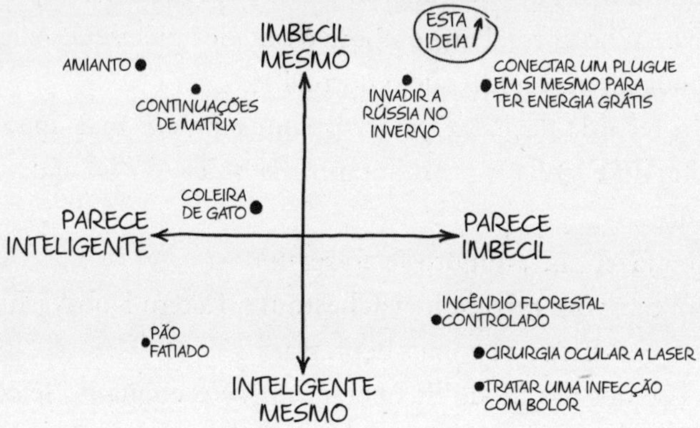

P. Se numa queda livre o seu paraquedas não funcionar, mas você tiver uma mola maluca com massa, tensão etc. extremamente convenientes, seria possível se salvar segurando uma ponta da mola e jogando a outra para cima?

— Varadarajan Srinivasan

ESPARTA

P. No filme *300*, os arqueiros lançam flechas ao céu que aparentemente encobrem o Sol. Isso é possível? Quantas flechas seriam necessárias?

— **Anna Newell**

R. SERIA BEM COMPLICADO.

Tentativa 1

Arqueiros com arco longo conseguem disparar entre oito e dez flechas por minuto. Em termos da Física, um arqueiro é um gerador de flechas com frequência de 150 milihertz.

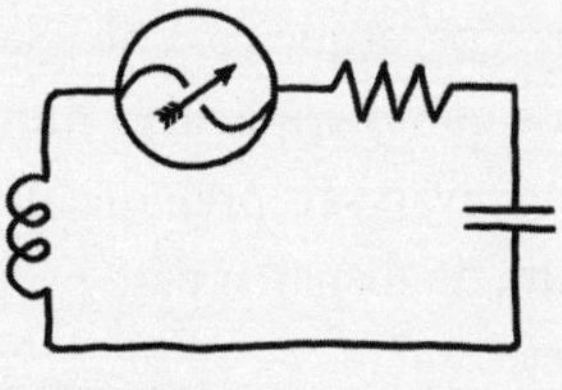

Cada flecha passa alguns segundos no ar. Se o tempo médio de uma flecha sobre um campo de batalha for de 3 segundos, então aproximadamente 50% de todos os arqueiros têm flechas no ar ao mesmo tempo.

Cada flecha intercepta aproximadamente 40 cm^2 de luz solar. Já que os arqueiros têm flechas no ar só em metade do tempo, cada uma encobre uma média de 20 cm^2 de luz solar.

Se eles estiverem em fileiras — com dois arqueiros por metro e uma fileira a cada 1,5 m — e a bateria de arqueiros for de vinte fileiras (30 m), então para cada metro de comprimento...

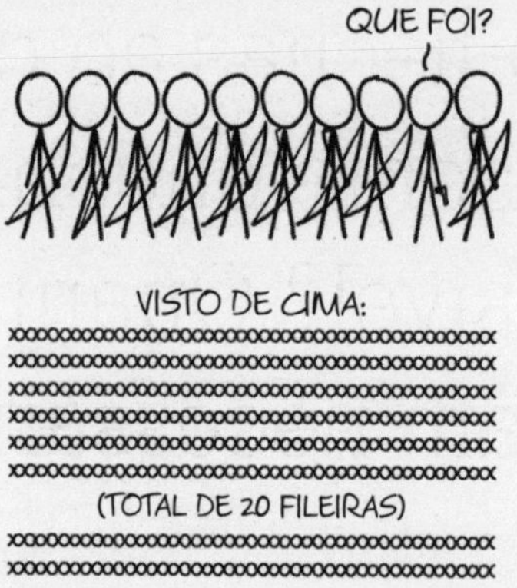

... haverá dezoito flechas no ar.

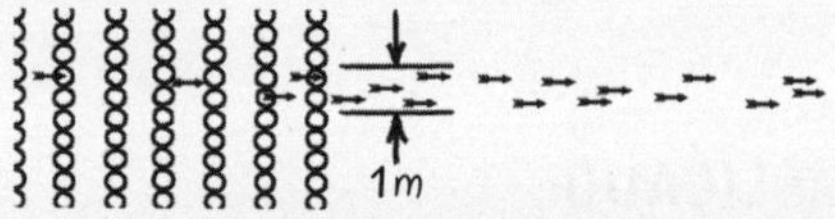

É possível obstruir só 0,1% do Sol da linha de tiro com dezoito flechas. Precisamos fazer melhor.

Tentativa 2

Primeiro, podemos amontoar os arqueiros. Se eles ficarem na densidade de um grupo de *mosh pit*,[1] temos como triplicar o número de arqueiros por metro quadrado. Claro que os disparos vão sair prejudicados, mas eles dão um jeito.

Podemos expandir a coluna de disparos para 60 m. O que nos dá uma densidade de 130 arqueiros por metro.

A que velocidade eles disparam?

Na edição estendida do filme *O senhor dos anéis: A sociedade do anel*, de 2001, há

1 Regra básica: uma pessoa por metro quadrado é público leve, quatro pessoas por metro quadrado é um *mosh pit*.

uma cena na qual um grupo de *orcs*[2] ataca Legolas, e este saca e dispara flechas em rápida sucessão, derrubando cada oponente antes que o alcancem.

O ator que interpreta Legolas, Orlando Bloom, não conseguiria disparar flechas tão rápido. Na verdade ele estava atirando de um arco vazio; as flechas foram adicionadas por CGI. Já que o ritmo de disparos pareceu, para o público, incrivelmente rápido, mas não fisicamente inverossímil, vai servir de limite máximo bem conveniente para nossos cálculos.

Vamos supor que podemos treinar nossos arqueiros para replicar a taxa de disparos de Legolas: sete flechas em 8 segundos.

Nesse caso, a coluna de arqueiros (disparando 339 flechas por metro, o que seria impossível) ainda assim só conseguiria ofuscar 1,56% da luz do Sol que incide sobre elas.

Tentativa 3

Vamos dispensar totalmente os arcos comuns e dar arcos Gatling para os nossos arqueiros. Eles disparam até setenta flechas por segundo, o que soma 110 m² de flecha por 100 m² de campo de batalha! Perfeito.

Só um problema: embora as flechas tenham uma área transversal total de 100 m, algumas delas fazem sombra sobre as outras.

A fórmula da fração de cobertura do solo para um grande número de flechas, sendo que algumas se sobrepõem às outras, é a seguinte:

$$\left(1-\frac{\text{área da flecha}}{\text{área de solo}}\right)^{\text{número de flechas}}$$

Com 110 m² de flechas, você só dá conta de dois terços do campo de batalha. Já que nossos olhos julgam a claridade em escala logarítmica, reduzir a claridade do Sol a um terço de seu valor normal seria visto como um leve ofuscar; com certeza não seria "encobrir".

Com uma taxa de disparos ainda mais irreal, talvez funcionasse. Se as armas disparassem trezentas flechas por segundo, elas ofuscariam 99% da luz solar que chega ao campo de batalha.

---

2 Para ser mais exato, eram *uruk-hai*, não *orcs* comuns. A natureza e origem exata dos *uruk-hai* é meio complicada. Tolkien sugere que eles foram criados pelo cruzamento entre humanos e *orcs*. Contudo, numa versão anterior do texto, publicada no *Book of Lost Tales*, sugere que os *uruks* nasceram do "ardor subterrâneo e do lodo terrestre". O diretor Peter Jackson, ao escolher o que mostraria na tela em sua adaptação cinematográfica, sabiamente ficou com a última versão.

Mas tem um jeito mais fácil.

Tentativa 4

Estamos fazendo a suposição implícita de que o Sol está a pino. E é o que o filme mostra. Mas talvez essa vanglória famosa se baseasse num plano de ataque ao amanhecer.

Se o Sol estivesse baixo no horizonte leste, e os arqueiros estivessem disparando para o norte, então a luz teria que passar por toda a coluna de flechas, o que potencialmente multiplicaria em mil vezes o efeito de sombra.

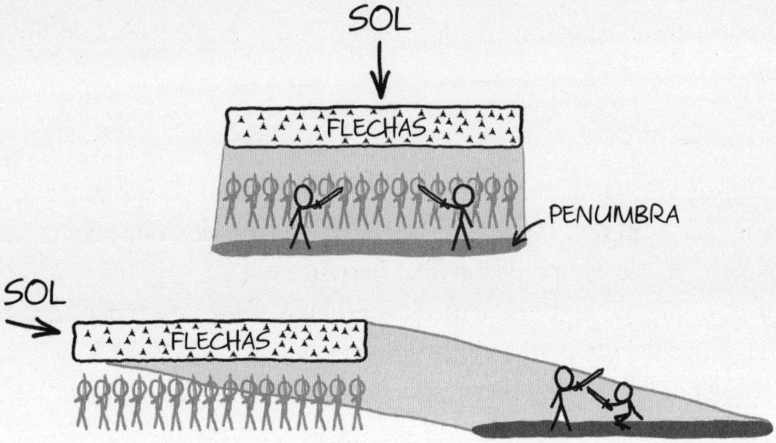

É claro que as flechas não poderiam estar apontadas para os soldados inimigos. Mas, para ser justo, eles só disseram que as flechas iam ofuscar o Sol; não falaram nada em relação a *acertar* os outros.

E vai saber: de repente, contra certos inimigos, eles só precisassem disso mesmo.

SECAR OS OCEANOS

P. Quanto tempo levaria para secar os oceanos se um portal para o espaço, circular e com raio de 10 m, fosse criado no fundo da depressão Challenger, o ponto mais profundo do oceano? Como seriam as transformações na Terra enquanto a água fosse sugada?

— Ted M.

P. ANTES DE MAIS NADA, quero me livrar de uma coisinha: de acordo com meus cálculos *bem* por cima, se um porta-aviões afundasse e ficasse preso no ralo, a pressão seria tal que ele se dobraria ao meio e seria engolido junto. Masssssa!

Mas a que distância fica esse portal? Se ele estiver perto da Terra, o oceano voltaria à nossa atmosfera. Então se aqueceria e viraria vapor, que condensaria e cairia de volta no oceano em forma de chuva. Só a entrada de energia na atmosfera já seria um caos para o nosso clima, sem falar nas imensas nuvens de vapor em grande altitude.

Então vamos deixar o portal de esvaziamento do oceano bem longe — em Marte, talvez. (Aliás, voto para deixarmos logo acima do *rover Curiosity*; assim, ele finalmente vai encontrar evidência irrefutável de água líquida na superfície de Marte.)

O que acontece com a Terra?

Não muita coisa. Aliás, iria levar centenas de milhares de anos para o oceano ser sugado.

Mesmo que a abertura seja mais ampla que uma quadra de basquete, e a água passe por ela numa velocidade incrível, os oceanos são *vastos*. No início, o nível da água cairia menos de 1 cm por dia.

Não daria nem um redemoinho legal na superfície — a abertura é muito pequena e o oceano é muito fundo. (O mesmo motivo pelo qual não surge redemoinho na banheira até a água estar a meio caminho de esvaziar.)

Mas vamos supor que se acelere a drenagem abrindo mais ralos,[1] para o nível da água diminuir mais rápido.

Vamos ver como o mapa mudaria.

No começo ele é assim:

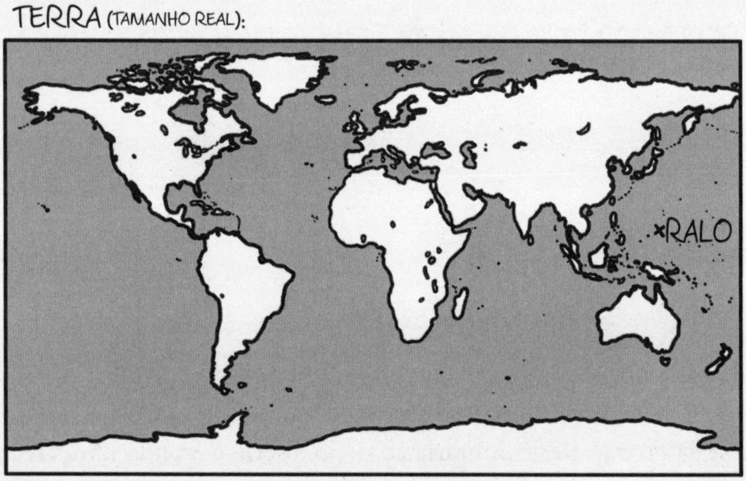

Esta é uma projeção plate carrée (c.f. <xkcd.com/977>).

E este é o mapa depois que os oceanos baixaram 50 m:

---

1 Lembre-se de limpar o filtro das baleias de poucos em poucos dias.

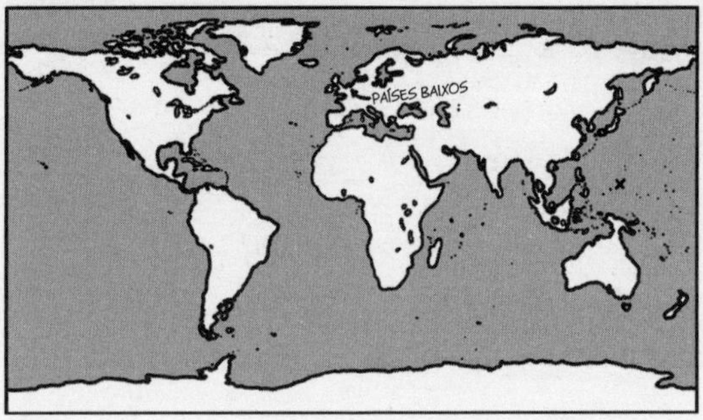

É bem parecido, mas tem pequenas mudanças. Sri Lanka, Nova Guiné, Grã-Bretanha, Java e Bornéu agora estão ligados aos vizinhos.

E depois de 2 mil anos tentando conter o mar, os Países Baixos finalmente estão a seco. Não mais vivendo à ameaça constante da enchente cataclísmica, estão livres para investir toda sua energia no expansionismo. Imediatamente, eles se espalham e reclamam a nova terra à vista.

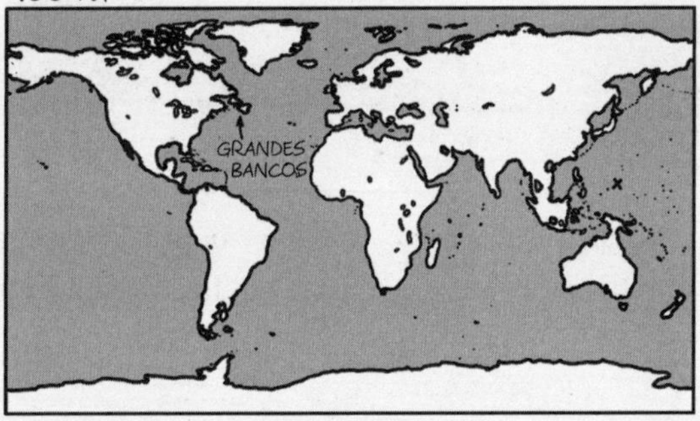

Quando o nível do mar chega a (menos) 100 m, surge uma nova e imensa ilha na costa da Nova Escócia — onde antes ficavam os Grandes Bancos.

Talvez você comece a notar uma coisa estranha: nem todos os mares estão diminuindo. O mar Negro, por exemplo, esvazia só um pouquinho, aí para.

Isso acontece porque essas massas de água não estão mais ligadas ao oceano. Com a queda do nível da água, algumas bacias desconectam-se do ralo no Pacífico. Dependendo dos detalhes do fundo do oceano, o fluxo de água da bacia pode entalhar um canal mais profundo, de forma que ela continue a fluir. Mas a maior parte acabará contida em terra e vai parar de ser drenada.

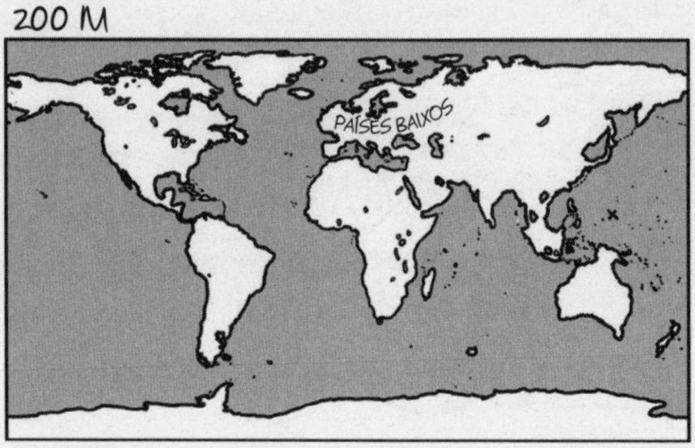

A 200 m, o mapa começa a ficar estranho. Surgem novas ilhas. A Indonésia vira um borrão. Os Países Baixos já controlam boa parte da Europa.

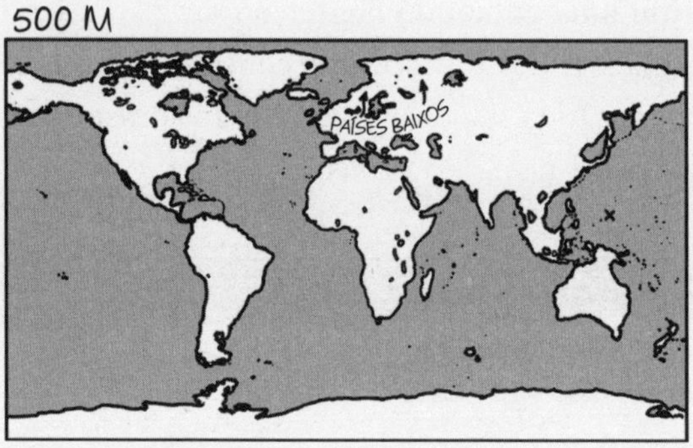

O Japão virou um istmo que conecta a península coreana à Rússia. A Nova Zelândia ganha mais ilhas. Os Países Baixos iniciam a expansão norte.

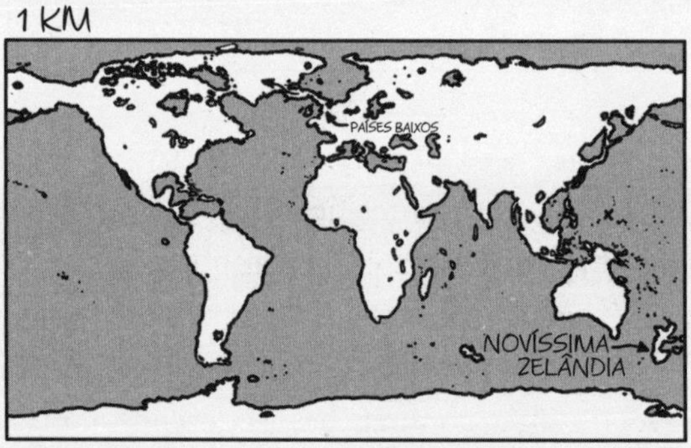

A Nova Zelândia teve um crescimento assombroso. O oceano Ártico se separa dos outros, e seu nível de água para de cair. Os Países Baixos cruzam a nova ponte de terra que leva à América do Norte.

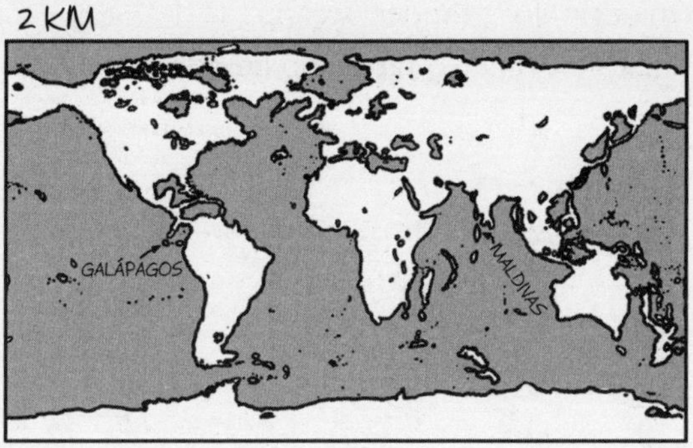

O mar desceu 2 km. Novas ilhas começam a surgir por tudo. O mar do Caribe e o golfo do México estão perdendo a ligação com o Atlântico. Não tenho a *menor ideia* do que a Nova Zelândia anda fazendo.

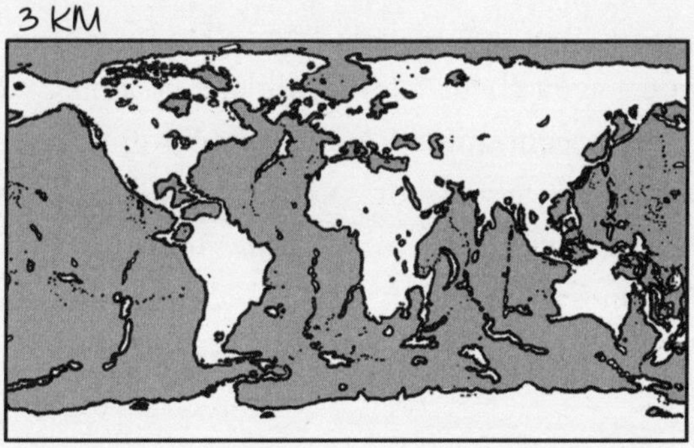

A 3 km, muitos dos cumes da dorsal oceânica — a maior cordilheira do mundo — vêm à superfície. Surgem novas e vastas extensões de terra.

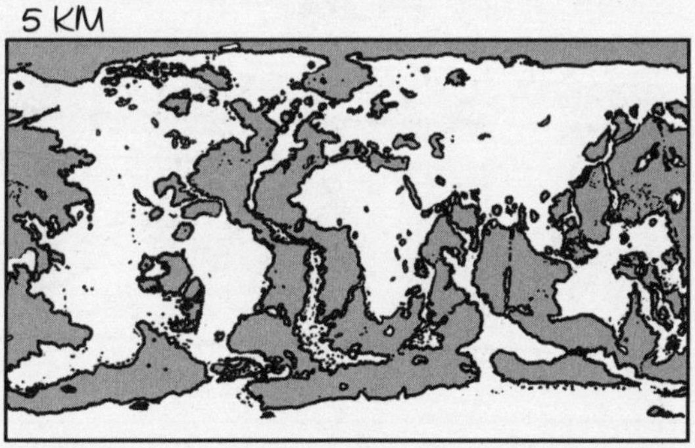

Nesse ponto, a maioria dos grandes oceanos se desligou e parou de esvaziar. É difícil prever a localização exata e o tamanho de diversos mares continentais; essa é uma estimativa bem por alto.

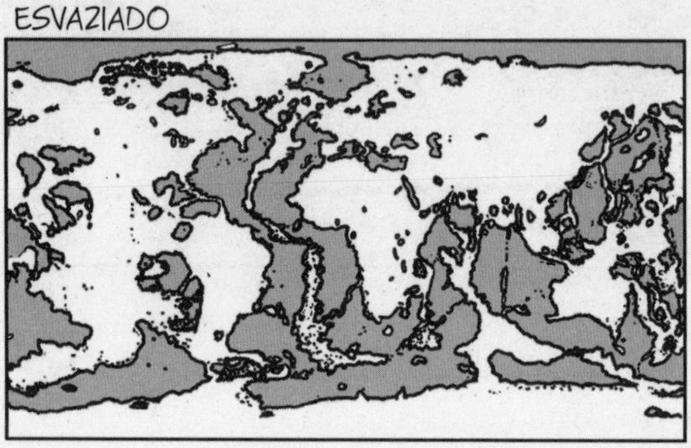

É assim que fica o mapa quando o ralo finalmente esvazia. Sobra uma quantidade incrível de água, embora na maior parte sejam mares bem rasos, com algumas trincheiras onde a água chega à profundidade de 4 ou 5 km.

Aspirar metade dos oceanos provocaria alterações imensas no clima e no ecossistema, tanto que é difícil prever tudo. No mínimo, daria quase que certamente um colapso da biosfera e extinções em massa em todos os níveis.

Mas é possível — mesmo que improvável — que os seres humanos deem um jeito de sobreviver. Se conseguirmos, é isso que nos espera:

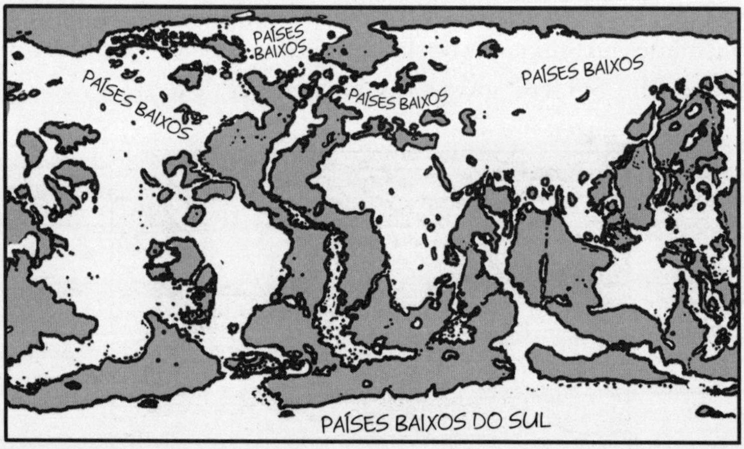

SECAR OS OCEANOS — PARTE II

P. Supondo que você *secou* os oceanos e derramou a água em cima do *rover Curiosity*, como seriam as transformações em Marte depois do acúmulo de água?

— Iain

R. NA RESPOSTA ANTERIOR, abrimos um portal no fundo da Fossa das Marianas e deixamos os oceanos descerem pelo ralo.

Não demos atenção ao *destino* do dreno oceânico. Eu escolhi Marte: o *rover Curiosity* está se esforçando muito para encontrar evidência de água, por isso achei que a gente podia dar uma ajudinha.

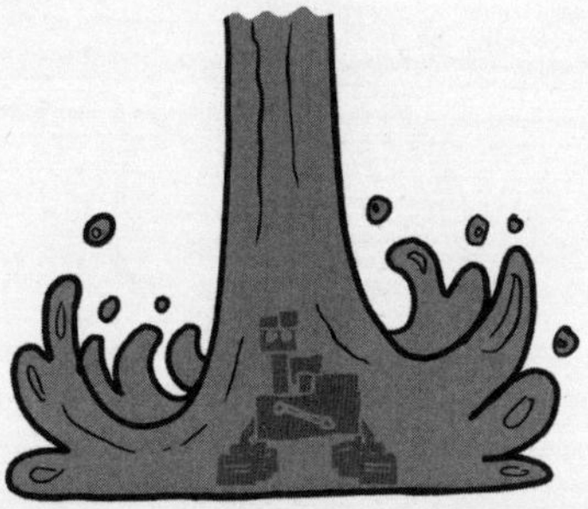

O *Curiosity* está parado na Cratera de Gale, uma depressão redonda na superfície marciana que tem uma montanha, apelidada de monte Sharp, bem no meio.

Tem um monte de água em Marte. O problema é que ela está congelada. Água líquida não dura muito tempo por lá, porque faz muito frio e tem pouco ar.

Se você puser um copo de água quente em Marte, ela vai tentar ferver, congelar e sublimar, praticamente tudo ao mesmo tempo. A impressão que dá é que lá a água quer ficar em *qualquer* estado, menos o líquido.

Contudo, estamos derramando um monte de água muito rápido (tudo a poucos graus acima de 0°C), e ela não vai ter tempo de congelar, ferver nem sublimar. Se nosso portal for de bom tamanho, a água vai começar a transformar a Cratera de Gale em um lago, assim como aconteceria na Terra. Podemos usar o magnífico mapa topográfico de Marte feito pelo Serviço Geológico dos Estados Unidos para traçar o curso da água.

Esta é a Cratera de Gale no início de nossos experimentos:

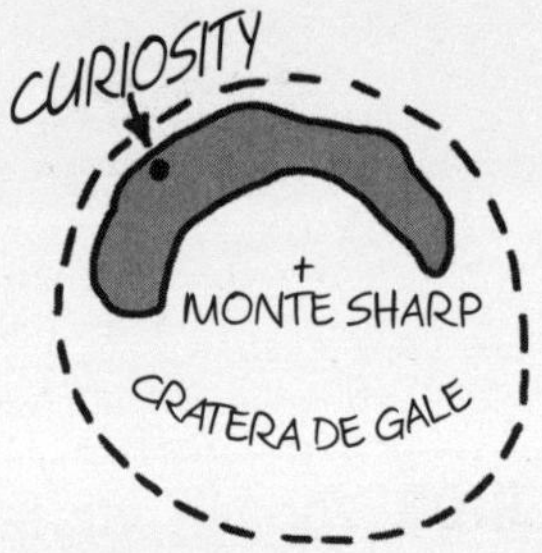

Com o avançar da água, o lago se enche, afogando o *Curiosity* em centenas de metros de água:

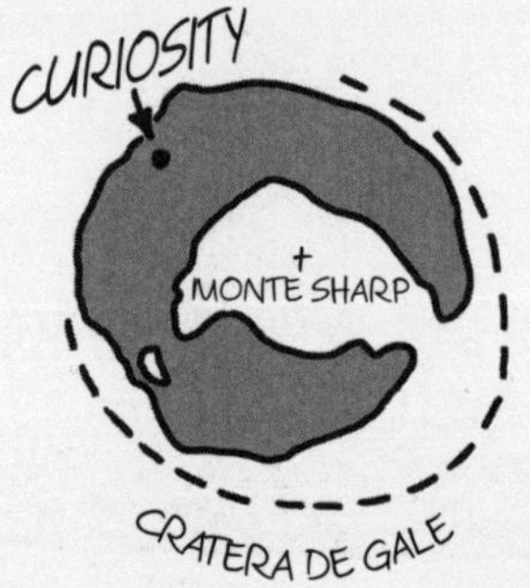

Alguma hora o monte Sharp vai virar uma ilha. Contudo, antes que o cume desapareça por completo, a água extravasa pela margem norte e começa a fluir pela terra.

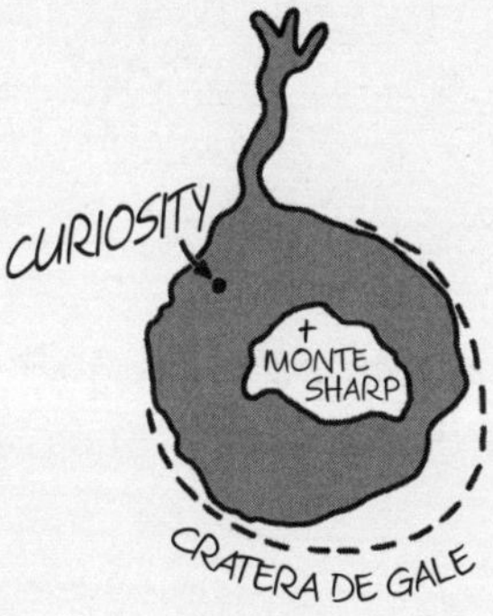

Há provas de que, vez por outra, devido a ondas de calor ocasionais, o gelo no solo marciano derrete e flui em estado líquido. Quando isso acontece, o córrego da água seca antes que ela consiga ir muito longe. Porém, temos um monte de oceano a nosso favor.

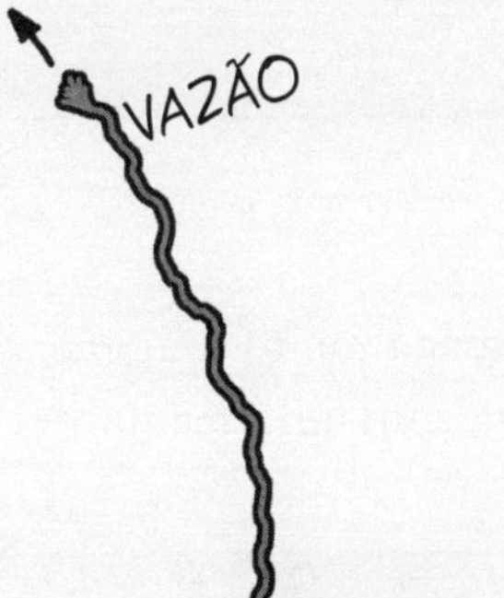

A água avoluma-se na bacia do polo Norte.

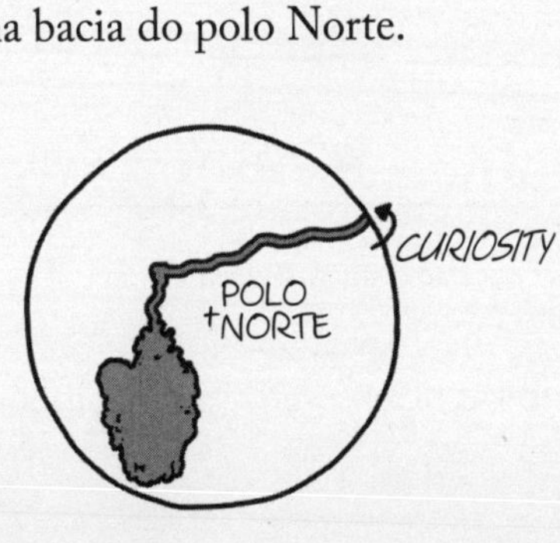

Aos poucos, ela vai enchendo a bacia:

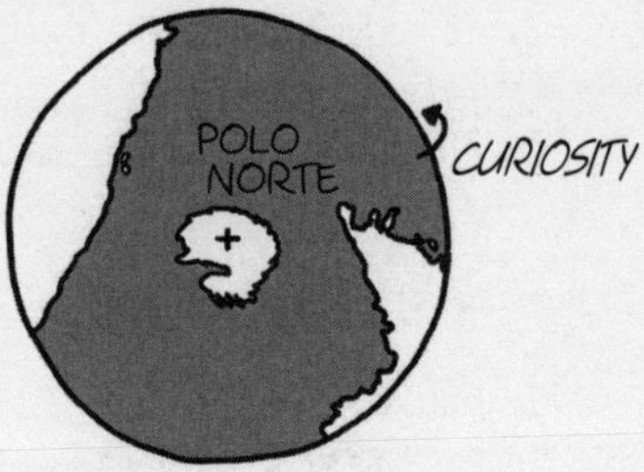

Contudo, se observarmos um mapa das regiões mais equatoriais de Marte, onde ficam os vulcões, vamos descobrir que ainda há um monte de terra longe da água:

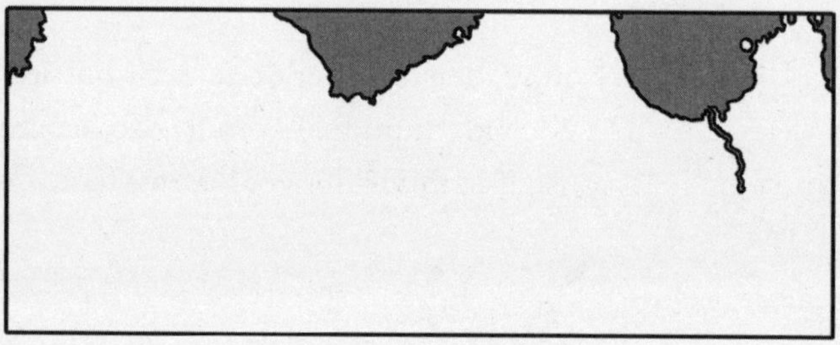

[*Projeção Mercator; não mostra os polos.*]

Sinceramente, acho esse mapa muito sem graça; não acontece quase nada. É só uma megaextensão de terra com um oceaninho em cima.

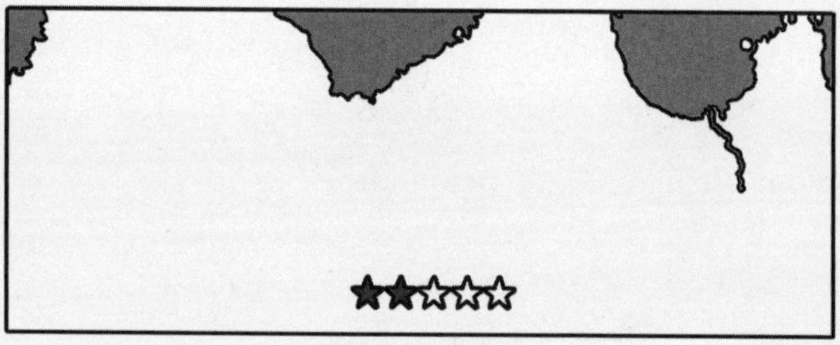

Não compraria novamente.

Não estamos nem perto de ficar sem oceano. Embora ainda tivéssemos bastante azul no mapa da Terra ao final da nossa última resposta, os mares que ficaram são rasos; a maior parte do volume dos oceanos se foi.

E Marte é bem menor que a Terra, portanto o mesmo volume de água criará um mar mais fundo.

Neste momento, a água preenche as Valles Marineris, o que gera áreas costeiras incomuns. O mapa deixou de ser tão sem graça, mas o relevo em volta dos grandes desfiladeiros rende umas formas bem estranhas.

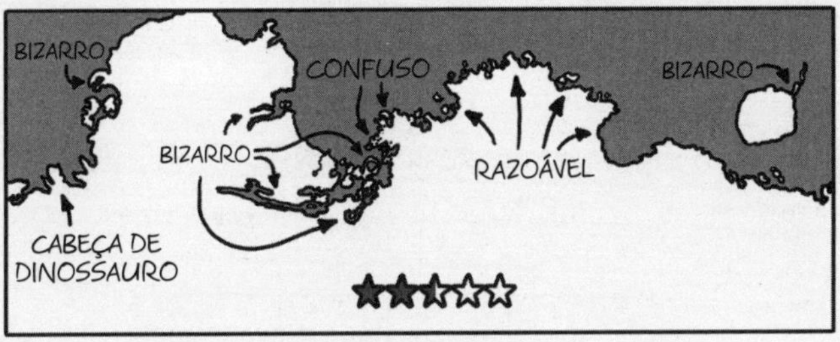

A água agora chega e engole a Spirit e a Opportunity. Uma hora ela vai chegar à Cratera de Impacto Hellas, a bacia que contém o ponto mais baixo de Marte.

Em minha opinião, o resto do mapa está começando a ficar legal.

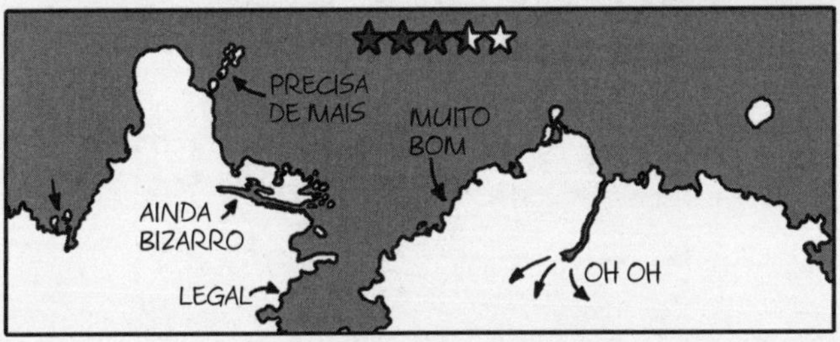

Com a água espalhando-se pela superfície a toda vazão, o mapa se divide em várias ilhas grandes (e diversas menores).

A água logo termina de cobrir a maior parte dos grandes planaltos, e sobram só umas ilhazinhas.

E então, por fim, o fluxo termina; os oceanos da Terra estão secos. Vamos dar uma olhada mais de perto nas principais ilhas:

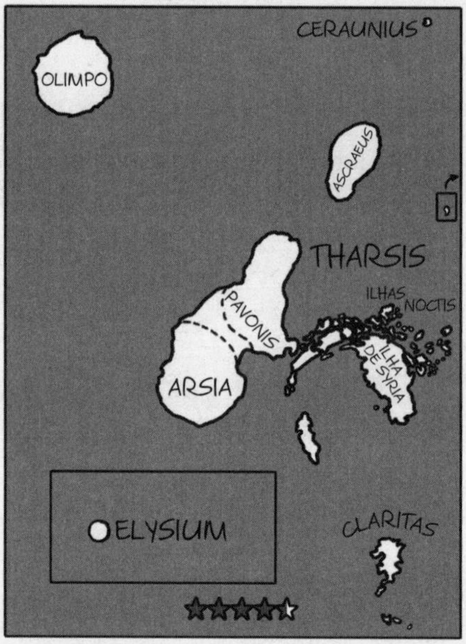

Nenhum rover *sobre a água.*

O monte Olimpo e alguns poucos vulcões continuam acima da água. O surpreendente é que não estão nem *perto* de ficar encobertos. O vulcão ainda projeta-se mais de 10 km acima do novo nível do mar. Marte tem montanhas *descomunais*.

Essas ilhas malucas resultam da água que preenche o Noctis Labyrinthus (o

Labirinto da Noite), um conjunto bizarro de cânions cuja origem ainda é um mistério.

Os oceanos de Marte não iam durar muito. Talvez aconteça um aquecimentozinho do tipo efeito estufa, só que passageiro; no fim das contas, o planeta é muito frio. Uma hora os oceanos vão congelar, cobrir-se de pó e, aos poucos, migrar para o *permafrost* dos polos.

Contudo, isso levaria bastante tempo e, até acontecer, Marte seria um lugar bem interessante.

Quando você lembra que existe um portal prontinho para permitir o trânsito entre os dois planetas, a consequência é inevitável:

TWITTER

P. Quantos *tweets* diferentes entre si são possíveis na língua inglesa? Quanto tempo levaria para a população mundial ler todos em voz alta?

— Eric H., Hopatcong, Nova Jersey

No alto Norte, na terra que chamam de Svithjod, fica uma rocha. Ela tem 160 km de altura e 160 km de comprimento. Uma vez a cada mil anos, um passarinho vem à rocha para amolar o bico. Quando a rocha estiver completamente desgastada, um dia da eternidade terá passado.

Hendrik Willem Van Loon

R. ***TWEETS* TÊM 140 CARACTERES.** O inglês possui 26 letras — 27 se você incluir os espaços. Com esse alfabeto, há $27^{140} \approx 10^{200}$ sequências possíveis.

Mas o Twitter não deixa você limitado a esses caracteres. Você pode brincar com todo o Unicode, que possibilita mais de 1 milhão de caracteres. O jeito como o Twitter conta caracteres do Unicode é complicado, mas o número de sequências possíveis pode ser até 10^{800}.

Claro que a maioria dessas sequências seria uma mistureba sem sentido em uma dúzia de idiomas. Mesmo que você se limite às 26 letras do inglês, as sequências ficariam cheias de misturebas como "ptikobj". A pergunta do Eric era sobre *tweets* que digam alguma coisa em inglês. Quantos dessa forma daria para fazer?

A pergunta é difícil. À primeira vista, você só permitiria palavras em inglês. Depois poderia restringir mais, usando apenas frases gramaticalmente válidas.

Mas fica complicado. Por exemplo: "Hi, I'm Mxyztplk"* é uma frase gramaticalmente válida se o seu nome for Mxyztplk. (Pensando bem, ainda é gramaticalmente válida mesmo que esteja mentindo.) É óbvio que não faz sentido contar todas as sequências que comecem com "Hi, I'm..." como uma frase distinta. Para um falante comum do inglês, "Hi, I'm Mxyztplk" é praticamente indistinguível de "Hi, I'm Mxzkqklt" e as duas deveriam contar. Mas percebe-se que "Hi, I'm xPoKeFaNx" é diferente das outras duas, muito embora "xPoKeFaNx" não seja palavra do inglês nem forçando a imaginação.

Parece que uma das nossas formas de medir distinção caiu por terra. Felizmente, existe uma abordagem melhor.

Vamos imaginar um idioma que só tenha duas frases válidas, e todo *tweet* tenha que ser uma dessas duas frases. São estas:

- "Tem um cavalo no corredor cinco."
- "Minha casa é cheia de armadilhas."

O Twitter ficaria assim:

* "Olá, eu sou Mxyztplk." (N. T.)

As mensagens são relativamente compridas, mas nenhuma delas traz muita informação — elas só informam se a pessoa decidiu enviar a mensagem da armadilha ou a do cavalo. Na prática, é 1 ou 0. Embora seja um monte de letras, para um leitor que conheça o padrão da língua, cada *tweet* carrega apenas um bit de informação por frase.

O exemplo sugere uma ideia muito profunda: a de que a informação está fundamentalmente arraigada à incerteza do destinatário sobre o conteúdo da mensagem e sua capacidade de prevê-la antecipadamente.[1]

Claude Shannon — que inventou a teoria moderna da informação quase sozinho — tinha um método esperto para medir o conteúdo informacional de um idioma. Ele mostrava às pessoas exemplos de frases em inglês escrito comum que eram cortadas em certo ponto, aí perguntava qual letra viria a seguir.

Ele ameaça cobrir nossa cidade de informação!

Com base na proporção de chutes corretos — e rigorosa análise matemática — Shannon estabeleceu que o conteúdo informacional do inglês escrito comum era de 1,0 a 1,2 bits por letra. Isso quer dizer que um bom algoritmo de compressão conseguiria comprimir o texto do inglês em ASCII — que tem 8 bits por letra — a aproximadamente $\frac{1}{8}$ de seu tamanho original. De fato, se você usar um bom compressor de arquivos num e-book.txt, é praticamente isso que vai encontrar.

Se um texto contém *n* bits de informação, em certo sentido quer dizer que há 2^n mensagens distintas que ele consegue transmitir. Tem que fazer um pouquinho de malabarismo matemático (que, entre outras coisas, envolve a extensão da mensagem e algo chamado "distância de unicidade"), mas no fim das contas ele sugere que exista algo da ordem de $2^{140 \times 1,1} \approx 2 \times 10^{46}$ *tweets* possíveis e com significado, e não 10^{200} ou 10^{800}.

1 Também sugere a ideia muito vaga de que há um cavalo no corredor cinco.

E agora: quanto tempo levaria para o mundo ler esses *tweets* todos em voz alta?

Ler 2 × 10^{46} *tweets* exigiria de uma pessoa quase 10^{47} segundos. É um número tão absurdamente grande que pouco importa se uma pessoa ou 1 bilhão de pessoas vão ler — elas não vão dar conta nem de um naco substancial da lista durante o período de existência da Terra.

Em vez disso, voltemos àquele passarinho afiando o bico no topo da montanha. Suponha que ele raspe um tiquinho de rocha uma vez a cada mil anos e transporte essas partículas de poeira toda vez que vai embora. (Um passarinho normal provavelmente *depositaria* mais material do bico no topo da montanha, em vez de levar para outro lugar; mas como quase nenhuma outra coisa nessa situação é normal, vamos aceitar que seja assim.)

Digamos que você leia *tweets* em voz alta dezesseis horas por dia. E, atrás de você, a cada mil anos, o passarinho chega e raspa com o bico uns cisquinhos imperceptíveis do alto de uma montanha de 100 km de altura.

Quando a montanha for consumida até o chão, este será o primeiro dia da eternidade.

A montanha ressurge e reinicia-se o ciclo para outro dia eterno: 365 dias eternos — cada um com 10^{32} anos — constituem um ano eterno.

Cem anos eternos, em que o passarinho terá triturado 36500 montanhas, dá um século eterno.

Mas um século não é o bastante. Nem um milênio.

Ler todos os *tweets* levaria *10 mil* anos eternos.

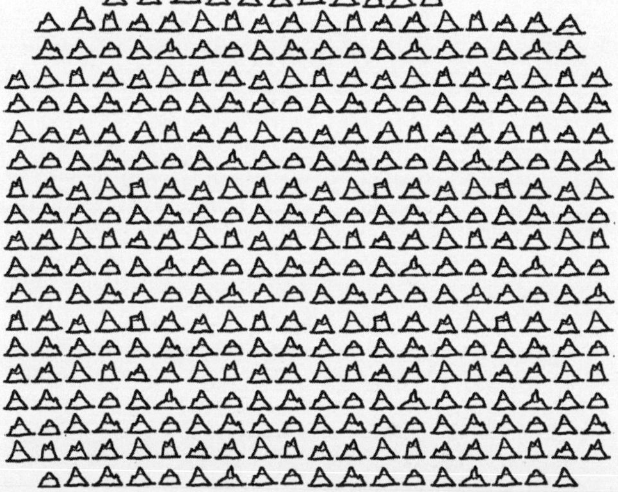

Tem tempo suficiente para assistir ao desenrolar de toda a história humana, desde a invenção da escrita até o presente, sendo que cada dia dura o tanto que o passarinho leva para consumir uma montanha.

Embora 140 caracteres possam não parecer muito, nós *nunca* vamos ficar sem ter o que falar.

PONTE DE LEGO

P. Quantos tijolinhos Lego seriam necessários para construir uma ponte capaz de suportar o tráfego de Londres a Nova York? Já se produziu esse número de tijolinhos Lego?

— Jerry Petersen

R. VAMOS COMEÇAR COM UMA META menos ambiciosa.

Estabelecendo conexão

É certo que já se produziram tijolinhos Lego[1] suficientes para *conectar* Nova York a Londres. Em unidades LEGO,[2] Nova York e Londres estão a 700 milhões de rebites de distância. Ou seja, se você montasse seus tijolinhos assim...

... precisaria de 350 milhões para conectar as duas cidades. A ponte não ia

1 Embora os aficionados venham a dizer que se deve escrever "LEGO".

2 Na verdade, o Grupo LEGO® exige que se escreva "*LEGO®*".

manter sua estrutura, nem transportar algo maior que um *minifig LEGO®*,[3] mas já é um começo.

Já se produziram mais de 400 bilhões de pecinhas Lego[4] com o passar dos anos. Mas quantas dessas são tijolinhos que ajudariam a construir uma ponte e quantas são aqueles visorezinhos de capacete que se perdem no tapete?

Vamos supor que estamos construindo nossa ponte com a pecinha mais comum do LeGo[5] — o tijolo 2×4.

Usando dados fornecidos por Dan Boger, arquivista da Lego[6] e responsável pelo site Peeron.com, que é recheado de informações sobre a marca, cheguei à seguinte estimativa: 1 entre 50 a 100 pecinhas é um tijolinho retangular de 2×4. O que nos leva a supor que existam entre 5 e 10 bilhões de tijolinhos 2×4 no mundo, ou seja, mais do que suficiente para nossa ponte com um bloco de amplitude.

Sustentar carros

Mas, claro, se quisermos sustentar tráfego de verdade, precisamos deixar a ponte um pouquinho mais ampla.

É provável que queiramos fazer essa ponte flutuar. O oceano Atlântico é profundo[*falta referência*] e, se possível, é melhor evitar pilares de 5 km de altura construídos com tijolinhos Lego.

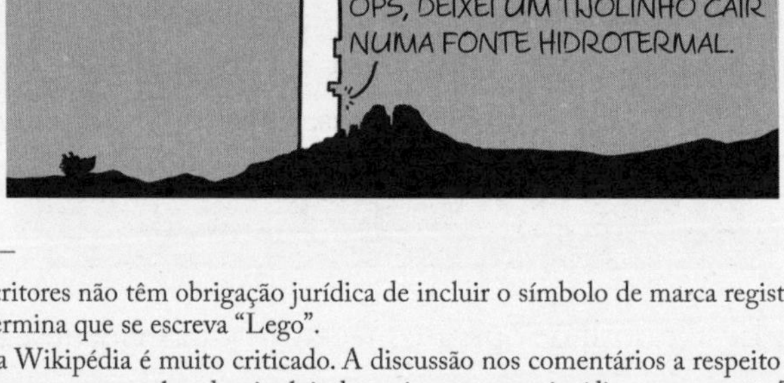

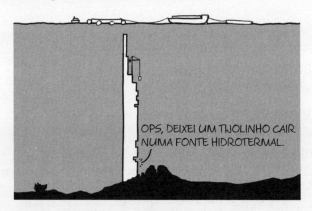

3 Por outro lado, escritores não têm obrigação jurídica de incluir o símbolo de marca registrada. O guia de estilo da Wikipédia determina que se escreva "Lego".

4 O guia de estilo da Wikipédia é muito criticado. A discussão nos comentários a respeito dessa questão rendeu várias páginas de argumentos acalorados, incluindo muitas ameaças jurídicas sem noção. Também se discutiu o itálico.

5 O.k., *ninguém* escreve assim.

6 Resolvido.

Esses tijolinhos não se tornam à prova d'água quando você os conecta,[7] e o plástico de que são feitos é mais denso que a água. Isso é fácil de resolver: se passarmos uma camada de vedante sobre a superfície externa, o bloco fica consideravelmente menos denso que a água.

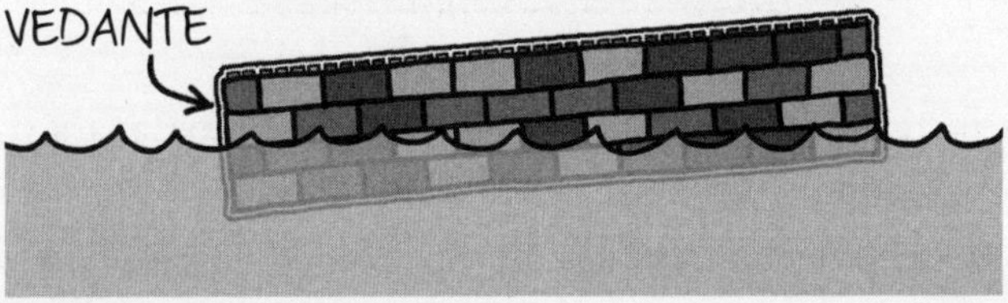

Para cada metro cúbico de água que desloca, a ponte suporta 400 kg. Um típico carro de passageiros pesa um pouquinho menos de 2 000 kg, então nossa ponte vai precisar de um mínimo de 10 m^3 de Lego para sustentar cada carro de passeio.

Se deixarmos a ponte com 1 m de espessura e 5 m de largura, ela consegue boiar sem muito problema — embora possa ficar meio baixa na água — e ser robusta o bastante para um carro passar.

Legos[8] são bem resistentes; de acordo com uma apuração da BBC, dá para empilhar 250 mil bloquinhos 2×2 até que o último desabe.[9]

O primeiro problema com essa ideia é que não existem bloquinhos de Lego suficientes no mundo para construir esse tipo de ponte. Nosso segundo problema é o oceano.

Forças extremas

O Atlântico Norte é tempestuoso. Embora nossa ponte tivesse capacidade de evitar as seções mais velozes da Corrente do Golfo, ela ainda estaria sujeita a forças potentes de vento e ondas.

Que resistência poderíamos dar à nossa ponte?

Graças a um pesquisador da Universidade do Sul de Queensland chamado Tristan Lostroh, temos alguns dados sobre a força elástica de certas conexões Lego. A conclusão dele, assim como a da BBC, é que esses tijolinhos são incrivelmente resistentes.

7 Referência: uma vez fiz um barquinho de Lego e soltei na água, mas ele afundou. :(
8 Alguém vai me mandar e-mails em fúria.
9 O dia estava fraco de notícias.

A configuração ideal seria com placas finas e compridas sobrepostas:

Seria bem forte — a força elástica poderia ser comparada à do concreto —, mas não forte o bastante. O vento, as ondas e a corrente iriam efetuar pressão transversal sobre a ponte, criando uma tensão tremenda sobre ela.

O jeito tradicional de lidar com essa situação seria ancorar a ponte ao chão para ela não poder derivar demais para um lado. Se nos permitirmos usar cabos além dos tijolinhos Lego,[10] é de pensar que conseguiríamos prender essa imensa engenhoca ao leito marinho.[11]

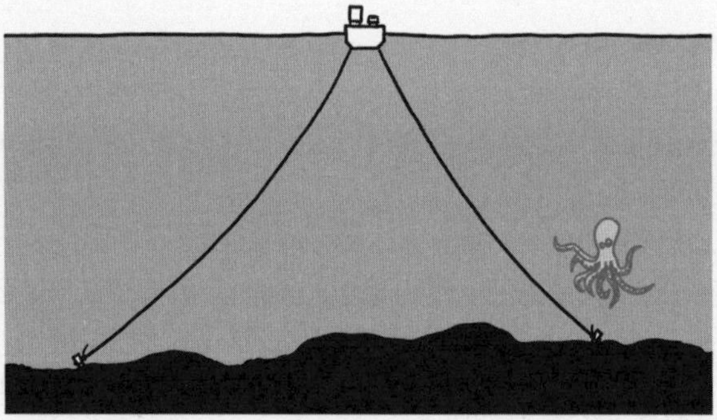

10 E vedante.

11 Se quiséssemos usar pecinhas Lego, poderíamos pegar aqueles kits que vêm com fitas de náilon.

Mas o problema não se encerra. Uma ponte de 5 m talvez consiga sustentar um veículo num laguinho plácido, porém a nossa ponte tem que ser larga o suficiente para ficar acima da água quando as ondas estiverem batendo contra ela. Alturas típicas de ondas no oceano aberto podem chegar a vários metros, então precisamos que o deque dessa ponte flutue pelo menos uns 4 m acima da água.

Podemos deixar nossa estrutura mais flutuante acrescentando sacos de ar e reentrâncias, mas também precisamos alargá-la — senão vai tombar. Ou seja, temos que acrescentar mais âncoras, com boias nelas para que não afundem. As boias criam mais resistência, gerando mais tensão nos cabos e empurrando nossa estrutura para baixo, o que exige mais boias na estrutura...

O fundo do mar

Se quisermos ancorar nossa ponte no fundo do mar, teremos alguns probleminhas. Não teríamos como manter os sacos de ar abertos sob pressão, por isso a estrutura teria que sustentar seu próprio peso. Para aguentar a pressão das correntes oceânicas, teríamos que deixá-la mais ampla. Por fim, acabaríamos construindo uma pavimentação.

O efeito colateral seria que nossa ponte iria impedir a circulação do Atlântico Norte. Segundo cientistas que estudam o clima, isso "provavelmente não seria bom".[12]

Além do mais, a ponte cruzaria a cordilheira dorsal mesoatlântica. O fundo do mar no Atlântico poderá se abrir, por causa de uma sutura, a um ritmo — em

12 E depois eles disseram: "Peraí, você disse que vai construir o quê?" e "Como que você entrou aqui, hein?".

unidades Lego — de um rebite a cada 112 dias. Teríamos que construir uma articulação ou, de vez em quando, ir até o meio acrescentar mais tijolinhos.

Custo

Tijolinhos Lego são feitos com plástico ABS, que custa aproximadamente um dólar por quilograma no momento em que escrevo. Mesmo nosso projeto mais simples de ponte, aquele das amarras de aço com 1 km de extensão,[13] custaria mais de 5 trilhões de dólares.

Mas pense o seguinte: o valor total do mercado imobiliário de Londres é de 2,1 trilhões de dólares. No momento em que escrevo, os custos de transporte transatlântico estão na faixa dos trinta dólares por tonelada.

Isso significa que por menos do custo da nossa ponte, poderíamos construir todos os imóveis de Londres e enviá-los, pecinha por pecinha, a Nova York. Aí poderíamos remontar tudo numa ilha nova no porto de Nova York e conectar as duas cidades com uma ponte de Lego bem mais simples.

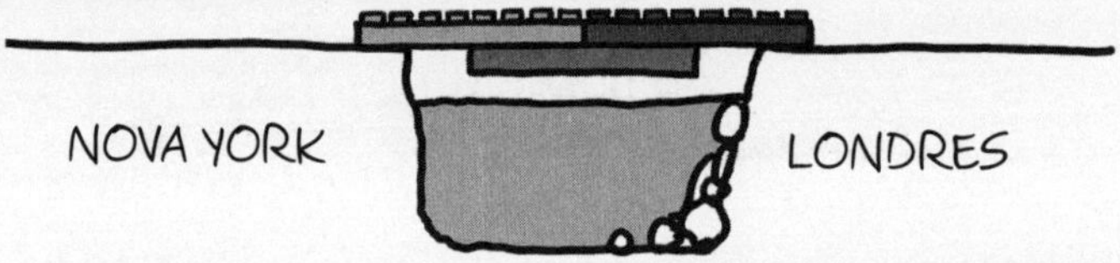

Talvez até sobre para comprar aquele kit lindinho da Millennium Falcon.

13 Meu episódio preferido do *Friends*.

O PÔR DO SOL MAIS LONGO

P. Qual é o pôr do sol mais longo que se pode assistir dirigindo, supondo que vamos obedecer ao limite de velocidade e dirigir somente em estradas pavimentadas?

— **Michael Berg**

R. PARA RESPONDER, TEMOS QUE nos acertar quanto ao que significa "pôr do sol".

Isto é um pôr do sol:

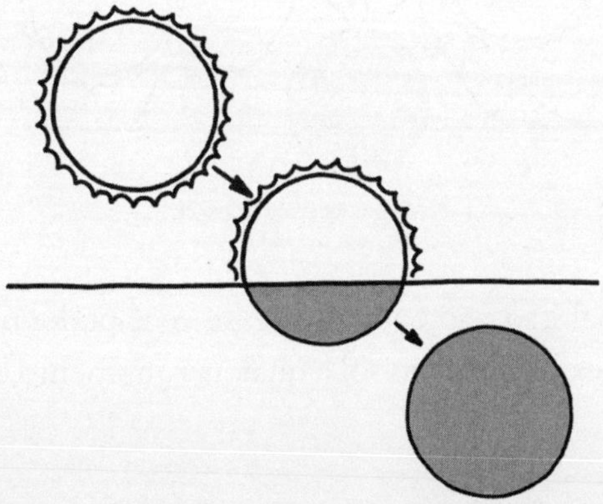

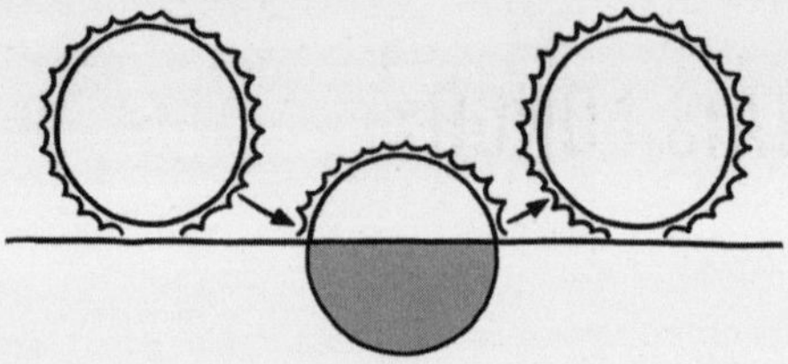

NÃO É UM PÔR DO SOL

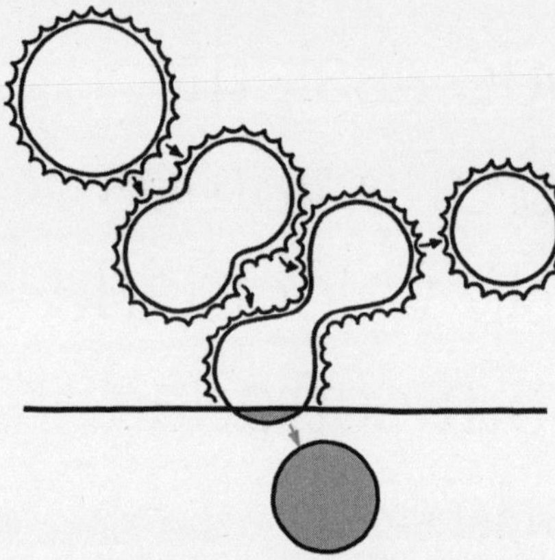

NÃO É UM PÔR DO SOL

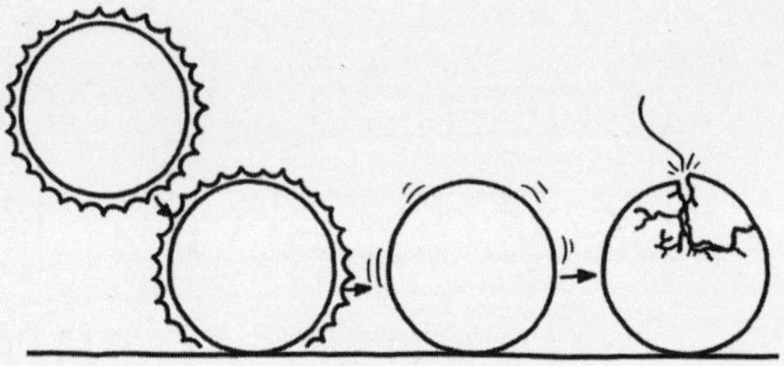

NÃO É UM PÔR DO SOL

O pôr do sol começa no instante em que o Sol toca no horizonte e termina quando ele desaparece por completo. Se tocar no horizonte e de repente voltar, não se qualifica como pôr do sol.

Para valer, o Sol tem que se pôr atrás do horizonte idealizado, não só atrás de um morrinho das redondezas. Isso não é pôr do sol, embora pareça:

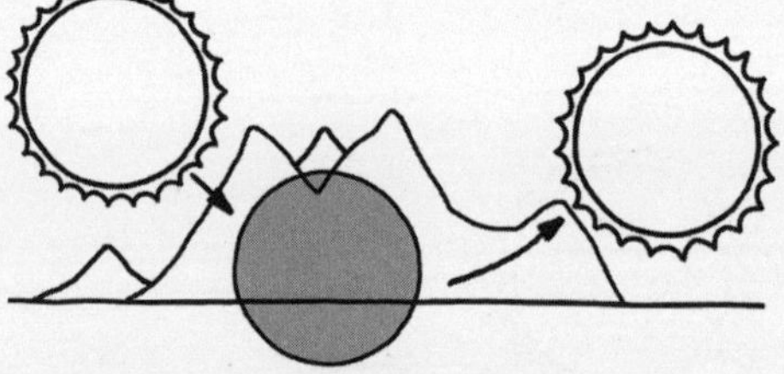

NÃO É UM PÔR DO SOL

O motivo pelo qual isso não conta é que, se você puder usar obstáculos arbitrários, dá para provocar um pôr do sol a qualquer momento escondendo-se atrás de uma pedra.

Também temos que calcular a refração. A atmosfera da Terra desvia a luz; então, quando o Sol está no horizonte, parece mais alto do que seria de outra forma. É comum incluir esse efeito médio em todos os nossos cálculos, e foi o que fiz aqui.

Na linha do equador, em março e setembro, o pôr do sol dura um tiquinho acima de dois minutos. Mais perto dos polos, como em Londres, ele pode levar entre 200 e 300 segundos. É mais curto na primavera e no outono (quando o Sol está sobre o Equador) e mais comprido no verão e no inverno.

Se você ficar parado no polo Sul no início de março, o Sol permanece no céu o dia inteiro, cumprindo um círculo completo logo acima do horizonte. Por volta de 21 de março, ele toca o horizonte no único pôr do sol do dia, que dura entre 38 e 40 horas — o que significa que faz mais de um circuito completo pelo horizonte enquanto se põe.

Mas a pergunta do Michael foi muito esperta: ele quer saber qual é o pôr do sol mais longo que se pode observar em uma estrada pavimentada. Existe uma estrada que leva à estação de pesquisa no polo Sul, porém ela não é pavimentada — é de neve compactada. Não há estradas pavimentadas próximas a nenhum dos polos.

A estrada mais próxima de um polo que realmente se qualifica como pavimentada talvez seja a rua principal de Longyearbyen, na ilha de Svalbard, Noruega. (A ponta da pista do aeroporto de Longyearbyen pode ser um pouco mais próxima do polo, mas andar de carro por lá deve dar encrenca.)

Na verdade, Longyearbyen é mais próxima do polo Norte do que a Estação McMurdo na Antártida do polo Sul. Há algumas estações militares, de pesquisa e de pesca mais ao norte, mas nenhuma delas tem algo que lembre uma estrada, só pistas de pouso, que costumam ser de cascalho e neve.

Se estiver passeando pelo centro de Longyearbyen,[1] o pôr do sol mais demorado que você poderia observar duraria alguns minutos a menos que uma hora. Não interessa se vai ou não vai dirigir; a cidade é muito pequena para sua movimentação fazer diferença.

Mas se for um pouquinho para o sul, onde as estradas são mais longas, vai se dar melhor.

Começando a dirigir a partir dos trópicos e ficando em estradas pavimentadas, o ponto mais ao norte a que se pode chegar é a ponta da Rota Europeia 69, na

1 Tire uma foto com a placa de "ursos-polares na pista".

Noruega. Há várias estradas que entrecruzam o norte da Escandinávia, e lá parece ser um bom começo. Mas qual estrada deveríamos usar?

Por intuição, acho que vamos o máximo possível em direção ao norte. Quanto mais perto do polo, mais fácil será acompanhar o Sol.

Infelizmente, descobrimos que acompanhar o Sol não é uma boa estratégia. Mesmo nas altas latitudes norueguesas, o Sol é rápido demais. Na ponta da Rota Europeia 69 — o mais longe que dá para chegar da linha do equador dirigindo em estrada pavimentada —, ainda teria que dirigir à metade da velocidade do som para acompanhar o Sol. (E a E69 faz o sentido norte-sul, não leste-oeste, então você acabaria chegando ao mar de Barents.)

Por sorte, existe um jeito melhor.

Se você estiver no norte da Noruega num dia em que o Sol mal se põe e aí se reergue, o terminador (a linha noite-dia) movimenta-se pela região desta forma:

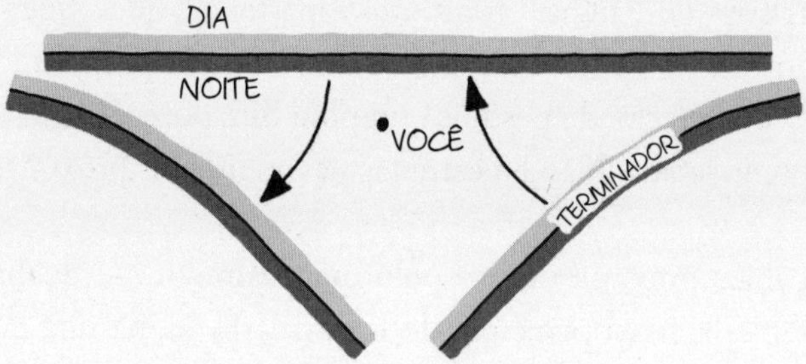

(Não confundir "terminador" com o "Exterminador" de *O exterminador do futuro,* que se movimenta pela Terra desta forma:)

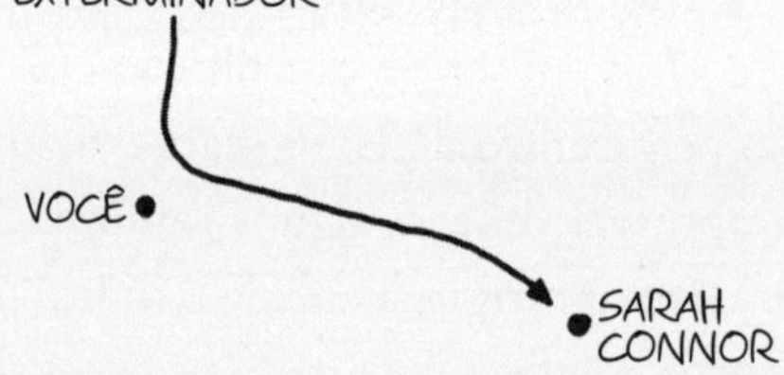

Não consigo decidir se fujo do terminador ou do Exterminador.

Para ver um longo pôr do sol, a estratégia é simples: espere até a data em que o terminador mal vai tocar na sua posição. Fique sentado no seu carro esperando que ele chegue até você, dirija rumo norte para ficar um pouco à frente dele todo o tempo que puder (dependendo da configuração da estrada local), depois faça um balão e volte ao sul em velocidade suficiente para ultrapassar o terminador e chegar à segurança do escuro.[2]

A surpresa é que essa estratégia também serve muito bem para qualquer ponto dentro do Círculo Ártico; você consegue essas rotas do pôr do sol em muitas estradas na Finlândia e na Noruega. Pesquisei trajetos de pôr do sol comprido usando o PyEphem e algumas trilhas de GPS de rodovias norueguesas. Descobri que numa gama de rotas e velocidades, o pôr do sol mais comprido estava frequentemente acima de 95 minutos — uma melhoria de cerca de 40 minutos em relação à estratégia Svalbard, de ficar sentado no mesmo lugar.

Mas se você estiver à toa em Svalbard e quiser que o pôr do sol — ou o nascer — dure um pouquinho mais, é só tentar girar no sentido anti-horário.[3] Sim, só vai acrescentar uma naniquíssima fraçãozinha de nanossegundo ao relógio terrestre. Mas dependendo da pessoa com quem você estiver...

... pode valer a pena.

---

2 Essas instruções também valem para o Exterminador.

3 "Momento Angular", disponível em: <http://xkcd.com/162/>.

LIGAÇÕES ALEATÓRIAS PÓS-ESPIRRO

P. Se você ligar para um número de telefone aleatório e disser "Saúde", quais são chances de a pessoa que atendeu ter acabado de espirrar?

— Mimi

R. É DIFÍCIL ACHAR UM NÚMERO confiável sobre a situação, mas provavelmente seja uma chance em 40 mil.

Antes de pegar o telefone, tenha em mente que há aproximadamente uma chance em 1 trilhão de que a pessoa para quem você ligou tenha acabado de assassinar alguém.[1] É bom você ter cuidado para quem deseja saúde.

Contudo, uma vez que espirros são mais frequentes que assassinatos,[2] é mais provável você encontrar alguém que espirrou do que achar um assassino, por isso esta estratégia não é recomendada:

Anotação mental: vou começar a dizer isso quando espirrarem.

Comparada à taxa de assassinatos, a de espirros não chama muita atenção dos pesquisadores. Os números mais citados de frequência média de espirros vêm de um médico entrevistado pela ABC News, que chutou 200 espirros por pessoa por ano.

Uma das poucas fontes acadêmicas de dados sobre isso é um estudo que monitorou pessoas espirrando durante uma reação alérgica induzida. Para estimar a taxa média de espirro, podemos ignorar todos os dados médicos reais que estamos tentando recolher e dar uma olhada no grupo de controle, que não recebeu alergênico algum: eles só ficaram sentados numa sala por um total de 176 sessões de 20 minutos.[3]

Os pesquisados no grupo de controle espirraram quatro vezes durante essas mais de 58 horas,[4] o que — supondo que só espirram quando estão acordadas — se traduz em aproximadamente 400 espirros por pessoa por ano.

O Google Acadêmico encontrou 5980 artigos de 2012 que citam "espirrar". Se

1 Baseado na taxa de quatro por 100 mil, que é a média dos Estados Unidos, entre as mais altas das nações industrializadas.

2 Referência: você está vivo.

3 Só para contextualizar, isso dá 490 repetições da música "Hey Jude".

4 Em mais de 58 horas de pesquisa, os dados mais importantes foram quatro espirros. Eu prefiro 490 "Hey Jude".

metade desses artigos é dos Estados Unidos, e cada um tem uma média de quatro autores, significa que se você ligar para qualquer número, há uma chance em 10 milhões de encontrar alguém que — naquele mesmo dia — publicou um artigo sobre espirrar.

Por outro lado, aproximadamente sessenta pessoas são mortas por raios nos Estados Unidos a cada ano. Isso quer dizer que existe só uma chance em 10 trilhões de ligar para alguém nos 30 segundos logo depois de ela ser atingida e morta.

Por fim, vamos supor que, ao ler este livro, cinco pessoas decidam testar este experimento de verdade. Se elas passarem o dia telefonando para vários números, há aproximadamente uma chance em 30 mil de que, em algum momento do dia, uma delas vai ouvir um sinal de ocupado, porque a pessoa para quem ligou também está ligando para um estranho qualquer para dizer "Saúde".

E há aproximadamente uma chance em 10 trilhões de que duas delas liguem uma para a outra ao mesmo tempo.

E é aí que a probabilidade pede as contas, e os dois são atingidos por raios.

PERGUNTAS BIZARRAS (E PREOCUPANTES) QUE CHEGAM AO *E SE?* — Nº 10

P. Caso eu seja apunhalado por uma faca no torso, qual a probabilidade de ela não atingir nada vital e eu sair vivo?

— Thomas

... UM AMIGO PEDIU PRA EU PERGUNTAR.
EX-AMIGO, NO CASO.

P. Se eu estiver numa motocicleta e pular de uma rampa, a que velocidade eu precisaria estar para soltar um paraquedas e aterrissar com segurança?

— Anônimo

P. E se, todos os dias, cada humano tivesse 1% de chance de ser transformado em peru, e todo peru tivesse 1% de chance de ser transformado em humano?

— Kenneth

TERRA EM EXPANSÃO

P. Quanto tempo levaria para as pessoas notarem o ganho de peso se o raio médio do mundo se expandisse a 1 cm/s? (Supondo que a composição rochosa média se mantivesse.)

— Dennis O'Donnell

R. ATUALMENTE, A TERRA NÃO está expandindo.

Já se sugeriu que está. Antes de a hipótese da deriva continental ser confirmada nos anos 1960,[1] as pessoas já notavam que os continentes se encaixavam. Apareceram várias ideias para explicar o porquê disso, incluindo a de que as bacias oceânicas eram fendas que se abriam à superfície da Terra, que teria sido lisa durante sua expansão. Essa teoria nunca foi muito divulgada,[2] embora às vezes ainda apareça no YouTube.

---

1 A prova cabal que confirmou a teoria da tectônica de placas foi a descoberta da expansão do fundo oceânico. O fato de essa expansão confirmar a inversão magnética dos polos é um dos exemplos que mais gosto de como funcionam as descobertas científicas.

2 E, no fim das contas, é meio boba.

Para evitar a questão das fendas no solo, vamos imaginar que toda a matéria da Terra, da crosta ao cerne, comece a expandir uniformemente. Para evitar outra situação de secar os oceanos, vamos supor que o oceano também se expanda.[3] Todas as estruturas humanas são mantidas no lugar.

t = 1 segundo

No momento em que a Terra começasse a se expandir, você sentiria um leve solavanco e talvez perdesse o equilíbrio só por um instante. Seria uma coisa leve. Já que você está num movimento constante de 1 cm/s, não sentiria nada de aceleração contínua. No resto do dia, não perceberia praticamente mais nada.

t = 1 dia

Passado o primeiro dia, a Terra teria expandido 864 m.

Levaria um tempo para você perceber que a gravidade aumentou. Se você pesar 70 kg no início da expansão, ao fim desse dia você pesa 70,01 kg.

E as estradas, as pontes? Uma hora elas se partem, né?

Não tão rápido quanto você imagina. Veja esse enigma que ouvi uma vez:

3 Aliás, o oceano já está expandindo, pois está ficando mais quente. Esse (atualmente) é o maior motivo pelo qual o aquecimento global *está* aumentando o nível do mar.

Imagine que você amarrou uma corda em volta da Terra, de forma que ela abraça toda a superfície.

Agora imagine que você quer erguer a corda a 1 m do chão.

O tamanho da corda precisa aumentar quanto?

Embora pareça que precisaria de quilômetros de corda, a resposta é 6,28 m. A circunferência é proporcional ao raio; então, se você aumenta o raio em uma unidade, aumenta a circunferência em 2π unidades.

Esticar 6,28 m a mais em uma linha de 40 mil quilômetros é desconsiderável, na realidade. Mesmo decorrido um dia, praticamente todas as estruturas iriam aguentar fácil os 5,4 km a mais. O concreto se expande e contrai bem mais que isso todo dia.

Passado o solavanco inicial, um dos primeiros efeitos que você notaria é que seu GPS iria parar de funcionar. Os satélites ficariam mais ou menos nas mesmas órbitas, mas a sincronização fina em que o GPS se baseia estaria completamente arrasada por horas. A sincronia do GPS é absurdamente precisa; de todos os problemas de engenharia, esse é um dos poucos em que os engenheiros foram obrigados a incluir *tanto* a relatividade geral *quanto* a especial nos cálculos.

A maioria dos outros relógios continuaria funcionando bem. Contudo, se você tem um relógio de pêndulo muito preciso, talvez note uma coisa estranha: ao fim do dia, ele estaria três segundos à frente de onde devia.

t = 1 mês

Passado um mês, a Terra teria expandido 26 km — um aumento de 0,4% — e sua massa teria aumentado em 1,2%. A gravidade superficial teria crescido apenas 0,4%, e não 1,2%, já que a gravidade superficial é proporcional ao raio.[4]

Talvez você note a diferença de peso numa balança, mas não é grande coisa. A gravidade já varia nessa proporção entre cidades. É bom lembrar-se disso quando comprar uma balança digital. Se sua balança tem precisão de mais de duas casas decimais, você precisa calibrá-la com um peso de teste — a força da gravidade na fábrica de balanças não é necessariamente a mesma força da gravidade na sua casa.

Embora ainda não tivesse percebido o aumento da gravidade, você notaria a expansão. Passado um mês, veria um monte de rachaduras em estruturas de concreto compridas e estradas elevadas, além das pontes antigas começando a ruir. A maioria dos prédios provavelmente ficaria o.k., embora os que são ancorados com firmeza no leito rochoso possam apresentar comportamento instável.[5]

Nesse momento, os astronautas na EEI começariam a se preocupar. Não só o chão (e a atmosfera) viria na direção deles, mas a gravidade aumentada também faria sua órbita diminuir aos poucos. Eles precisariam evacuar o mais rápido possível; teriam no máximo alguns meses até a estação readentrar a atmosfera e perder a órbita.

t = 1 ano

Passado um ano, a gravidade seria 5% mais forte. Você provavelmente notaria o ganho de peso, e com certeza repararia no ruir de estradas, pontes, linhas transmissoras de energia, satélites e cabos submarinos. Seu relógio de pêndulo estaria adiantado em cinco dias.

Mas e a atmosfera?

Se a atmosfera não for crescendo junto à terra e à água, a pressão do ar começaria a cair. Isso se deve a uma mistura de fatores. Com o aumento da gravidade, o ar fica mais pesado. Mas já que o ar está espalhado por uma área grande, o efeito geral seria um *decréscimo* da pressão do ar.

Por outro lado, se a atmosfera estivesse expandindo, a pressão do ar à superfície também cresceria. Decorridos alguns anos, o topo do monte Everest não seria mais a "zona mortal". Em contrapartida, já que você está mais pesado — e que a montanha seria mais alta —, escalar o Everest daria mais trabalho.

---

4 A massa é proporcional ao raio ao cubo, e a gravidade é proporcional à massa vezes o quadrado inverso do raio, então $raio^3 / raio^2 = raio$.

5 Bem o que você quer num arranha-céu.

t = 5 anos

Passados cinco anos, a gravidade seria 25% mais forte. Se você pesasse 70 kg quando a expansão começou, agora estaria pesando 88 kg.

A maior parte da nossa infraestrutura veio abaixo. A causa do colapso seria o chão em expansão, não o aumento da gravidade. Surpreendentemente, a maior parte dos arranha-céus aguentaria bem a gravidade mais forte.[6] Para a maioria, o fator limitante não é o peso, mas o vento.

t = 10 anos

Passados dez anos, a gravidade seria 50% mais forte. Na situação em que a atmosfera não está se expandindo, o ar se tornaria tão rarefeito que seria difícil respirar, mesmo no nível do mar. Em outra situação, ficaríamos tranquilos mais um tempo.

t = 40 anos

Passados quarenta anos, a gravidade da Terra à superfície teria triplicado.[7] Nesse ponto, mesmo os seres humanos mais fortes só conseguiriam caminhar com muita dificuldade. Respirar seria difícil. As árvores cairiam. As plantações não conseguiriam sustentar o próprio peso. Praticamente toda encosta de montanha sofreria imensos deslizamentos quando o material buscasse um ângulo de repouso mais raso.

A atividade geológica também iria acelerar. A maior parte do calor da Terra vem do decaimento radioativo de minerais na crosta e no manto,[8] e mais Terra significa mais calor. Já que o volume se expande mais rápido que a área de superfície, o calor total fluindo por metro quadrado iria aumentar.

Não é algo substancial a ponto de aquecer o planeta — a temperatura da superfície da Terra é dominada pela atmosfera e pelo Sol —, mas renderia mais vulcões, mais terremotos e movimento tectônico mais rápido. Seria similar à situação

6 Mas eu não confiaria nos elevadores.

7 Passadas décadas, a força da gravidade cresceria lentamente mais rápido do que você espera, já que o material na Terra iria se comprimir sob seu próprio peso. A pressão dentro dos planetas é mais ou menos proporcional ao quadrado de sua área de superfície, por isso o centro da Terra não seria esmagado. Disponível em: <http://cseligman.com/text/planets/internalpressure.htm>.

8 Embora alguns elementos radioativos, como o urânio, sejam pesados, eles são espremidos das camadas inferiores, porque seus átomos não se misturam bem com as malhas rochosas nessas profundezas. Para saber mais, leia este capítulo: disponível em <http://igppweb.ucsd.edu/~guy/sio103/chap3.pdf>. E este artigo: disponível em <http://www.world-nuclear.org/info/Nuclear-Fuel-Cycle/Uranium-Resources/The-Cosmic-Origins-of-Uranium/#.UlxuGmRDJf4>.

da Terra bilhões de anos atrás, quando tínhamos mais material radioativo e um manto mais quente.

A tectônica de placas mais ativa talvez fizesse *bem* à vida. Ela tem papel central na estabilização do clima terrestre, e planetas menores que a Terra (como Marte) não possuem calor interno suficiente para amparar atividade geológica de longo prazo. Um planeta maior permitiria mais atividade geológica, e é por isso que alguns cientistas acreditam que exoplanetas um pouquinho maiores que a Terra ("super-Terras") poderiam ser *mais* receptivos à vida do que os do tamanho da Terra.

t = 100 anos

Passados cem anos, estaríamos vivendo a 6 G de gravidade. Não só seria impossível se mexer para conseguir alimento, mas nosso coração não conseguiria bombear sangue para o cérebro. Apenas insetos pequenos (e animais marinhos) seriam fisicamente capazes de se mexer. Talvez os humanos pudessem sobreviver em domos especiais de pressão controlada, movimentando-se ao manter a maior parte do corpo submersa em água.

Nessa situação, respirar seria complicado. É difícil sugar o ar quando se tem o peso da água, e é por isso que os snorkels só funcionam quando os pulmões estão próximos à superfície.

Fora dos domos de baixa pressão, o ar seria totalmente irrespirável por outro motivo. Em algum ponto por volta de 6 atmosferas, até o ar comum fica tóxico. Mesmo que conseguissem sobreviver a todos os outros problemas, nesses cem anos, nós morreríamos devido ao oxigênio tóxico. Deixando o tóxico de lado, respirar ar denso é difícil simplesmente porque ele é *pesado.*

Buraco negro?

Quando a Terra se tornaria um buraco negro?

É difícil responder, pois a premissa da pergunta é que o raio esteja expandindo constantemente enquanto a densidade se mantém. Num buraco negro, a densidade aumenta.

A dinâmica de planetas rochosos muito grandes não costuma ser analisada, já que não há jeito aparente de eles se formarem; qualquer coisa daquele tamanho teria gravidade suficiente para recolher hidrogênio e hélio durante a formação e transformar-se numa gigante gasosa.

Em algum momento, nossa Terra em expansão chegaria ao ponto em que acrescentar mais massa faria ela contrair, ao invés de expandir. Passado esse ponto, ela entraria em colapso até virar algo similar a uma anã branca crepitante ou uma estrela de nêutrons, e depois — se a massa continuasse a aumentar — acabaria se tornando um buraco negro.

Mas antes que chegue tão longe...

t = 300 anos

É uma pena que os seres humanos não vivam até lá, pois nesse momento aconteceria uma coisa muito legal.

Com o crescimento da Terra, a Lua, assim como todos os satélites, aos poucos começaria a fazer uma espiral rumo ao centro. Passados alguns séculos, ela estaria próxima o bastante da Terra inchada para que as forças de maré entre o planeta e o satélite ficassem mais fortes que as forças gravitacionais que mantêm a consistência da Lua.

Quando a Lua passasse desse limite — chamado limite de Roche —, aos poucos ela iria se esmigalhar[9] e, durante certo período, a Terra teria seus próprios anéis!

Se você gostou, então é só fazer uma massa chegar ao limite de Roche.

9 Desculpa, Lua!

FLECHA SEM PESO

P. Supondo um ambiente de gravidade zero com atmosfera idêntica à da Terra, quanto tempo a fricção do ar levaria para parar uma flecha disparada de um arco? Ela chegaria a pairar no ar?

— **Mark Estano**

R. JÁ ACONTECEU COM TODO mundo. Você, no ventre de uma imensa estação espacial, tentando atingir alguém com arco e flecha.

Comparado aos problemas comuns da física, essa situação está invertida. Geralmente a gravidade é considerada e a resistência do ar é deixada de lado, não o contrário.[1]

Como já se espera, a resistência do ar diminuiria a velocidade da flecha, e uma hora ela iria parar... Não sem antes chegar bem, bem longe. Felizmente, ela não seria perigo para ninguém durante a maior parte do voo.

Vamos ver em detalhes o que acontece.

Digamos que você dispara uma flecha a 85 m/s. Dá umas duas vezes a velocidade de uma bola de beisebol arremessada na liga profissional, e um pouco menos que os 100 m/s das flechas de arcos compostos mais caros.

Ela perderia velocidade rapidinho. A resistência do ar é proporcional à velocidade ao quadrado, ou seja, quando vai rápido, a flecha sente uma resistência forte.

Passados segundos de voo, a flecha teria percorrido 400 m, e sua velocidade cairia de 85 m/s para 25 m/s; isso é quase a velocidade que uma pessoa comum conseguiria *arremessar* uma flecha.

Nessa velocidade, a flecha seria bem menos perigosa.

Sabemos pelos caçadores que a mínima diferença na velocidade da flecha faz grande diferença no tamanho do animal que ela mata. Uma flecha de 25 g que saia a 100 m/s serve para matar alces e ursos-negros. A 70 m/s, talvez seja lenta demais para matar um cervo. Ou, no nosso caso, um cervo espacial.

Assim que a flecha sai desse alcance, ela não é muito perigosa... Mas não está nem perto de parar.

Passados cinco minutos, a flecha teria voado aproximadamente 1,5 km e chegado mais ou menos à velocidade de uma caminhada. Nessa velocidade, ela

1 Além disso, não se costuma atirar em astronautas com arco e flecha — pelo menos não antes da pós-graduação.

teria pouquíssima resistência; iria seguir cruzando o ar, perdendo velocidade aos pouquinhos.

Nesse ponto, ela já teria ido muito mais longe que qualquer flecha na Terra já foi. Arcos de alta qualidade podem disparar flechas à distância de uns 200 m sobre terreno plano, mas o recorde mundial de disparo com arco e flecha de mão passou só um pouquinho de 1 km.

O recorde foi de um arqueiro chamado Don Brown, em 1987. Brown conseguiu isso disparando varetas de metal bem esguias, usando uma engenhoca absurda que mal lembrava um arco.

Os minutos se transformam em horas, e a flecha perde cada vez mais velocidade, aí muda o fluxo do ar.

O ar tem pouquíssima viscosidade. Ou seja, ele não é melequento. Isso significa que o que voa no ar sente a resistência por causa do momento do ar que está tirando do caminho — não da coesão entre as moléculas do ar. Está mais para enfiar a mão numa bacia cheia de água do que numa bacia cheia de mel.

Passadas algumas horas, a flecha estaria tão devagar que mal seria visível. Nesse momento, supondo que o ar esteja relativamente parado, ele começaria a se fazer de mel em vez de água. E a flecha começaria a parar aos pouquinhos.

A distância exata dependeria fortemente do desenho preciso da flecha. Pequenas diferenças no formato mudam drasticamente a natureza do fluxo de ar sobre ela em velocidades baixas. Mas ela viajaria no mínimo alguns quilômetros. Dá para imaginar uns 5 ou até 10 km.

O problema é o seguinte: atualmente, o único ambiente de gravidade zero artificial com atmosfera similar à da Terra é a Estação Espacial Internacional. E o maior módulo da EEI, o Kibo, tem só 10 m de comprimento.

Ou seja, se você realizasse essa experiência, a flecha não voaria mais do que 10 m. E aí iria parar... ou estragar *absurdamente* o dia de outra pessoa.

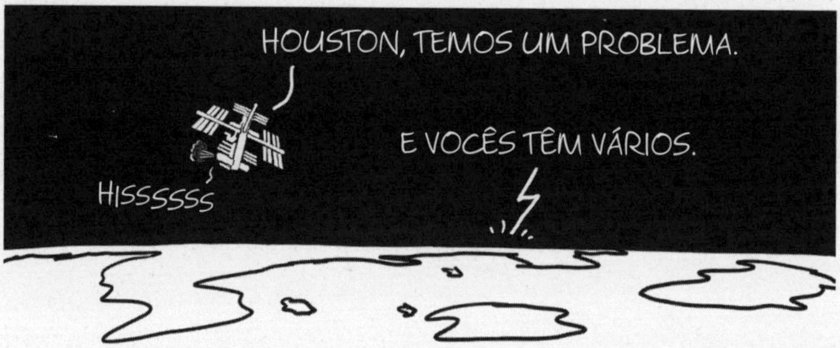

TERRA SEM SOL

P. O que aconteceria com a Terra se o Sol se desligasse de repente?

— Muitos, muitos leitores

R. ESSA PROVAVELMENTE SEJA a pergunta mais enviada do *E se*.

Parte do motivo pelo qual não respondi é que ela já foi respondida. É só procurar no Google por "o que acontece se o Sol apagar" e aparece um monte de textos excelentes que analisam a situação em detalhe.

Contudo, o ritmo de envio dessa pergunta não para de aumentar, então decidi dar o melhor de mim para responder.

Se o Sol apagasse...

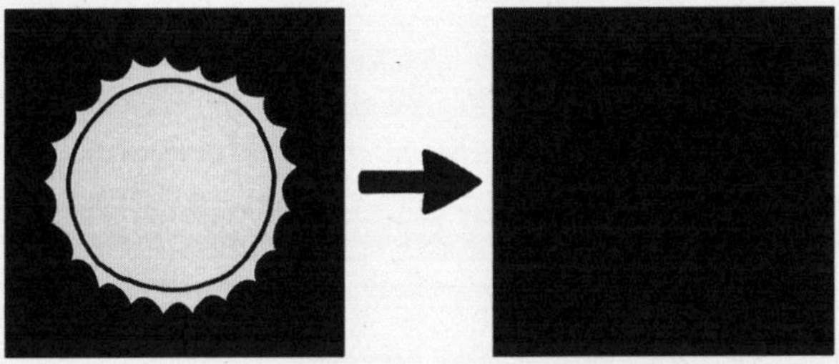

Fig. 1. O Sol desligando :(

Não vamos pensar por quê. Vamos supor que demos um jeito de acelerar a evolução do Sol até ele virar uma esfera fria e inerte. Quais seriam as consequências para nós aqui na Terra?

Vamos ver algumas...

Risco reduzido de explosões solares: Em 1859, uma forte explosão solar e uma tempestade geomagnética atingiram a Terra. Tempestades magnéticas produzem correntes elétricas nos fios. Para nossa infelicidade, em 1859 já havíamos envolvido a Terra em fios de telégrafo. A tempestade provocou correntes fortes nesses fios, desabilitando a comunicação e, em alguns casos, fazendo o equipamento telegráfico pegar fogo.

Desde 1859, instalamos bem mais fios na Terra. Se a tempestade de 1859 nos atingisse hoje, o Departamento de Segurança Doméstica estima que o prejuízo, só à economia dos Estados Unidos, seria de muitos trilhões de dólares — mais do que todos os furacões que já atingiram o país *juntos.* Se o Sol se apagasse, acabaríamos com essa ameaça.

Melhoria no serviço de satélites: Quando um satélite de comunicação passa em frente ao Sol, este pode abafar o sinal de rádio daquele, provocando interrupção no serviço. Desativar o Sol resolveria o problema.

Astronomia facilitada: Sem o Sol, os observatórios em solo poderiam funcionar sem parar. O ar mais frio teria menor ruído atmosférico, que reduziria a carga em sistemas ópticos adaptativos e renderia imagens mais nítidas.

Poeira estabilizada: Sem a luz solar, não haveria o efeito Poynting-Robertson, ou seja, finalmente conseguiríamos deixar o pó orbital estável em torno do Sol sem decaimento da órbita. Não sei se alguém vai querer fazer esse negócio, mas nunca se sabe.

Redução dos custos de infraestrutura: O Departamento de Transportes estima que custaria 20 bilhões de dólares por ano, nos próximos vinte anos, fazer consertos e manutenção em todas as pontes dos Estados Unidos. A maioria das pontes dos Estados Unidos fica sobre água; sem o Sol, poderíamos poupar dinheiro dirigindo sobre uma faixa de asfalto em cima do gelo.

Comércio mais barato: Os fusos horários custam caro ao comércio; é mais difícil fazer negócios com alguém cujas horas de trabalho não coincidem com as suas. Se o Sol se apagasse, não teríamos necessidade de fuso horário, iríamos todos mudar para o UTC e impulsionar a economia global.

Crianças mais seguras: Segundo a Secretaria de Saúde da Dakota do Norte, bebês com menos de seis meses não deveriam entrar em contato direto com a luz solar. Sem essa luz, nossos filhos estariam mais seguros.

Pilotos de guerra mais seguros: Muita gente espirra quando se expõe à luz solar. O motivo desse reflexo é desconhecido e pode ser um perigo para pilotos em combate durante o voo. Se o Sol se apagasse, o risco para os pilotos seria abrandado.

Chirivia mais segura: A chirivia selvagem é uma plantinha das mais ariscas. Suas folhas contêm substâncias chamadas *furocumarínicas*, que podem ser absorvidas pela pele humana sem provocar sintomas… de início. Contudo, quando a pele fica exposta à luz solar (sejam dias ou semanas depois), a furocumarina provoca uma queimadura química horrível: a fitofotodermatite. Um Sol escurecido nos livraria da ameaça da chirivia.

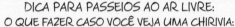

DICA PARA PASSEIOS AO AR LIVRE:
O QUE FAZER CASO VOCÊ VEJA UMA CHIRIVIA:

Para concluir, se o Sol se apagasse, teríamos diversas vantagens em vários aspectos da nossa vida.

E tem alguma desvantagem nessa situação?
Todo mundo iria congelar e morrer.

ATUALIZAR A WIKIPÉDIA IMPRESSA

P. Se você tivesse uma versão impressa de toda a Wikipédia (só em inglês, digamos), quantas impressoras seriam necessárias para sincronizar com as mudanças que são feitas na versão digital?

— Marein Könings

R. **TANTAS ASSIM:**

Se você chegasse à casa de um pretendente e encontrasse essa fileira de impressoras na sala de estar, o que iria pensar?

São muito poucas! Mas antes de você criar uma Wikipédia de papel atualizável, vejamos o que essas impressoras *fariam*… e quanto isso iria custar.

Imprimir a Wikipédia

Já tiveram a ideia de imprimir a Wikipédia. Um estudante chamado Rob Matthews imprimiu cada artigo em destaque dela e criou um livro que tinha metros de altura.

Claro que é só uma fatiazinha do que há de melhor na Wikipédia; a enciclopédia como um todo seria bem maior. O usuário **Tompw** montou uma ferramenta que calcula o tamanho atual da Wikipédia em inglês em volumes impressos. Ela iria encher muita estante.

Mas cuidar das edições seria complicado.

Atualizando

A Wikipédia em inglês atualmente tem de 125 mil a 150 mil edições por dia, ou noventa a cem por minuto.

Podíamos encontrar uma forma de definir a "contagem de palavras" da edição média, mas isso é próximo do impossível. Felizmente, não precisamos — é só estimar que cada alteração vai nos exigir reimprimir uma página em algum lugar. Muitas edições mudarão várias páginas — mas várias outras são feitas para voltar ao que estava antes, o que nos permitiria repor páginas já impressas.[1] Uma página por edição me parece um meio-termo razoável.

Com um mix de fotos, tabelas e texto típico da Wikipédia, uma boa impressora a jato de tinta faria umas quinze páginas por minuto. Ou seja, você só precisaria de seis impressoras funcionando ao mesmo tempo para manter o ritmo de edições.

O papel se empilharia bem rápido. Usando o livro de Rob Matthews como ponto de partida, fiz de leve minha estimativa do tamanho atual da Wikipédia em inglês. Comparando a extensão média dos artigos em destaque com os outros, cheguei à estimativa de 300 m^3 para a impressão da coisa toda em texto puro.

Para ter uma ideia, caso tentasse se equiparar à frequência de edições, você imprimiria 300 m^3 por *mês*.

Quinhentos mil dólares por mês

Seis impressoras não é muito, mas elas funcionariam sem parar. E isso sai caro.

A eletricidade sairia barato — uns poucos dólares por dia.

---

1 O sistema de arquivamento necessário para isso seria enlouquecedor. Estou lutando contra a vontade de projetar.

O papel seria na faixa de um centavo por folha, de forma que você gastaria uns mil dólares de papel por dia. Você precisaria contratar gente para gerenciar as impressoras o dia inteiro, mas isso iria custar menos que o papel.

Nem as impressoras em si seriam tão caras, apesar do ritmo de substituição absurdamente rápido.

Mas os cartuchos de *tinta* seriam um pesadelo.

Tinta

Um estudo da QualityLogic descobriu que para uma impressora jato de tinta comum o custo real com cartucho seria de cinco centavos por página PB e até trinta centavos por página com fotos. Ou seja, você gastaria entre quatro e cinco dígitos *por dia* só de tinta.

Seria melhor você investir numa impressora a laser. Senão, em questão de um ou dois meses, esse projeto lhe custaria meio milhão de dólares.

Mas isso nem é o pior.

Em 18 de janeiro de 2012, a Wikipédia enegreceu todas as suas páginas em protesto contra propostas de leis que limitariam a liberdade na internet. Se algum dia a Wikipédia decidir ficar escura de novo e você quiser participar do protesto…

… vai ter que comprar uma caixa de canetinhas e pintar cada página de preto, por conta própria.

Eu ficaria com a digital, não tenha dúvida.

FACEBOOK DOS MORTOS

P. Quando, se é que um dia, o Facebook terá mais perfis de mortos do que de vivos?

— Emily Dunham

— Use os fones! — Não dá. As orelhas caíram.

R. VAI SER OU NOS ANOS 2060 ou 2130.

Não tem muito morto no Facebook.[1] A razão principal é que tanto a rede social quanto seus usuários são jovens. O usuário médio do Facebook envelheceu com o passar dos anos, mas o site ainda é mais utilizado — e com frequência bem maior — pelos mais jovens.

No passado

Com base na taxa de crescimento do site, e na estratificação etária de usuários ao longo do tempo,[2] cerca de 10 a 20 milhões de pessoas que criaram perfis do Facebook já morreram.

---

1 No momento em que escrevo, antes da sanguinária revolução-robô.

2 Dá para obter a contagem de grupos de cada faixa etária na ferramenta do site para criar anúncios, mas talvez você precise levar em conta que os limites de idade do Facebook fazem algumas pessoas mentir a idade.

O idoso Cory Doctorow, no futuro, se fantasiando com o que as pessoas achavam que ele vestia no passado.

Atualmente esses perfis estão espalhados uniformemente por todo o espectro etário. Os jovens têm uma taxa de mortalidade bem menor do que quem está nos seus sessenta ou setenta anos, mas constituem uma fatia substancial dos mortos no Facebook, simplesmente porque são muitos nessa faixa etária que utilizam o site.

No futuro

Aproximadamente 290 mil usuários do Facebook nos Estados Unidos morreram em 2013. O total mundial de 2013 provavelmente chegue a muitos milhões.[3] Daqui a sete anos, a taxa de mortalidade vai duplicar; e daqui a mais de sete anos, vai duplicar de novo.

Mesmo que a rede social deixe de registrar novos usuários amanhã, o número de mortes por ano continuará a crescer durante várias décadas, pois a geração que estava na faculdade entre 2000 e 2020 vai envelhecer.

O fator decisivo para saber quando os mortos superarão os vivos é descobrir se o Facebook vai acrescentar novos usuários vivos — de preferência jovens — numa velocidade rápida o bastante para vencer a maré da morte.

Facebook 2100

O que nos leva à questão do futuro do Facebook.

Não temos muita experiência com redes sociais para dizer com algum grau de certeza quanto tempo o Facebook vai durar. A maioria dos sites teve um auge e aos poucos foi caindo em popularidade, portanto é razoável pensar que o Facebook seguirá o mesmo rumo.[4]

Pensando na hipótese de o Facebook começar a perder sua fatia de mercado

3 Observação: Em algumas dessas projeções extrapolei os dados de idade/uso norte-americanos para a base de usuários do Facebook como um todo, pois é mais fácil encontrar censo e dados estatísticos dos Estados Unidos do que reunir, país a país, os dados de todos os usuários. Os Estados Unidos não são um modelo perfeito do mundo, mas a dinâmica básica — a adoção que os jovens fazem do Facebook determina o sucesso ou fracasso do site, enquanto o crescimento da população continua por algum tempo e depois nivela — provavelmente será mais ou menos válida para todos os demais países. Se supusermos que há uma saturação veloz do Facebook no mundo em desenvolvimento, cuja população jovem atual está em crescimento mais rápido, mudará as balizas por alguns anos, mas o panorama como um todo não altera tanto quanto se imagina.

4 Imagino, nesses casos, que os dados nunca serão apagados. Até o momento, é razoável pensar dessa forma: se você fez um perfil no Facebook, esses dados provavelmente ainda existem; e a maioria das pessoas que usa esse serviço não se dá ao trabalho de apagar o perfil. Se esse comportamento mudar ou se o Facebook fizer um imenso expurgo de arquivos, a balança pode pender de forma rápida e imprevisível.

no fim desta década e não voltar a se recuperar, sua data de conversão — a data em que o número de mortos supera o de vivos — acontece por volta de 2065.

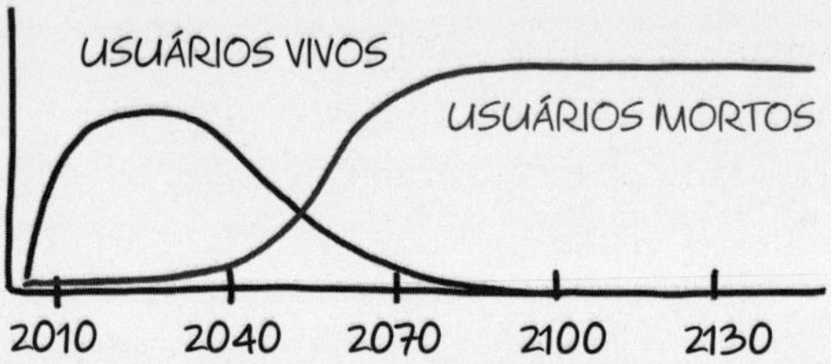

Mas talvez não aconteça. Talvez ele assuma um papel como o do protocolo TCP, que se torna uma peça da infraestrutura sobre a qual se constroem outras coisas e ganha pela inércia do consenso.

Se o Facebook continuar conosco gerações afora, então a data de conversão pode acontecer lá por meados dos anos 2100.

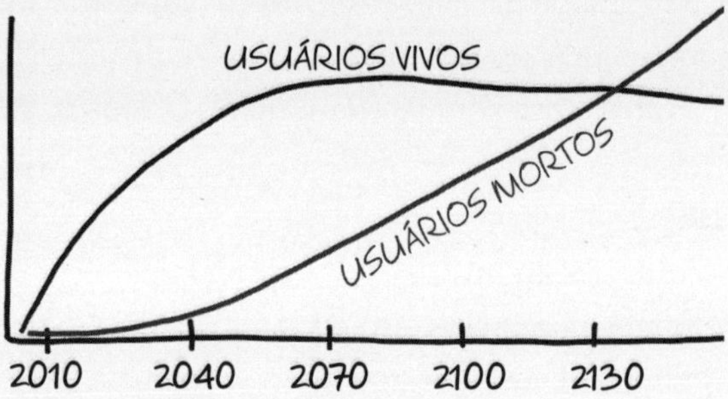

O que parece improvável. Nada dura para sempre, e a transformação veloz tem sido a norma para tudo que se faz com tecnologia informática. O solo está forrado com ossadas de sites e tecnologias que pareciam instituições permanentes dez anos atrás.

Pode ser que a realidade seja um meio-termo.[5] Vamos ter que esperar para ver.

O destino das nossas contas

O Facebook tem como manter todas as nossas páginas e dados por tempo indeterminado. Os usuários vivos sempre vão gerar mais dados que os mortos,[6] e as

5 Claro que se houvesse um aumento repentino na taxa de mortalidade de usuários do Facebook — que possivelmente incluiria os seres humanos em geral —, a conversão poderia acontecer amanhã mesmo.

6 Assim espero.

contas de usuários ativos são as que precisam ficar acessíveis mais prontamente. Mesmo se as contas de mortos (ou inativos) constituírem a maioria dos usuários, é provável que nunca vão se somar a ponto de virar uma parcela relevante de todo o orçamento da infraestrutura.

O mais importante será as decisões que vamos tomar. O que *queremos* dessas páginas? A não ser que exijamos que sejam deletadas, supõe-se que, por definição, o Facebook guardará as cópias para sempre. Mesmo que não faça isso, outras organizações de sucção de dados vão preservar.

No momento, pessoas de parentesco próximo podem converter o perfil do Facebook de um falecido em memorial. Mas existe um monte de perguntas em torno de senhas de acesso a dados privativos para as quais ainda não criamos normas sociais. As contas deveriam permanecer acessíveis? O que deveria continuar restrito? Os parentes próximos deveriam ter o direito de acessar as mensagens? Os memoriais deveriam liberar comentários? Como resolver *trollagem* e vandalismo? Os outros deveriam ter permissão para interagir com contas de usuários falecidos? Em que listas de amigos eles poderiam aparecer?

São questões que estamos tentando resolver atualmente, na base de tentativa e erro. A morte sempre foi um tema difícil e carregado de emoção, e cada sociedade encontra maneiras diferentes de lidar com ela.

As peças básicas que constituem uma vida humana não mudam. Sempre comemos, aprendemos, crescemos, amamos, brigamos e morremos. Em qualquer lugar, cultura e ambiente tecnológico, criamos um conjunto de comportamentos que necessariamente se dá em torno dessas atividades.

Assim como todo grupo que nos precedeu, estamos aprendendo a jogar esses mesmos jogos no nosso campinho. Estamos criando — às vezes à base de tentativa e erro e bagunça — um novo conjunto de normas sociais para namorar, discutir, aprender e crescer na internet. Mais cedo ou mais tarde, aprendemos a lidar com o luto.

O SOL SE PÕE NO IMPÉRIO BRITÂNICO

P. Quando (se é que um dia) o Sol finalmente se pôs no Império Britânico?

— Kurt Amundson

R. NÃO SE PÔS. AINDA. Mas só por causa de uns gatos-pingados que moram numa região menor que a Disney World.

O maior império do mundo

O Império Britânico estendia-se por todo o planeta. Isso levou ao ditado de que o Sol nunca se pôs nele, já que era sempre dia em algum ponto do Império.

É difícil precisar quando esse longo dia começou. Para início de conversa, todo o processo de reivindicar uma colônia (ou terra já ocupada por outros) é absurdamente arbitrário. Na prática, os britânicos construíram um império navegando por aí e enfiando bandeiras em qualquer praia que aparecesse. Então fica difícil decidir quando determinado ponto num país foi "oficialmente" adicionado ao Império.

— E aquele lugarzinho ali na sombra? — É a França. Um dia a gente pega.

O dia exato em que o Sol parou de se pôr no Império deve ter sido no final do século XVIII e início do XIX, quando se anexaram os primeiros territórios australianos.

O Império praticamente desmoronou no início do século XX, mas — veja só — tecnicamente o Sol ainda não começou a se pôr nele.

Catorze territórios

A Grã-Bretanha tem catorze territórios ultramarinos, que são as sobras do Império Britânico.

Muitas colônias britânicas que proclamaram independência imediatamente afiliarem-se à Comunidade de Nações. Algumas, como Canadá e Austrália, reconhecem a rainha Elizabeth como monarca oficial. Mas são Estados independentes que, por acaso, têm a mesma rainha; não fazem parte do império.[1]

O Sol nunca se põe em todos os catorze territórios britânicos ao mesmo tempo (ou nos treze, se você descontar o Território Antártico Britânico). Contudo, se o Reino Unido perder um minúsculo território, ele terá seu primeiro pôr do sol do Império em mais de dois séculos.

Toda noite, por volta de meia-noite (horário de Greenwich), o Sol se põe nas Ilhas Cayman, e só se ergue no Território Britânico do oceano Índico depois da 1 hora. Nesse horário, o único território britânico ao sol são as pequenas Ilhas Pitcairn, no Pacífico Sul.

---

1 Até onde eles sabem.

As Ilhas Pitcairn têm população de poucas dezenas de pessoas, descendentes dos amotinados do HMS *Bounty*. Essas ilhas ficaram com má fama em 2004, quando um terço da população adulta masculina, incluindo o prefeito, foi condenado por abuso sexual de menores.

Por mais medonhas que sejam, essas ilhas ainda fazem parte do Império Britânico e, se não forem expulsas, os dois séculos de "luz do dia" vão perdurar.

E vai durar *para sempre*?

Olha, é possível que sim.

Em abril de 2432, a ilha vai passar pelo primeiro eclipse solar total desde a chegada dos amotinados.

Para sorte do Império, vai acontecer num momento em que o Sol está sobre as Ilhas Cayman, no Caribe. Essas áreas não terão um eclipse total; o Sol ainda estará brilhando, inclusive em Londres.

Aliás, nenhum eclipse total dos próximos mil anos vai passar sobre as Ilhas Pitcairn no momento exato do dia para acabar com esse Sol. Se o Reino Unido mantiver seus territórios e fronteiras atuais, ele pode estender esse dia por muito, muito tempo.

Mas não para sempre. Uma hora — daqui a muitos milênios — um eclipse vai acontecer naquela ilha, e o Sol finalmente vai se pôr no Império Britânico.

MEXER O CHÁ

P. Eu estava distraído mexendo uma xícara de chá e fiquei matutando: "Eu não estou, na verdade, acrescentando energia cinética à xícara?". Sei que mexer ajuda a esfriar o chá, mas e se eu mexesse mais rápido? Eu conseguiria ferver uma xícara de água só mexendo?

— Will Evans

R. NÃO.

A ideia até faz sentido. Temperatura não é nada mais que energia cinética. Quando você mexe o chá com a colher, está aumentando a energia cinética, e essa energia tem que ir para algum lugar. Já que o chá não faz nada de extraordinário, como sair flutuando ou emitir luz, a energia deve estar se transformando em calor.

Fiz o chá do jeito certo?

O motivo pelo qual você não percebe o calor é que não está colocando muito calor. É preciso uma imensa quantidade de energia para aquecer a água; ela possui uma capacidade de calor por volume maior do que qualquer outra substância comum.[1]

Se quiser aquecer água à temperatura ambiente até ela quase ferver em dois minutos, você vai precisar de um monte de energia:[2]

$$1 \text{ xícara} \times \text{capacidade térmica da água} \times \frac{100^\circ\text{C} - 20^\circ\text{C}}{2 \text{ minutos}} = 700 \text{ W}$$

Nossa fórmula diz que se quisermos fazer uma xícara de água quente em dois minutos, precisaremos de uma fonte de energia de 700 W. Um forno de micro-ondas comum usa de 700 W a 1100 W, e leva aproximadamente dois minutos para aquecer uma xícara de água para o chá. É tão bom quando tudo funciona![3]

Aquecer uma xícara de água no micro-ondas durante mais de dois minutos a 700 W põe um montão de energia na água. Quando a água cai do alto das Cataratas do Niágara, ela adquire energia cinética, que é convertida em calor no fundo. Mas, mesmo depois de cair toda essa distância, a água só se aquece a uma fração de um grau.[4] Para ferver uma xícara de água, você precisaria soltá-la mais alto que o topo da atmosfera.

1 O hidrogênio e o hélio possuem capacidade térmica maior devido à massa, mas são gases difusos. A única outra substância comum com capacidade térmica mais alta por massa é a amônia. Mas os três perdem para a água quando se mede pelo volume.

2 Observação: fazer a água quase fervente de fato ferver requer um grande impulso de energia, além do que é exigido para se chegar ao ponto de ebulição — isso é o que se chama de *entalpia de vaporização*.

3 Se não funcionassem, a gente botaria a culpa em coisas tipo "ineficiência" ou "vórtices".

4 $\text{Altura das Quedas do Niágara} \times \frac{\text{Aceleração da gravidade}}{\text{Calor específico da água}} = 0{,}12^\circ\text{C}$

(*O Felix Baumgartner britânico*)

E o que mexer com a colher tem a ver com o forno de micro-ondas?

Com base nos números de relatórios de processos industriais de mistura, consigo estimar que mexer uma xícara de chá com todo vigor adiciona calor à taxa de aproximadamente um décimo milionésimo de um watt. O que é totalmente insignificante.

O efeito físico de mexer a colher na verdade é um pouquinho complicado.[5] A maior parte do calor é retirada das xícaras de chá pelo ar que circula acima por convecção, e por isso elas esfriam de cima para baixo. Mexer com a colher faz a água quente do fundo subir, por isso ajuda nesse processo. Mas tem outras coisas que acontecem ao mesmo tempo — mexer perturba o ar e aquece as paredes da xícara. É difícil ter certeza do que está acontecendo sem dados.

Nossa sorte é que temos a internet. O usuário **drhodes** da Stack Exchange mediu a taxa de esfriamento de xícara de chá mexendo com a colher versus não mexendo com a colher versus mergulhando a colher repetidamente na xícara versus erguendo a colher. Para ajudar, **drhodes** postou *tanto* gráficos em alta resolução *quanto* os dados brutos, e isso é mais do que você costuma encontrar em artigo de revista científica.

A conclusão: não interessa se você mexe, mergulha ou não faz nada; o chá esfria mais ou menos na mesma velocidade (mas mergulhar e tirar a colher esfriou o chá um pouquinho mais rápido).

---

5 Em algumas situações, misturar líquidos pode ajudar a mantê-los aquecidos. A água quente sobe e, quando uma massa de água é grande e parada o suficiente (como é o caso do oceano), forma-se uma camada quente na superfície. Essa camada irradia calor muito mais rápido que uma fria. Se você rompe essa camada quente misturando a água, a taxa de perda de calor diminui. É por isso que os furacões tendem a perder força se param num lugar — as ondas começam a puxar água fria das profundezas, apartando-o da fina camada de água superficial quente que era sua principal fonte de energia.

O que nos traz de volta à pergunta original: dá para ferver chá se você mexer bem rápido?

Não.

O primeiro problema é de energia. A quantidade de energia nesse caso, 700 W, é quase um cavalo-vapor; então se você quiser ferver chá em dois minutos, precisa no mínimo de um cavalo para mexer bem rápido.

Dá para reduzir a exigência de energia aquecendo o chá durante um período longo, mas se reduzir demais o chá, vai esfriar na mesma velocidade em que você o aquece.

Mesmo se você conseguisse bater a colher bem rápido — dezenas de milhares de giros por segundo —, a dinâmica de fluidos atrapalharia. Em velocidades muito altas, o chá iria cavitar; um vácuo seria formado no caminho da colher, e girar seria ineficiente.[6]

E se você mexer tão rápido a ponto de o chá começar a cavitar, sua área superficial vai crescer muito rápido e vai chegar à temperatura ambiente em segundos.

Não interessa o quanto você mexa o chá, ele não vai ficar mais quente.

6 Há liquidificadores, os quais são vedados, que conseguem aquecer o que se põe neles dessa forma. Mas que tipo de pessoa faria chá num *liquidificador*?

TODOS OS RAIOS

P. Se todos os raios que caem no mundo em um dia caíssem todos no mesmo lugar ao mesmo tempo, o que aconteceria com o lugar?

— Trevor Jones

R. DIZEM QUE UM RAIO NUNCA acerta o mesmo lugar duas vezes.

Os que dizem estão errados. Do ponto de vista evolutivo, até surpreende ver que esse ditado sobreviveu tanto; é de pensar que quem acreditava nisso aos poucos não passasse no filtro da população viva.

Não é assim que funciona a evolução?

Tem gente que costuma se perguntar se poderíamos armazenar a energia elétrica que vem dos raios. À primeira vista, faz sentido; afinal de contas, raios *são* eletricidade,[1] e realmente há uma quantidade substancial de energia num raio. O problema é que é muito difícil fazer um raio atingir onde você quer que ele atinja.[2]

Um raio típico transporta energia suficiente para abastecer uma casa residencial por uns dois dias. Isso quer dizer que mesmo o Empire State Building, que é atingido por raios umas cem vezes por ano, não conseguiria manter uma casa em funcionamento só com a energia dos raios.

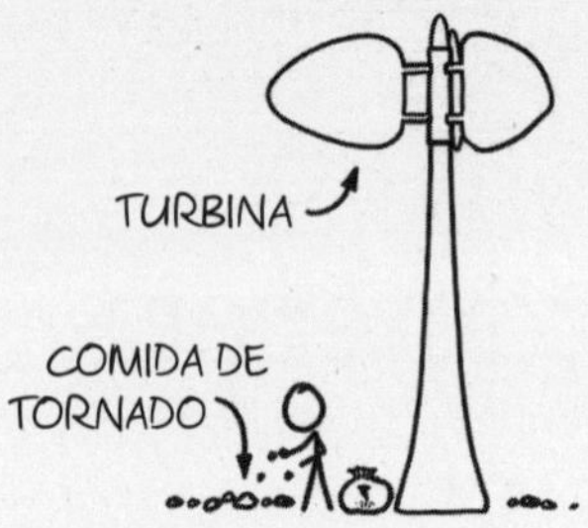

Mesmo em regiões do mundo com muitos raios, como a Flórida e o leste do Congo, a energia que chega ao solo através da luz solar ganha da energia transmitida por raios na ordem de 1 milhão. Gerar energia de raios é como construir um parque eólico cujas lâminas são giradas por um tornado: muito massa, só que inviável.[3]

O raio do Trevor

Na situação proposta pelo Trevor, todos os raios do mundo caem no mesmo lugar. Assim gerar energia seria bem mais legal!

Vamos dizer que "caiam todos no mesmo lugar" significa que os raios caem em paralelo, coladinhos uns aos outros. O canal principal de um raio — a parte que contém a corrente — tem mais ou menos 1 cm de diâmetro. Nosso amontoado tem mais ou menos 1 milhão de raios, ou seja, terá aproximadamente 6 m de diâmetro.

Qualquer escritor da área de ciências tende a comparar tudo à bomba atômica que soltaram em Hiroshima,[4] então vamos nos livrar dessa logo: o raio levaria aproximadamente duas bombas atômicas de energia ao ar e ao chão. De um ponto de vista mais prático, é eletricidade suficiente para abastecer um console

---

1 Referência: a apresentação que fiz na minha turma de terceira série na Assawompset Elementary School vestido de Benjamin Franklin.

2 Ouvi dizer que ele nunca atinge o mesmo lugar duas vezes.

3 Caso você tenha curiosidade, sim, eu fiz alguns cálculos em relação a tornados que passam por turbinas eólicas, e é ainda menos prático que coletar raios. Numa localização média no meio da Alameda dos Tornados, só passa um tornado a cada 4 mil anos. Mesmo se você conseguisse absorver toda a energia acumulada do tornado, o resultado ainda seria menos de 1 W de média de saída de energia, a longo prazo. Acredite se quiser, mas já se tentou uma ideia bem parecida. Uma empresa chamada AVEtec propôs construir um "motor de vórtice" que produziria tornados artificiais para gerar energia.

4 As Cataratas do Niágara têm uma potência equivalente a uma bomba de Hiroshima que explode **a cada oito horas**! A bomba atômica que foi usada em Nagasaki tem uma potência explosiva equivalente a **1,3 bombas de Hiroshima**! Só para questão de contexto, a brisa tranquila que sopra pelos prados *também* comporta praticamente a mesma energia cinética da bomba de Hiroshima.

de videogame e uma TV de plasma durante milhões de anos. Ou, pensando de outra forma, ele daria conta do consumo de eletricidade dos Estados Unidos... por cinco minutos.

O raio em si não seria maior que o círculo central de uma quadra de basquete, mas deixaria uma cratera do tamanho da quadra.

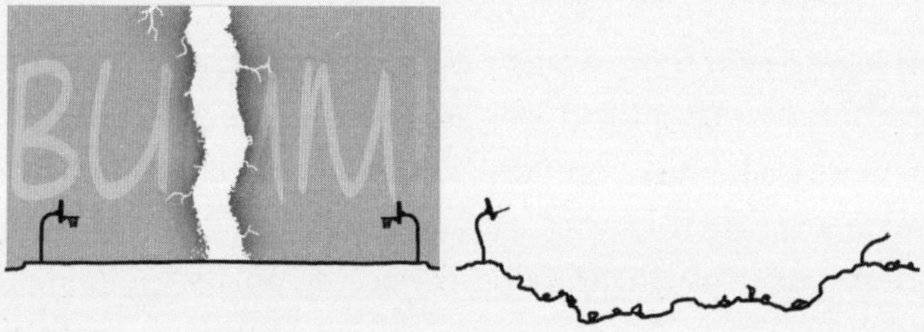

Dentro do raio, o ar iria se transformar em plasma de alta energia. A luz e o calor do raio fariam qualquer superfície num raio de quilômetros entrar em combustão espontânea. A onda de choque destruiria árvores e demoliria prédios. No geral, a comparação com Hiroshima não está muito distante.

Teríamos como nos proteger?

Para-raios

Não existe consenso em relação ao mecanismo de funcionamento dos para-raios. Alguns afirmam que eles repelem raios ao "vazar" a carga do chão para o ar, diminuindo a diferença de potencial da nuvem ao chão e reduzindo a probabilidade de um raio. Atualmente, a National Fire Protection Association não apoia esse tipo de ideia.

Não sei bem o que a NFPA diria sobre o megarraio do Trevor, mas um para-raios não iria incrementar sua segurança. Em tese, um cabo de cobre com 1 m de diâmetro conseguiria conduzir a breve oscilação de corrente do raio sem derreter. Infelizmente, quando o raio chegasse à parte de baixo da haste metálica, o *chão* não iria conduzir eletricidade tão bem, e a explosão de rocha derretida demoliria a casa do mesmo jeito.[5]

5 De qualquer forma, sua casa já estaria em chamas, por causa da radiação térmica do plasma no ar.

Relâmpago de Catatumbo

Juntar todos os raios do mundo no mesmo lugar é obviamente impossível. E se reuníssemos todos os raios de uma só região?

Nenhum lugar na Terra tem raios *constantes*, mas existe uma região da Venezuela onde acontece algo perto disso. Próximo da beira sudoeste do lago Maracaibo, acontece um fenômeno estranho: a tempestade elétrica noturna perpétua. Existem dois lugares, um sobre o lago e outro sobre a terra, a oeste, onde tempestades elétricas formam-se quase todas as noites. Essas tempestades conseguem gerar um clarão a cada dois segundos, o que faz do lago Maracaibo a capital mundial dos raios.

Se você conseguisse canalizar todos os raios de uma só noite de tempestades em Catatumbo por um único para-raios, e o usasse para carregar um capacitor descomunal, ele armazenaria eletricidade suficiente para abastecer um console de videogame e uma TV de plasma durante quase um século.[6]

Claro que, se isso acontecesse, o velho ditado precisaria de ainda *mais* revisão.

6 Já que não há cobertura da rede de telefonia celular próxima à margem sudoeste do lago Maracaibo, você teria que usar os serviços de um provedor por satélite, e isso ia dar centenas de milissegundos de latência.

O SER HUMANO MAIS SOZINHO

P. Qual foi a maior distância que um ser humano já ficou de outra pessoa viva? A pessoa se sentiu sozinha?

— Bryan J. McCarter

R. **DIFÍCIL SABER!**

Os principais suspeitos são os seis pilotos dos módulos de comando da *Apollo* que ficaram em órbita lunar durante alunissagens: Mike Collins, Dick Gordon, Stu Roosa, Al Worden, Ken Mattingly e Ron Evans.

Cada astronauta ficou sozinho no módulo de comando enquanto dois outros pisavam na Lua. No ponto mais alto de órbita, eles estavam a aproximadamente 3585 km dos colegas.

De outro ponto de vista, é o mais distante que o resto da humanidade já conseguiu ficar daqueles astronautas.

É fácil pensar que eles teriam essa categoria garantida, mas a coisa não é tão pau a pau. Tem outros candidatos que chegam bem pertinho!

Polinésios

É difícil ficar a 3585 km de um lugar habitado em caráter permanente.[1] Os polinésios, que foram os primeiros seres humanos a se espalhar pelo Pacífico, talvez tenham conseguido, mas aí um marujo solitário teria que ter viajado bem à frente de todo mundo. Pode ter acontecido — quem sabe por acidente, se uma tempestade tivesse levado alguém para longe de seu grupo —, mas é improvável que consigamos confirmação.

Assim que o Pacífico foi colonizado, ficou bem mais difícil descobrir regiões da superfície da Terra onde alguém conseguisse chegar a 3585 km de isolamento. Agora que o continente antártico tem uma população permanente de pesquisadores, é quase impossível.

Exploradores na Antártida

Durante o período de exploração da Antártida, alguns ficaram bem perto de ganhar dos astronautas, e é possível que um deles tenha o recorde. Uma pessoa que chegou muito próximo foi Robert Scott.

Robert Falcon Scott foi um explorador britânico que teve fim trágico. A expedição de Scott chegou ao polo Sul em 1911, mas só para descobrir que o explorador norueguês Roald Amundsen tinha ganhado dele por uma questão de meses. O combalido Scott e seus camaradas começaram sua jornada de volta ao oeste, porém todos morreram na travessia da Plataforma de Ross.

O último sobrevivente da expedição teria sido, durante um período curto, uma das pessoas mais isoladas da Terra.[2] Contudo, ele (quem quer que tenha sido) ainda estava num raio de 3585 km de vários humanos, incluindo postos avançados de outros exploradores antárticos, assim como dos maoris em Rakiura (Ilha Stewart), na Nova Zelândia.

Há candidatos de sobra. Pierre François Péron, um marinheiro francês, diz que ficou isolado na ilha de Amsterdam, no sul do oceano Índico. Se for verdade,

---

1 Por conta da curvatura da Terra, você teria que andar 3619 km pela superfície para entrar no páreo.

2 A expedição de Amundsen já havia deixado o continente.

ele chegou perto de ganhar dos astronautas, mas não se qualifica porque não ficou longe o suficiente de Maurício, do sudoeste da Austrália nem da ponta de Madagáscar.

Provavelmente nunca teremos certeza. É possível que um marinheiro naufragado do século XVIII, boiando à deriva num bote do oceano Austral, tenha o título de ser humano mais isolado. Contudo, até que surja alguma evidência histórica, acho que os seis astronautas da *Apollo* têm tudo para dizer que foram eles.

O que nos leva à segunda parte da pergunta de Bryan: eles se sentiram sozinhos?

Solidão

Depois de voltar à Terra, Mike Collins, o piloto do módulo de comando da *Apollo 2*, disse que nunca se sentiu sozinho. Ele escreveu sobre a experiência no livro *O fogo sagrado: A jornada de um astronauta.*

> *Longe de me sentir sozinho ou abandonado, me senti muito parte do que estava ocorrendo na superfície lunar... Não penso em negar a sensação de isolamento. Ela existe, e é reforçada pelo fato de que o contato com a Terra por rádio é cortado abruptamente no instante em que vou para trás da Lua.*
>
> *Agora estou sozinho, realmente sozinho, e totalmente isolado de toda vida conhecida. Eu sou o que há. Se fizessem a contagem, o placar seria 3 bilhões mais duas pessoas do outro lado da Lua, e mais uma pessoa e sabe-se lá o quê deste lado.*

Al Worden, o piloto do módulo de comando da *Apollo 15*, até curtiu a experiência:

> *Uma coisa é ficar sozinho e outra é se sentir solitário. Fiquei sozinho e não fiquei solitário. Minha formação foi como piloto de combate na força aérea, depois piloto de testes — acima de tudo em caças — por isso eu estava bem acostumado a ficar sozinho. Gostei de tudo. Eu não precisava mais falar com o Jim e o Dave... Às costas da Lua, eu nem tinha que falar com Houston, e essa foi a melhor parte da viagem.*

Os introvertidos entendem: o ser humano mais solitário da história ficou até feliz de ter uns minutinhos de paz e tranquilidade.

PERGUNTAS BIZARRAS (E PREOCUPANTES) QUE CHEGAM AO *E SE?* — Nº 11

P. E se todo mundo na Grã-Bretanha fosse para uma das regiões costeiras e começasse a remar? Eles conseguiriam fazer a ilha se mexer?

— Ellen Eubanks

NÃO.

P. Tornados de fogo são possíveis?

— Seth Wishman

SIM.

TORNADOS DE FOGO SÃO UMA COISA DE VERDADE QUE ACONTECE MESMO.

NÃO TEM MAIS NADA QUE EU POSSA ACRESCENTAR SOBRE O ASSUNTO.

GOTA DE CHUVA

P. E se uma tempestade derramasse toda a sua água em uma única gota gigante?

— Michael McNeill

R. ESTAMOS NO VERÃO DO KANSAS. Clima quente, mormacento. Dois velhões na varanda, sentados em cadeiras de balanço.

Ao horizonte, a sudoeste, começam a surgir nuvens que transmitem mau agouro. As torres se armam quanto mais elas se aproximam, com cumes que se abrem em forma de bigorna.

Eles ouvem o tinir dos sinos de vento, enquanto a brisa tranquila começa a se armar. O céu está escurecendo.

Umidade

O ar contém água. Se você emparedasse uma coluna de ar, do chão até o topo da atmosfera, e depois resfriasse esse ar, a umidade na coluna iria condensar em chuva. Se você coletasse chuva na parte de baixo da coluna, daria uma altura entre zero e umas dezenas de centímetros. Essa altura é o que chamamos de **total precipitado de água**.

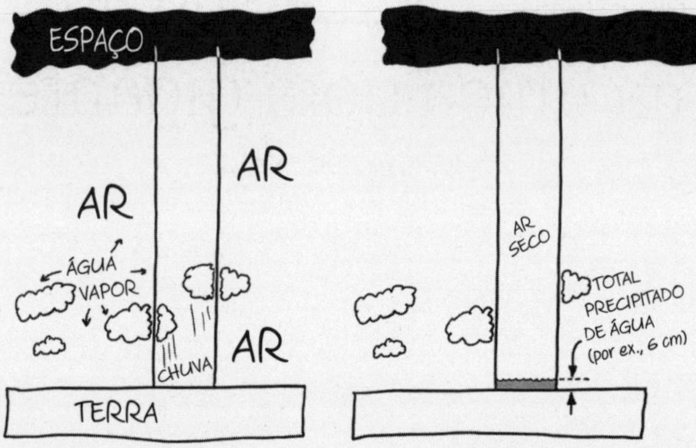

Normalmente o total precipitado é de 1 ou 2 cm.

Há satélites que medem a quantidade de vapor d'água de cada ponto do globo, que geram uns mapas lindinhos.

Vamos supor que nossa tempestade meça 100 km de cada lado e tenha um total precipitado bem alto: 6 cm. Isso quer dizer que a água da nossa tempestade teria um volume de:

$$100 \text{ km} \times 100 \text{ km} \times 6 \text{ cm} = 0{,}6 \text{ km}^3$$

Essa água pesaria 600 milhões de toneladas (que, por acaso, é o peso atual da nossa espécie). Normalmente, uma parte dessa água cairia, espalhada, em forma de chuva — no máximo 6 cm de chuva.

Nessa tempestade, toda a água se condensa em uma gota gigante, uma esfera de água com mais de 1 km de diâmetro. Supomos que ela se forme a alguns quilômetros da superfície, já que é ali que a maior parte da chuva condensa.

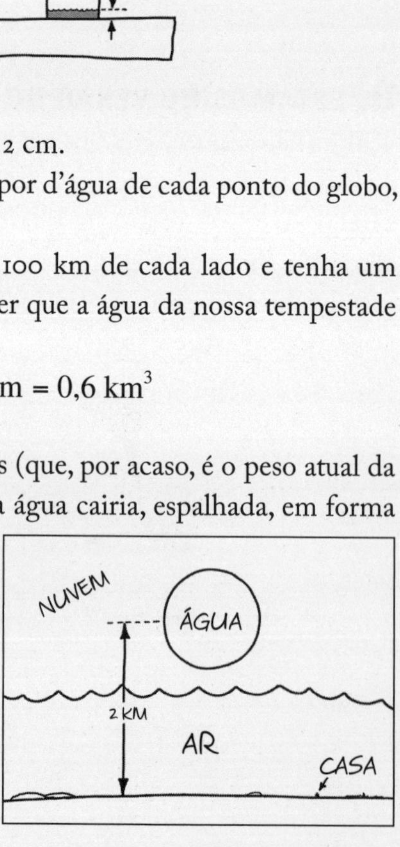

A gota começa a cair.

Por cinco ou seis segundos, nada é visível. Aí, a base da nuvem começa a inchar. Por um instante, parece que se forma uma nuvem em funil. Então a protuberância se alarga e, aos dez segundos, a parte de baixo da gota emerge da nuvem.

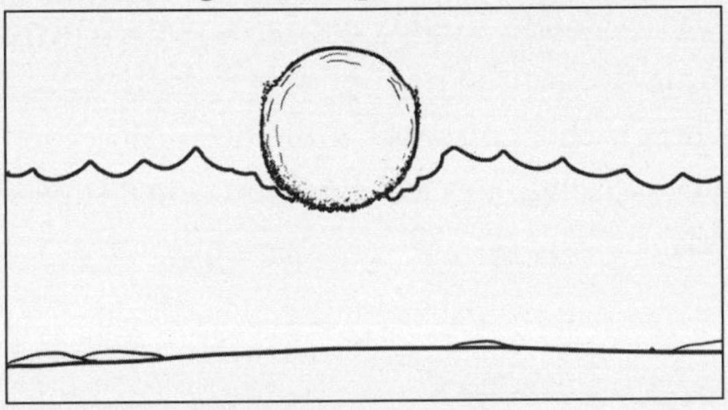

A gota cai a 90 m/s (320 km/h). O vento remexe a superfície da água e forma borrifos. A ponta frontal da gota transforma-se em espuma, pois o ar é forçado para dentro do líquido. Se continuasse caindo por mais tempo, essas forças dispersariam a gota inteira aos poucos, até virar chuva.

Antes que isso aconteça, aproximadamente vinte segundos depois da formação, a ponta da gota atinge o chão. A água agora se movimenta a uma velocidade maior que 200 m/s (720 km/h). Logo abaixo do ponto de impacto, o ar não consegue sair do caminho com velocidade suficiente, e a compressão aquece-o tão rápido que, se tivesse tempo, a grama pegaria fogo.

Para sorte da grama, esse calor dura apenas alguns milissegundos, já que é encharcado pela chegada de um monte de água fria. Para infelicidade da grama, a água fria está vindo a mais da metade da velocidade do som.

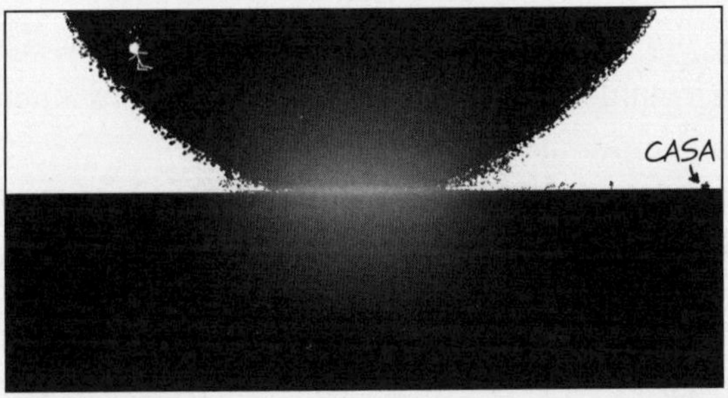

Se você estivesse flutuando no centro da esfera durante esse episódio, não teria sentido nada de estranho até agora. Seria bem escuro lá no meio, mas, se tivesse tempo (e capacidade pulmonar) para nadar algumas centenas de metros rumo à beira, daria para distinguir o brilho fraquinho da luz do dia.

Enquanto a gota de chuva se aproximasse do chão, o acúmulo de resistência do ar levaria a um aumento de pressão que estouraria seus tímpanos. Mas, segundos depois, quando a água entrasse em contato com a superfície, você seria esmagado até a morte — a onda de choque criaria, por um período curto, pressões que excederiam as que se encontra no fundo da Fossa das Marianas.

A água bate contra o chão, mas o leito rochoso não cede. A pressão força a água a ir para os lados, criando um jato omnidirecional supersônico[1] que destrói tudo por onde passa.

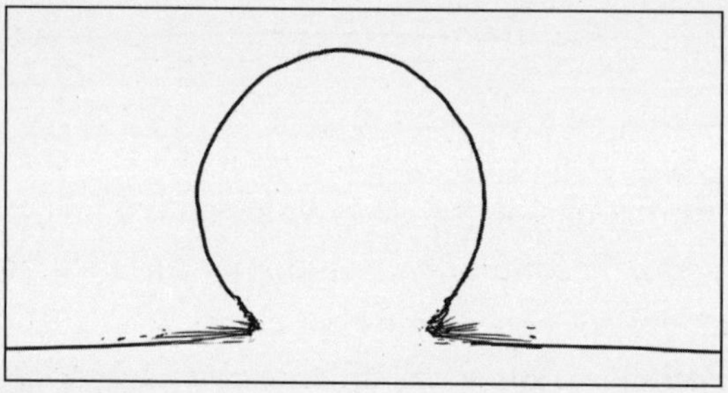

A murada de água se expande externamente quilômetro a quilômetro, arrancando árvores, casas e solo com sua passagem. Em um instante, casa, varanda e velhões são extintos. Tudo num raio de alguns quilômetros é totalmente devastado, sobrando só uma piscina de lama sobre o leito rochoso. A onda continua a expandir, demolindo todas as estruturas num espaço de 20 a 30 km. A essa distância, áreas amparadas por montanhas ou cordilheiras são protegidas, e a enchente começa a fluir por vales e caminhos de água naturais.

A região como um todo está livre do perigo dos efeitos da tempestade, mas áreas a centenas de quilômetros rio abaixo passam por enchentes-relâmpago horas depois do impacto.

A notícia sobre o desastre inexplicável começa a se espalhar mundo afora. Choque e consternação geral. Durante certo período, toda nuvem no céu provoca pânico. O medo ganha supremacia enquanto o mundo teme a superchuva, mas os anos passam sem sinal de que o desastre se repita.

Por muito tempo, cientistas que pesquisam a atmosfera tentam entender o que aconteceu, mas nenhum esclarecimento dá conta. Eles acabam desistindo, e o fenômeno meteorológico inexplicado fica simplesmente batizado de "agotalipse".

1 O trio de palavras mais legal que eu já vi.

CHUTAR NO VESTIBULAR

P. E se todo mundo que fizesse o SAT chutasse em todas as perguntas de múltipla escolha? Haveria quantos resultados 100%?

— Rob Balder

R. NENHUM.

O SAT é uma prova padronizada pela qual passam os alunos de Ensino Médio dos Estados Unidos. A pontuação se dá de tal forma que, sob algumas circunstâncias, chutar a resposta seria uma boa estratégia. Mas e se você chutasse *tudo*?

Nem todo o SAT é de múltipla escolha, por isso vamos facilitar focando só nesse tipo de pergunta. Suponha que todo mundo acertou as questões de redação e de preencher os números.

No SAT de 2014, havia 44 questões de múltipla escolha na seção (quantitativa) de matemática, 67 na seção (qualitativa) de leitura crítica, e 47 na moderníssima[1] seção de escrita. Cada pergunta teria cinco opções, por isso um chute tem 20% de chance de acertar.

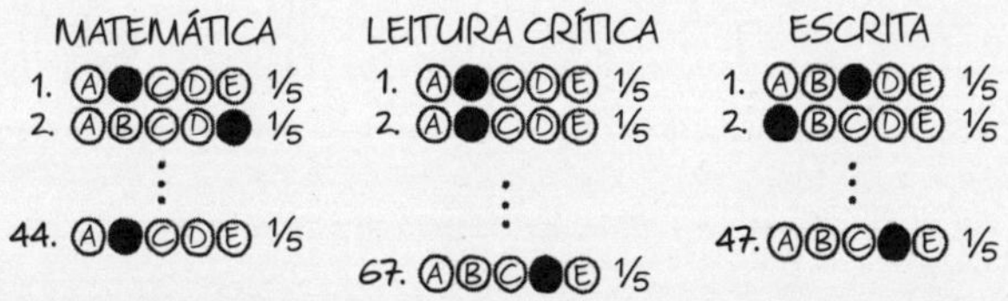

[1] Faz tempo que eu fiz o SAT, tá bom?

A probabilidade de acertar todas as 158 questões é:

$$\frac{1}{5^{44}} \times \frac{1}{5^{67}} \times \frac{1}{5^{47}} \approx \frac{1}{2{,}7 \times 10^{110}}$$

Ou seja, uma em 27 octodecilhões.

Se todos os 4 milhões de norte-americanos de dezessete anos fizessem o SAT, e todos eles chutassem ao acaso, é praticamente certo que não haveria nota gabaritada em nenhuma das três partes.

De onde vem essa certeza? Bom, se mandassem um computador fazer a prova 1 milhão de vezes por dia, e ele continuasse fazendo todo dia durante 5 bilhões de anos — até o Sol virar um gigante vermelho e a Terra ser tostada e virar cinzas —, a chance de chegar ao gabarito só na parte de matemática seria de aproximadamente 0,0001%.

Para ter noção da improbabilidade, a cada ano uns quinhentos norte-americanos são atingidos por raios (com base numa média de 45 mortes por raios e uma taxa de 9% a 10% de mortalidade). A partir daí tem-se que as chances de um norte-americano ser atingido em um ano qualquer é de aproximadamente uma em 700 mil.[2]

Ou seja, a chance de você gabaritar a prova chutando é pior do que as chances de todos os ex-presidentes dos Estados Unidos vivos e cada integrante do elenco principal de *Firefly* serem atingidos por raios, um independente do outro... no mesmo dia.

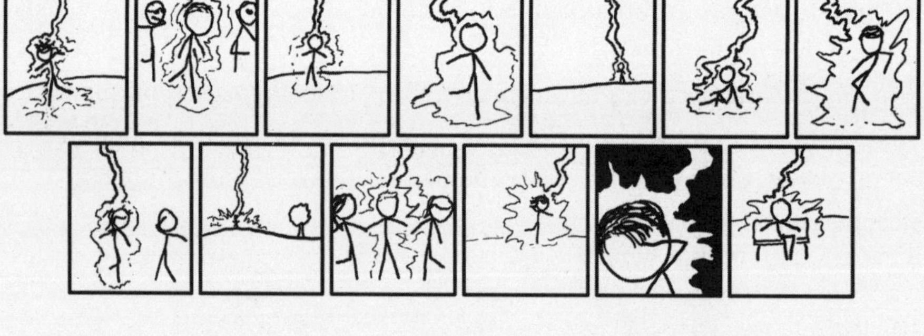

A todos que vão prestar o SAT este ano, boa sorte — mas a sorte não vai bastar.

2 Ver: "Conditional Risk" (Risco Condicional), disponível em: <http://xkcd.com/795/>.

BALA DE NÊUTRONS

P. Se uma bala com a densidade de uma estrela de nêutrons fosse disparada de uma pistola (ignoremos como) contra a superfície da Terra, o planeta seria destruído?

— **Charlotte Ainsworth**

R. UMA BALA COM A DENSIDADE de uma estrela de nêutrons pesaria quase tanto quanto o Empire State Building.

Disparada ou não de uma arma, a bala cairia reto no chão, atravessando a crosta terrestre como se a rocha fosse um lencinho de papel.

Vejamos duas questões distintas:

- como a travessia da bala afetaria a Terra?;
- se mantivéssemos a bala aqui na superfície, o que ela faria com as coisas ao redor? Poderíamos tocar nela?

Primeiro, um pouquinho de contexto.

O que são estrelas de nêutrons?

Uma estrela de nêutrons é o que sobra depois que uma estrela gigante entra em colapso devido a sua própria gravidade.

As estrelas existem em equilíbrio. Sua imensa gravidade sempre tenta causar um colapso interno nelas, mas a compressão ativa várias forças que tentam expandi-las.

No Sol, o que protela o colapso é o calor que vem da fusão nuclear. Quando uma estrela fica sem combustível para fusão, ela se contrai (um processo complicado que envolve um monte de explosões) até que o colapso é detido pelas leis quânticas que impedem que matéria sobreponha-se a outra matéria.[1]

Se a estrela tiver peso suficiente, ela supera a pressão quântica e entra em mais colapso (com outra e imensa explosão) até se tornar uma estrela de nêutrons. Se o que restar for ainda mais pesado, ela vira um buraco negro.[2]

Estrelas de nêutrons estão entre os objetos mais densos que se pode encontrar (fora a densidade infinita de um buraco negro). Elas são esmagadas pela própria gravidade descomunal até formar uma sopa compacta de mecânica quântica de certa forma parecida com o núcleo atômico do tamanho de uma montanha.

A nossa bala é feita de uma estrela de nêutrons?

Não. A Charlotte pediu uma bala *tão densa quanto* uma estrela de nêutrons, e não que seja feita de uma estrela de nêutrons. Isso é bom, porque não é possível fazer uma bala com esse troço. Se você pegar uma estrela de nêutrons como matéria-prima fora do poço gravitacional esmagador onde é normalmente encontrada, ela vai se reexpandir até virar matéria comum superaquecida com uma efusão de energia mais potente que qualquer arma nuclear.

Deve ter sido por isso que a Charlotte sugeriu que construíssemos nossa bala com um material mágico e estável *tão denso quanto* uma estrela de nêutrons.

O que a bala provocaria na Terra?

Você poderia imaginar dispará-la de uma arma,[3] mas talvez seja mais interessante simplesmente soltar a bala. Seja como for, ela teria uma aceleração descendente, perfuraria o chão e cavaria até o centro da Terra.

Não destruiria o planeta, mas seria um troço bem estranho.

Assim que a bala entrasse alguns metros no chão, a força da sua gravidade

---

1 O princípio da exclusão de Pauli impede que elétrons fiquem muito próximos. Esse efeito é um dos principais motivos pelos quais seu computador de colo não passa pelo seu colo.

2 É possível que exista uma categoria de objetos mais pesados que estrelas de nêutrons — mas não pesados o bastante para virarem buracos negros — chamados “estrelas estranhas”.

3 Uma arma mágica e inquebrável que você conseguisse segurar sem que ela lhe arrancasse o braço. Não se preocupe, isso vem depois!

arrancaria um grande naco de terra, que iria ondular loucamente em torno da bala durante sua descida, soltando borrifos para todos os lados. Enquanto ela fosse entrando, você sentiria o chão tremer e ficaria uma cratera desordenada e rachada sem buraco de entrada.

A bala cairia direto pela crosta terrestre. À superfície, a vibração cessaria rapidamente. Lá embaixo, porém, a bala começaria a esmigalhar e vaporizar o manto à sua frente conforme fosse caindo. Ela destruiria a matéria pelo caminho com ondas de choque potentes, deixando uma trilha de plasma superaquecido para trás. Seria algo nunca visto na história do universo: uma estrela cadente subterrânea.

Uma hora a bala entraria em repouso, alojada no núcleo de níquel e ferro no centro da Terra. A energia transmitida seria descomunal para a escala humana, mas o planeta mal ia notar. A gravidade da bala só afetaria as rochas a algumas dezenas de metros de distância; embora seja pesada o bastante para cair atravessando a crosta, sua gravidade por si só não seria suficiente para esmagar a rocha.

O buraco se fecharia, deixando a bala perpetuamente fora do alcance de qualquer pessoa.[4] Uma hora a Terra seria devorada pelo Sol envelhecido e dilatado, e a bala chegaria a seu repouso final no núcleo do astro rei.

O Sol não é denso o bastante para se tornar sozinho uma estrela de nêutrons. Depois de engolir a Terra, ele vai passar por algumas fases de expansão e colapso, e uma hora vai se acalmar, deixando para trás uma pequena estrela anã branca com a bala ainda alojada no cerne. Em algum ponto distante do futuro — quando o universo for mil vezes mais antigo do que já é —, essa anã branca vai esfriar e virar negra.

4 ... a não ser que Kyp Durron use a Força para trazê-la de volta.

Isso responde à pergunta do que aconteceria se a bala fosse disparada Terra adentro. Mas o que aconteceria próximo à superfície?

Ponha a bala sobre um pedestal bem resistente

Primeiro, precisamos de um pedestal mágico infinitamente forte onde pôr a bala, que precisaria ficar sobre uma plataforma igualmente forte e ampla o bastante para distribuir o peso. De outra forma, a coisa toda iria afundar no chão.

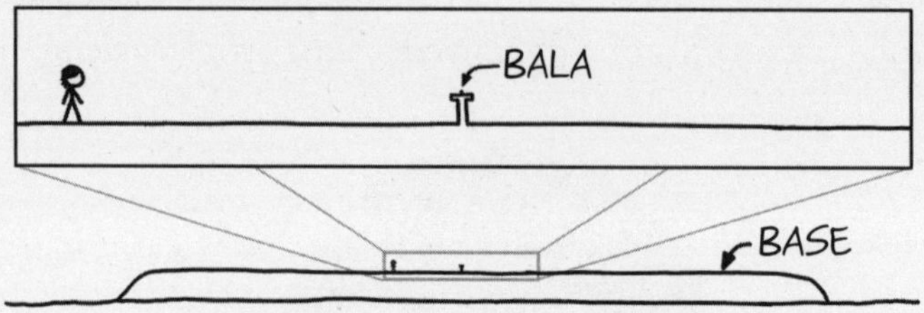

Uma base mais ou menos do tamanho de um quarteirão seria forte o suficiente para mantê-la acima do solo pelo menos durante alguns dias, provavelmente bem mais. Afinal de contas, o Empire State Building — que pesa quase tanto quanto nossa bala — fica sobre uma plataforma parecida e não tem só alguns dias de idade[*falta referência*] e não sumiu chão adentro.[*falta referência*]

A bala não iria sugar toda a atmosfera. É certo que ela iria comprimir o ar ao seu redor e aquecê-lo um pouquinho, mas, o que é incrível, nada que daria para notar.

Posso tocar?

Vamos imaginar o que aconteceria se você tentasse tocar na bala.

A gravidade dessa coisa é *bem* forte. Mas não *tão* forte.

Imagine que você está a 10 m da bala. Dessa distância, você sente um puxão no sentido do pedestal. Seu cérebro — que não é acostumado a gravidades não uniformes — acha que você está em pé num leve declive.

Não use patins.

Esse declive, na percepção, fica mais íngreme à medida que você se aproxima do pedestal, como se o chão estivesse se inclinando.

Quando você chega a poucos metros, fica bem difícil não escorregar. Contudo, se você conseguir se agarrar bem em alguma coisa — uma alça ou um poste —, dá para chegar bem perto.

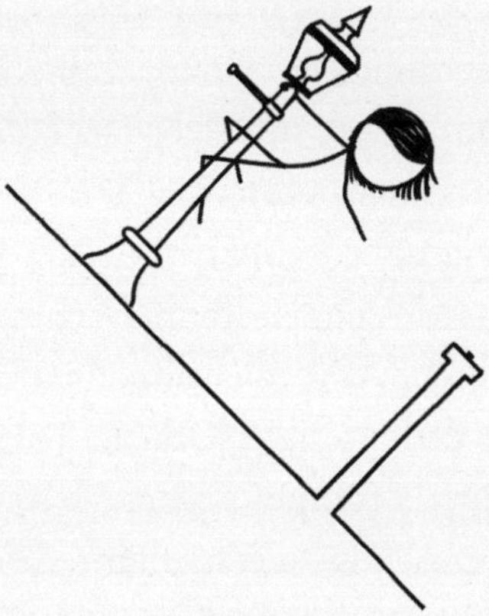

Os físicos de Los Alamos talvez chamem isso de "cócegas no rabo do dragão".

Mas eu quero tocar!

Para chegar perto o bastante para tocar na bala, você precisaria se prender *muito bem* em alguma coisa. É sério, precisaria de uma armadura de suporte no corpo inteiro, no mínimo um colar cervical; se chegar ao alcance da bala, sua cabeça vai pesar quase tanto quanto uma criança pequena, e seu sangue não vai saber para onde fluir. Contudo, se você é piloto de combate acostumado a forças extras da gravidade, quem sabe dê conta.

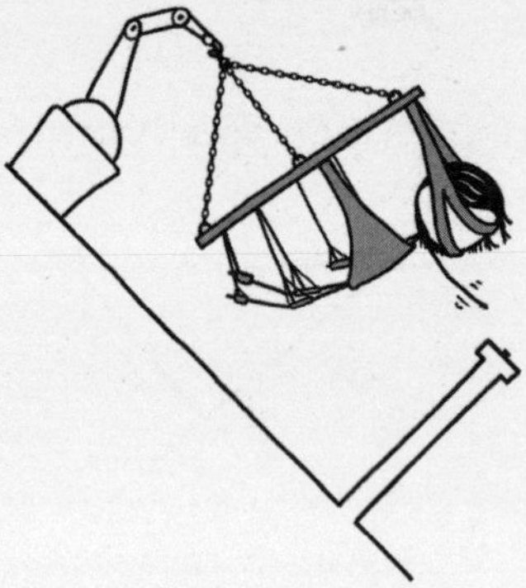

Desse ângulo, seu sangue está correndo para sua cabeça, mas você ainda conseguiria respirar.

Quando você estica o braço, a atração fica *muito* mais forte; dos 20 cm não tem regresso — assim que seus dedinhos cruzarem a linha, seu braço ficará pesado demais para voltar. (Se fizer um monte de flexões na barra só com uma mão, talvez consiga chegar um pouquinho mais perto.)

Assim que você fica a alguns centímetros dela, a força nos seus dedos é tão esmagadora que eles são puxados para a frente — com ou sem você — e as pontas dos dedos realmente tocam na bala (provavelmente deslocando dedos e ombro).

Quando a ponta de seu dedo de fato tocar na bala, a pressão nas pontas fica tão forte que o sangue começa a romper a pele.

Em *Firefly,* River Tam fez o famoso comentário de que "o corpo humano pode ter o sangue inteiro drenado em 8,6 segundos, com um sistema adequado de sucção".

Ao tocar na bala, você acaba de criar um sistema adequado de sucção.

Seu corpo está preso à armadura e seu braço continua preso ao seu corpo — a pele é incrivelmente resistente —, mas o sangue escoa da ponta do seu dedo mais rápido do que é normalmente possível. Os "8,6 segundos" da River podem ser uma estimativa baixa.

E aí as coisas ficam bizarras.

O sangue envolve a bala, formando uma esfera vermelho-escura crescente cuja superfície zumbe e vibra com ondulações que andam rápido demais para o olho perceber.

Mas não é só isso

Tem uma coisa que, nesse momento, vira muito importante:

Você *flutua* sobre sangue.

Com o crescimento da esfera de sangue, a força no seu ombro fica menor... pois as partes das pontas dos seus dedos sob a superfície do sangue são flutuantes! Ele é mais denso que a carne, e metade do peso do seu braço vinha das duas últimas juntas dos seus dedos. Quando o sangue fica a alguns centímetros de profundidade, a carga fica consideravelmente mais leve.

Se pudesse esperar para a esfera de sangue ficar 20 cm mais funda — e se seu ombro ficasse intacto —, talvez desse até para você puxar seu braço de volta.

Problema: isso exigiria cinco vezes mais sangue do que você tem no corpo.

Parece que você não vai dar conta.

Vamos voltar no tempo.

Como tocar uma bala de nêutrons: sal, água e vodca

Dá para você tocar na bala e sair vivo... mas é preciso envolvê-la em água.

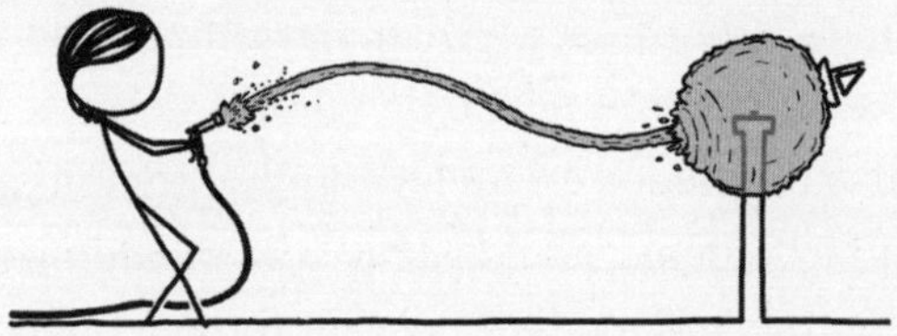

POR FAVOR, tente isso em casa e mande os vídeos pra mim.

Se quiser dar uma de espertinho, você pode suspender a ponta da mangueira na água e deixar que a gravidade da bala faça a força de sifão.

Para tocá-la, derrame água no pedestal até ele ficar a 1 ou 2 m de profundidade na lateral da bala. Ele vai fazer uma forma parecida com esta:

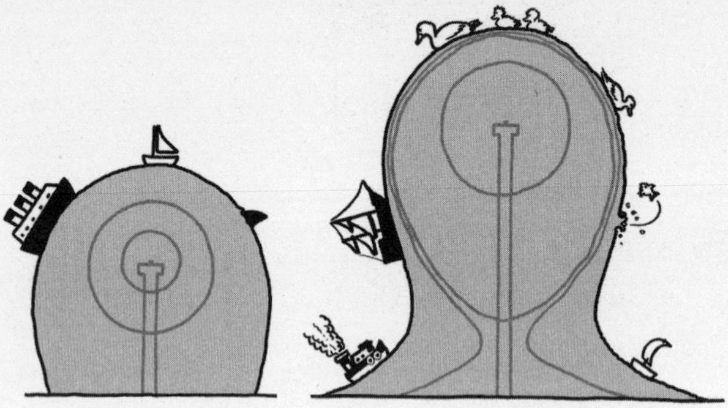

Se esses navios afundarem, não tente resgatá-los.

Agora, enfie a cabeça e o braço.

Graças à água, você consegue abanar a mão em volta da bala sem nenhuma dificuldade! Ela está atraindo você, mas atrai a água tão forte quanto. A água (assim como a carne) é virtualmente incompressível, mesmo nessas pressões, por isso nada de crítico é esmagado.[5]

Todavia, talvez você não consiga tocar na bala. Quando seus dedos ficarem a alguns poucos milímetros, a gravidade potente significa que a flutuabilidade tem um papel enorme. Se sua mão for um pouquinho menos densa que a água, ela não vai conseguir penetrar no último milímetro. Se for um pouquinho mais densa, ela será sugada.

É aí que entram o sal e a vodca. Se você sentir que a bala está puxando as pontas de seus dedos quando puser a mão, quer dizer que seus dedos não são flutuantes o bastante. Misture um pouco de sal para deixar a água mais densa. Se perceber que as pontas dos dedos estão deslizando sobre uma superfície invisível à ponta da bala, diminua a densidade da água adicionando vodca.

Se conseguir equilibrar tudo, talvez consiga tocar na bala e viver para contar a história.

Talvez.

5 Quando você puxar seu braço para fora, tenha cuidado com os sintomas da doença de descompressão, por causa das bolhas de nitrogênio nas veias da sua mão.

Plano alternativo

Achou arriscado demais? Sem problema. Esse plano todo — com bala, água, sal e vodca — também faz as vezes de instruções do drinque mais difícil da história das bebidas: o *Estrela de Nêutrons.*

Então é só pegar um canudinho e tomar um gole.

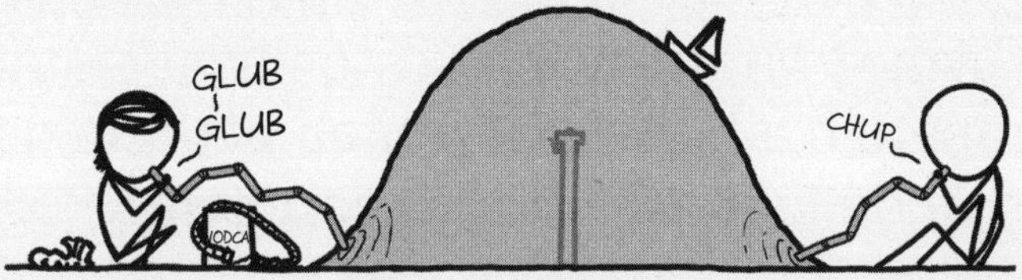

... E lembre-se: se alguém soltar uma cereja no seu Estrela de Nêutrons, e ela afundar totalmente, não tente pescar. A cereja se foi.

PERGUNTAS BIZARRAS (E PREOCUPANTES) QUE CHEGAM AO *E SE?* — Nº 12

P. E se eu engolisse um carrapato com doença de Lyme? Minha acidez estomacal mataria o carrapato e a borreliose, ou eu pegaria doença de Lyme de dentro para fora?

— Christopher Vogel

SÓ POR SEGURANÇA, SERIA MELHOR VOCÊ ENGOLIR UMA COISA QUE MATASSE O CARRAPATO, TIPO A *SOLENOPSIS GEMINATA* (A FORMIGA DO FOGO TROPICAL).
DEPOIS, ENGULA UMA MOSCA *PSEUDACTEON CURVATUS* PARA MATAR A FORMIGA.
DEPOIS, ENCONTRE UMA ARANHA...

P. Supondo uma frequência relativamente uniforme e ressonante num avião comercial, quantos gatos miando numa frequência ressonante com a mesma aeronave seriam necessários para "derrubá-la"?

— Brittany

ALÔ, É DA POLÍCIA?
TEM UMA "BRITTANY" NA LISTA DAS PESSOAS QUE NÃO PODEM ENTRAR EM AVIÃO?
... ISSO, A DOS GATOS. ACHO QUE É ESSA.
O.K., SÓ PRA SABER SE VOCÊS TAVAM SABENDO.

QUINZE NA ESCALA DE RICHTER

P. E se um terremoto de magnitude 15 na escala de Richter atingisse os Estados Unidos e, digamos, Nova York? E 20 na escala de Richter? E 25?

— Alec Farid

R. A ESCALA DE RICHTER, que tecnicamente foi substituída pela escala de "magnitude de momento",[1] mede a energia que é liberada num terremoto. É uma escala sem limite, mas como normalmente ouvimos falar de terremotos com classificações de 3 a 9, muita gente deve achar que 10 é o máximo e 1 é o mínimo.

Na verdade, 10 *não é* o máximo da escala, mas até que podia ser. Um terremoto de magnitude 9 já altera de forma mensurável a rotação da Terra; os dois terremotos de magnitude 9+ deste século modificaram a duração do dia em uma minúscula fração de segundo.

Um terremoto de magnitude 15 seria a liberação de quase 10^{32} joules de energia,

1 A escala-F (escala Fujita) foi substituída de forma similar pela escala-EF (*Enhanced Fujita*, ou "Fujita melhorada"). Às vezes, uma escala vira obsoleta porque é horrível — por exemplo, "kip" (1000 libras-forças), "kcfs" (milhares de pés cúbicos por segundo), e "graus Rankine" (graus de Fahrenheit acima do zero absoluto). (Já tive que ler artigos científicos que usavam todas essas unidades.) E, às vezes, você fica com a sensação de que os cientistas só querem inventar alguma coisa para corrigir os outros.

que é quase a energia de ligação gravitacional da Terra. Para dizer de outra forma, a Estrela da Morte provocou um terremoto de magnitude 15 em Alderaan.

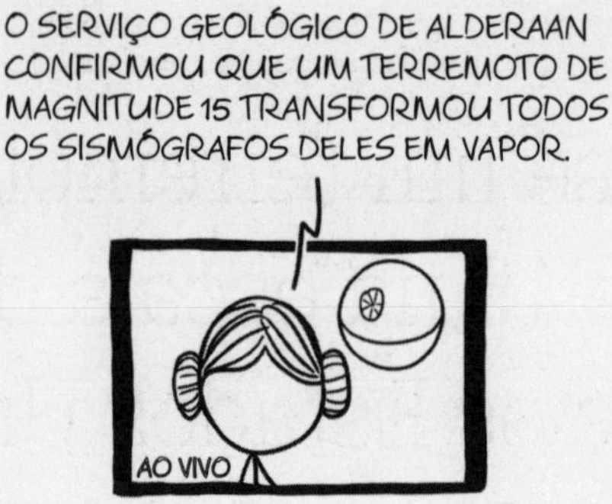

Teoricamente é possível haver um terremoto mais potente na Terra, mas na prática isso só significa que a nuvem de destroços seria mais quente.

O Sol, com sua energia de ligação gravitacional mais forte, poderia ter um terremoto de magnitude 20 (embora certamente viesse a provocar algum tipo de nova catastrófica). Os terremotos mais potentes no universo conhecido, que acontecem no material de uma estrela de nêutrons superpesada, são mais ou menos dessa magnitude. Essa seria aproximadamente a energia liberada se você enfiasse o volume inteiro da Terra em bombas de hidrogênio e detonasse todas ao mesmo tempo.

Passamos muito tempo falando de coisas que são grandes e violentas. Mas e do *outro* lado da escala? Existe um terremoto de magnitude 0?

Existe! Aliás, a escala desce até *passar* do zero. Vamos conferir uns "terremotos" de baixa magnitude, descrevendo o que aconteceria se eles atingissem a sua casa.

Magnitude 0
Um time de futebol americano correndo a todo gás contra a lateral da garagem do seu vizinho.

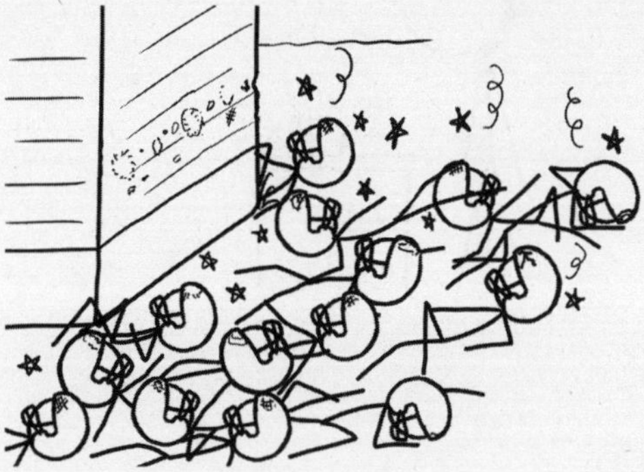

Magnitude –1
Um único jogador de futebol americano correndo até bater numa árvore no seu quintal.

Magnitude –2
Um gato que cai de uma mesinha de cabeceira.

Magnitude –3

Um gato derrubando seu celular da mesinha de cabeceira.

Magnitude –4

Uma moedinha caindo de cima de um cachorro.

Magnitude –5

Uma tecla pressionada num teclado IBM modelo M.

Magnitude –6

Pressionar uma tecla num teclado leve.

Magnitude –7

Uma única pena que cai no chão.

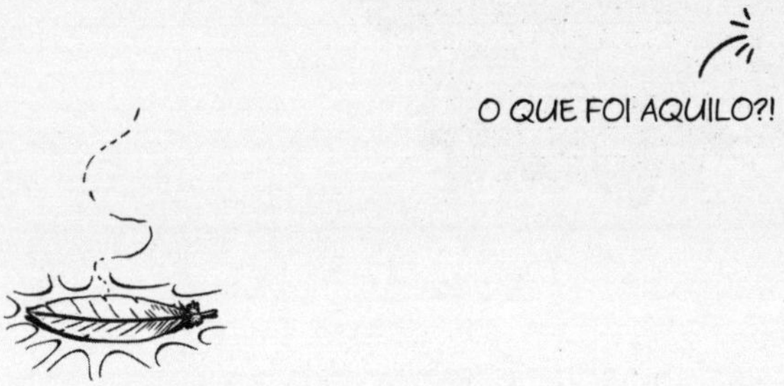

Magnitude –8

Um grão de areia fina caindo sobre a pilha na parte de baixo de uma miniampulheta.

… e vamos pular lá para o…

Magnitude –15

Uma particulazinha de pó que cai sobre uma mesa.

Às vezes é legal *não* destruir o mundo, só para variar.

AGRADECIMENTOS

Um monte de gente ajudou a fazer o livro que você está vendo.

Agradecimentos à minha editora, Courtney Young, por ser leitora do xkcd desde o começo e por acompanhar este livro até o final. Obrigado a todas as pessoas sensacionais da HMH que fizeram tudo dar certo. Obrigado a Seth Fishman e ao pessoal da Gernert pela paciência e pela infatigabilidade.

Obrigado à Christina Gleason por fazer o livro parecer livro, mesmo que tenha tido que decifrar meus rabiscos sobre asteroides às três da manhã. Obrigado a todos os especialistas que me ajudaram nas respostas, incluindo Reuven Lazarus e Ellen McManis (radiação), Alice Kaanta (genes), Derek Lowe (substâncias químicas), Nicole Gugliucci (telescópios), Ian Mackay (vírus) e Sarah Gillespie (balas). Muito obrigado a Davean, que fez tudo acontecer — mas detesta chamar atenção e provavelmente vai reclamar que seu nome apareceu aqui.

Obrigado ao povo do IRC pelos comentários e pelas correções, e a Finn, Ellen, Ada e Ricky por peneirar a enchente de perguntas enviadas, filtrando as que tratavam do Goku. Obrigado ao Goku por ser um personagem de animê com força aparentemente infinita, o que provoca centenas de perguntas do *E se?*, muito embora eu tenha me recusado a assistir *Dragon Ball Z* para respondê-las.

Obrigado à minha família por me ensinar a responder perguntas absurdas, depois de tantos anos de paciência respondendo as minhas. Obrigado ao meu pai por me ensinar medidas e à minha mãe por me ensinar padrões. E obrigado à minha esposa por me ensinar a ser durão, me ensinar a ter coragem e me ensinar tudo sobre os pássaros.

REFERÊNCIAS

VENDAVAL GLOBAL

MERLIS, Timothy M.; SCHNEIDER, T. "Atmospheric dynamics of Earth-like tidally locked aquaplanets". *Journal of Advances in Modeling Earth Systems* 2, dez. 2010; DOI:10.3894/JAMES.2010.2.13.

"WHAT Happens Underwater During a Hurricane?". Disponível em: <www.rsmas.miami.edu/blog/2012/10/22/what-happens-underwater-during-a-hurricane>.

PISCINA DE COMBUSTÍVEL NUCLEAR

"BEHAVIOR of spent nuclear fuel in water pool storage". Disponível em: <www.osti.gov/energycitations/servlets/purl/7284014-xaMii9/7284014.pdf>.

"UNPLANNED Exposure During Diving in the Spent Fuel Pool". Disponível em: <www.isoe-network.net/index.php/publications-mainmenu-88/isoe-news/doc_download/1756-ritter2011ppt.html>.

CANETAS LASER

GOOD. "Mapping the World's Population by Latitude, Longitude". Disponível em: <www.good.is/posts/mapping-the-world-s-population-by-latitude-longitude>.

WICKED LASERS. Disponível em: <www.wickedlasers.com/arctic>.

MURETA PERIÓDICA

TABELA 3, p. 9 (p. 15 na publicação, p. 15 do pdf). Disponível em: <www.epa.gov/opptintr/aegl/pubs/arsenictrioxide_p01_tsddelete.pdf>.

TODO MUNDO PULANDO

DOT PHYSICS. "What if everyone jumped?". Disponível em: <scienceblogs.com/dotphysics/2010/08/26/what-if-everyone-jumped/>.

THE STRAIGHT DOPE. "If everyone in China jumped off chairs at once, would the earth be thrown out of its orbit?". Disponível em: <www.straightdope.com/columns/read/142/if-all-chinese-jumped-at-once-would-cataclysm-result>.

UM MOL DE TOUPEIRAS

BAD ASTRONOMY. "How many habitable planets are there in the galaxy?". In: *Discover*. Disponível em: <blogs.discovermagazine.com/badastronomy/2010/10/29/how-many-habitable-planets-are-there-in-the-galaxy>.

SECADOR DE CABELO

"DETERMINATION of Skin Burn Temperature Limits for Insulative Coatings Used for Personnel Protection". Disponível em: <www.mascoat.com/assets/files/Insulative_Coating_Evaluation_NACE.pdf>.

"THE NUCLEAR Potato Cannon Part 2". Disponível em: <nfttu.blogspot.com/2006/01/nuclear-potato-cannon-part-2.html>.

A ÚLTIMA LUZ HUMANA

"GEOTHERMAL Binary Plant Operation And Maintenance Systems With Svartsengi Power Plant As A Case Study". Disponível em: <www.os.is/gogn/unu-gtp-report/UNU-GTP-2002-15.pdf>.

MCCOMAS, D. J. et al. "A new class of long-term stable lunar resonance orbits: Space weather applications and the Interstellar Boundary Explorer". *Space Weather*, n. 9, S11002, DOI: 10.1029/2011SW000704, 2011.

SWIFT, G. M. et al. "In-flight annealing of displacement damage in GaAs LEDs: a Galileo story". *IEEE Transactions on Nuclear Science*, v. 50, n. 6, 2003.

"WIND Turbine Lubrication and Maintenance: Protecting Investments in Renewable Energy". Disponível em: <www.renewableenergyworld.com/rea/news/article/2013/05/wind-turbine-lubrication-and-maintenance-protecting-investments-in-renewable-energy>.

METRALHADORA JETPACK

"LECTURE L14 — Variable Mass Systems: The Rocket Equation". Disponível em: <ocw.mit.edu/courses/aeronautics-and-astronautics/16-07-dynamics-fall-2009/lecture-notes/MIT16_07F09_Lec14.pdf>.

"[2.4] ATTACK Flogger in Service". Disponível em: <www.airvectors.net/avmig23_2.html#m4>.

ASCENSÃO CONSTANTE

NATIONAL Weather Service. "Wind Chill Temperature Index". Disponível em: <www.nws.noaa.gov/om/windchill/images/wind-chill-brochure.pdf>.

OTIS. "About Elevators". Disponível em: <www.otisworldwide.com/pdf/AboutElevators.pdf>.

PENDLETON, L. D. "When Humans Fly High: What Pilots Should Know About High-Altitude Physiology, Hypoxia, and Rapid Decompression". Disponível em: <www.avweb.com/news/aeromed/181893-1.html>.

"PREDICTION of Survival Time in Cold Air" — ver tabelas correspondentes na p. 24. Disponível em: <cradpdf.drdc-rddc.gc.ca/PDFS/zba6/p144967.pdf>.

SEÇÃO DE RESPOSTAS RÁPIDAS

"CURRENCY in Circulation: Volume". Disponível em: <www.federalreserve.gov/paymentsystems/coin_currcircvolume.htm>.

NASA. "Stagnation Temperature". Disponível em: <www.grc.nasa.gov/WWW/BGH/stagtmp.html>.

NOAA. "Subject: C5c) Why don't we try to destroy tropical cyclones by nuking them?". Disponível em: <www.aoml.noaa.gov/hrd/tcfaq/C5c.html>.

RAIOS

"COMPUTATION of the diameter of a lightning return stroke". In: *JGR*. Disponível em: <onlinelibrary.wiley.com/doi/10.1029/JB073i006p01889/abstract>.

"LIGHTNING Captured @ 7,207 Fps". Disponível em: <www.youtube.com/watch?v=BxQt8ivUGWQ>.

"LIGHTNING: Expert Q&A". In: Nova. Disponível em: <www.pbs.org/wgbh/nova/earth/dwyer-lightning.html>.

COMPUTADOR HUMANO

"MOORE's Law at 40". Disponível em: <www.ece.ucsb.edu/~strukov/ece15bSpring2011/others/MooresLawat40.pdf>.

PLANETINHAS

PARA ver outra abordagem de *O pequeno príncipe*, vá até a última parte deste belíssimo texto de Mallory Ortberg: <the-toast.net/2013/08/02/texts-from-peter-pan-et-al/>.

RUGESCU R. D.; MORTARI, D. "Ultra Long Orbital Tethers Behave Highly Non-Keplerian and Unstable". *WSEAS Transactions on Mathematics*, v. 7, n. 3, pp. 87-94, mar. 2008. Disponível em: <www.academia.edu/3453325/Ultra_Long_Orbital_Tethers_Behave_Highly_Non-Keplerian_and_Unstable>.

BIFE À QUEDA LIVRE

"BACK in the Saddle". Disponível em: <www.ejectionsite.com/insaddle/insaddle.htm>.

"CALCULATION Of Reentry-Vehicle Temperature History". Disponível em: <www.dtic.mil/dtic/tr/fulltext/u2/a231552.pdf>.

"FALLING Faster than the Speed of Sound". Disponível em: <blog.wolfram.com/2012/10/24/falling-faster-than-the-speed-of-sound>.

"HOW to Cook Pittsburgh-Style Steaks". Disponível em: <www.livestrong.com/article/436635-how-to-cook-pittsburgh-style-steaks>.

"STAGNATION Temperature: Real Gas Effects". Disponível em: <www.grc.nasa.gov/WWW/BGH/stagtmp.html>.

"PREDICTIONS of Aerodynamic Heating on Tactical Missile Domes". Disponível em: <www.dtic.mil/cgi-bin/GetTRDoc?AD=ADA073217>.

DISCO DE HÓQUEI

"HOCKEY Video: Goalies, Hits, Goals, and Fights". Disponível em: <www.youtube.com/watch?v=fWj6--Cf9QA>.

"KHL's Alexander Ryazantsev sets new 'world record' for hardest shot at 114 mph". Disponível em: <sports.yahoo.com/blogs/nhl-puck-daddy/khl-alexander-ryazantsev-sets-world-record--hardest-shot-174131642.html>.

SUPERCONDUCTING Magnets for Maglifter Launch Assist Sleds". Disponível em: <www.psfc.mit.edu/~radovinsky/papers/32.pdf>.

"TWO-STAGE Light Gas Guns". Disponível em: <www.nasa.gov/centers/wstf/laboratories/hypervelocity/gasguns.html>.

RESFRIADO COMUM

KAISER, L. et al. "Chronic Rhinoviral Infection in Lung Transplant Recipients". *American Journal of Respiratory and Critical Care Medicine*, v. 174, pp. 1392-9, 2006, 10.1164/rccm.200604-489OC.

OLIVER, B. G. G. et al. "Rhinovirus Exposure Impairs Immune Responses To Bacterial Products In Human Alveolar Macrophages". *Thorax*, v. 63, n. 6, pp. 519-25, 2008.

STRIDE, P. "The St Kilda boat cough under the microscope". *The Journal*. Royal College of Physicians of Edinburgh, n. 38, pp. 272-9, 2008.

O COPO MEIO VAZIO

"SHATTER beer bottles: Bare-handed bottle smash". Disponível em: <www.youtube.com/watch?v=77gWkloZUC8>.

ASTRÔNOMOS ALIENÍGENAS

"THE EARTH as a Distant Planet: A Rosetta Stone for the Search of Earth-Like Worlds". Disponível em: <www.worldcat.org/title/earth-as-a-distant-planet-a-rosetta-stone-for-the-search-of-earth-like-worlds/oclc/643269627>.

"EAVESDROPPING on Radio Broadcasts from Galactic Civilizations with Upcoming Observatories for Redshifted 21cm Radiation". Disponível em: <arxiv.org/pdf/astro--ph/0610377v2.pdf>.

"A FAILURE of Serendipity: the Square Kilometre Array will struggle to eavesdrop on Human-like ETI". Disponível em: <http://arxiv.org/PS_cache/arxiv/pdf/1007/1007.0850v1.pdf>.

GEMINI PLANET IMAGER. Disponível em: <planetimager.org/>.

O GUIA do Mochileiro das Galáxias. Disponível em: <www.goodreads.com/book/show/11.The_Hitchhiker_s_Guide_to_the_Galaxy>.

"SETI on the SKA". Disponível em: <www.astrobio.net/exclusive/4847/seti-on-the-ska>.

SEM DNA

"AMATOXIN: A review". Disponível em: <http://omicsgroup.org/journals/2165-7548/2165-7548-2-110.php?aid=5258>.

ENJALBERT, F. et al. "Treatment Of Amatoxin Poisoning: 20-Year Retrospective Analysis". *Clinical Toxicology*, v. 40, n. 6, pp. 715--57, 2002. Disponível em: <http://toxicology.ws/LLSAArticles/Treatment%20of%20Amatoxin%20Poisoning-20%20year%20retrospective%20analysis%20(J%20Toxicol%20Clin%20Toxicol%202002).pdf>.

ESHELMAN, R. "I nearly died after eating wild mushrooms", *The Guardian*, 13 nov. 2010. Disponível em: <http://

www.theguardian.com/lifeandstyle/2010/nov/13/nearly-died-eating-wild-mushrooms>.

CESSNA INTERPLANETÁRIO

"ARES — Aerial Regional-scale Environmental Survey of Mars". Disponível em: <marsairplane.larc.nasa.gov/>.

"THE MARTIAN Chronicles". Disponível em: <www.x-plane.com/adventures/mars.html>.

"NEW images from Titan". Disponível em: <www.esa.int/Our_Activities/Space_Science/Cassini-Huygens/New_images_from_Titan>.

"PANORAMIC Views and Landscape Mosaics of Titan Stitched from Huygens Raw Images". Disponível em: <www.beugungsbild.de/huygens/huygens.html>.

YODA

"BEAST" The 15Kw 7' tall DR (DRSSTC 5). Disponível em: <www.goodchildengineering.com/tesla-coils/drsstc-5-10kw-monster>.

"'BEETHOVEN Virus' — Musical Tesla Coils". Disponível em: <www.youtube.com/watch?v=uNJjnz-GdlE>.

SATURDAY Morning Breakfast Cereal. Disponível em: <www.smbc-comics.com/index.php?db=comics&id=2305#comic>.

CAIR COM HÉLIO

HAVEN, H. de. "Mechanical analysis of survival in falls from heights of fifty to one hundred and fifty feet." *Injury Prevention*, v. 6, n. 1, pp. 62-8. Disponível em: <http://injuryprevention.bmj.com/content/6/1/62.3.long>.

"ARMCHAIR Airman Says Flight Fulfilled His Lifelong Dream". *The New York Times*, 4 jul. 1982. Disponível em: <www.nytimes.com/1982/07/04/us/armchair-airman-says-flight--fulfilled-his-lifelong-dream.html?pagewanted=all>.

MARTINEZ, J. "Falling Faster than the Speed of Sound". Wolfram Blog, 24 out. 2012. Disponível em: <blog.wolfram.com/2012/10/24/falling-faster-than-the-speed-of-sound>.

TODO MUNDO PRA FORA

DYSON, G. *Project Orion: The True Story of the Atomic Spaceship*. Nova York: Henry Holt and Company, 2002.

AUTOFERTILIZAÇÃO

BOSELEY, S. "Can sperm really be created in a laboratory?". *The Guardian*, 9 jul. 2009. Disponível em: <www.theguardian.com/lifeandstyle/2009/jul/09/sperm-laboratory-men>.

ESTE assunto é discutido com mais profundidade na dissertação: LANCASTER, F. M. *Genetic and Quantitative Aspects of Genealogy*. Disponível em: <www.genetic-genealogy.co.uk/Toc115570144.html>.

NAYERNIA, K. et al. "RETRACTION — In Vitro Derivation Of Human Sperm From Embryonic Stem Cells". *Stem Cells and Development*, 7 jul. 2009. DOI:10.1089/SCD.2009.0063.

UNIVERSIDADE DE NEWCASTLE. "Sperm Cells Created From Human Bone Marrow", 13 abr. 2007. Disponível em: <www.sciencedaily.com/releases/2007/04/070412211409.htm>.

JOGANDO ALTO

"CHAPTER 9. Stone tools and the evolution of hominin and human cognition". Disponível em: <www.academia.edu/235788/Chapter_9._Stone_tools_and_the_evolution_of_hominin_and_human_cognition>.

"FARTHEST Distance To Throw A Golf Ball". Disponível em: <recordsetter.com/world-record/world-record-for-throwing-golf-ball/7349#contentsection>.

HORE, J.; WATTS, S.; TWEED, D. "Errors in the control of joint rotations associated with inaccuracies in overarm throws". *Journal of Neurophysiology Published*, v. 75, pp. 1013-25, 1996. Disponível em: <jn.physiology.org/content/75/3/1013.abstract>.

"A PREHISTORY of Throwing Things". Disponível em: <ecodevoevo.blogspot.com/2009/10/prehistory-of-throwing-things.html>.

"SPEED of Nerve Impulses". Disponível em: <hypertextbook.com/facts/2002/DavidParizh.shtml>.

"THE UNITARY hypothesis: A common neural circuitry for novel manipulations, language, plan-ahead, and throwing?". Disponível em: <www.williamcalvin.com/1990s/1993Unitary.htm>.

YOUNG, R. W. "Evolution of the human hand: the role of throwing and clubbing". *Journal of Anatomy*, v. 202, n. 1, pp. 165-74, jan. 2003. Disponível em: <www.ncbi.nlm.nih.gov/pmc/articles/PMC1571064>.

NEUTRINOS MATAM

KARAM, P. A. "Gamma And Neutrino Radiation Dose From Gamma Ray Bursts And Nearby Supernovae". *Health Physics* 82, n. 4, 2002, pp. 491-9.

LOMBADAS

"THE 2ND American Conference on Human Vibration", Chicago, 4-6 jul. 2008. Disponível em: <www.cdc.gov/niosh/mining/UserFiles/works/pdfs/2009-145.pdf>.

"MERCEDES CLR-GTR Lemans Flip". Disponível em: <www.youtube.com/watch?v=rQbgSe9S54I>.

"THE MYTH of the 200-mph 'Lift-Off Speed'". Disponível em: <www.buildingspeed.org/blog/2012/06/the-myth-of-the-200-mph-lift-off-speed/>.

NHTSA. *Summary of State Speed Laws*. 10 ed., ago. 2007. Disponível em: <http://ntl.bts.gov/lib/30000/30100/30132/810826.pdf>.

PARKER, B. R. "Aerodynamic Design". *The Isaac Newton School of Driving: physics and your car*. Baltimore: Johns Hopkins University Press, 2003, p. 155.

"SPEED bump in Dubai + flying Gallardo". Disponível em: <www.youtube.com/watch?v=Vg79_mM2CNY>.

"SPEED bump-induced spinal column injury". Disponível em: <akademikpersonel.duzce.edu.tr/hayatikandis/sci/hayatikandis12.01.2012_08.54.59sci.pdf>.

"SPEED hump spine fractures: injury mechanism and case series". Disponível em: <www.ncbi.nlm.nih.gov/pubmed/21150664>.

A BANDA DA FEDEX

"CISCO Visual Networking Index: Forecast and Methodology, 2013-2018". Disponível em: <www.cisco.com/en/US/solutions/collateral/ns341/ns525/ns537/ns705/ns827/white_paper_c11--481360_ns827_Networking_Solutions_White_Paper.html>.

"FEDEX still faster than the internet". Disponível em: <royal.pingdom.com/2007/04/11/fedex-still-faster-than-the-internet>.

"INTEL® Solid-State Drive 520 Series". Disponível em: <download.intel.com/newsroom/kits/ssd/pdfs/intel_ssd_520_product_spec_325968.pdf>.

"NEC and Corning achieve petabit optical transmission". Disponível em: <optics.org/news/4/1/29>.

"TRINITY test press releases (May 1945)". Disponível em: <blog.nuclearsecrecy.com/2011/11/10/weekly-document-01>.

QUEDA LIVRE

HERRLIGKOFFER. K. "The East Pillar of Nanga Parbat". *The Alpine Journal*, 1984.

HOFFMAN, C. "Jump. Fly. Land.". *Air & Space Magazine*, nov. 2010. Disponível em: <www.airspacemag.com/flight-today/Jump-Fly-Land.html>.

POTTER, D. "Above It All". Disponível em: <www.tonywingsuits.com/deanpotter.html>.

"SKYDIVING Disciplines: Wing Suit Flying". Disponível em: <www.dropzone.com/cgi-bin/forum/gforum.cgi?post=577711#577711>.

"SPRINT ring cycle". Disponível em: <www1.sprintpcs.com/support/HelpCenter.jsp?FOLDER%3C%3Efolder_id=1531979#4>.

"SUPER Mario Bros. — Speedrun level 1-1 [370]". Disponível em: <www.youtube.com/watch?v=DGQGvAwqpbE>.

TETLOW, M.; FOOTE, N. "The Guestroom — Dr. Glenn Singleman and Heather Swan". Disponível em: <www.abc.net.au/local/audio/2010/08/24/2991588.htm>.

WORLD RECORD ACADEMY. "Highest BASE jump: Valery Rozov breaks Guinness world record". Disponível em: <www.worldrecordacademy.com/sports/highest_BASE_jump_Valery_Rozov_breaks_Guinness_world_record_213415.html>.

ESPARTA

SEGUNDO um estranho na internet, Andy Lubienski, "The Longbow". Disponível em: <www.pomian.demon.co.uk/longbow.htm>.

SECAR OS OCEANOS

"AN EXPERIMENTAL study of critical submergence to avoid free-surface vortices at vertical intakes". Disponível em: <www.leg.state.mn.us/docs/pre2003/other/840235.pdf>.

EXTRAPOLANDO desde a pressão máxima tolerada por chapas do casco de quebra-gelos. Disponível em: <www.iacs.org.uk/document/public/Publications/Unified_requirements/PDF/UR_I_pdf410.pdf>.

SECAR OS OCEANOS — PARTE II

FOX, M. "Mars May Not Have Been Warm Or Wet". Disponível em: <rense.com/general32/marsmaynothave.htm>.

RAPP, D. "Accessible Water on Mars", JPL D-31343-Rev.7. Disponível em: <ascelibrary.org/doi/abs/10.1061/40830%28188%2974>.

SANTIAGO, D. L. et al. "Cloud formation and water transport on mars after major outflow events", XLIII Lunar and Planetary Science Conference, 2012.

______. "Mars climate and outflow events". Disponível em: <spacescience.arc.nasa.gov>.

TWITTER

SHANNON, C. E. "A Mathematical Theory of Communication". Disponível em: <cm.bell-labs.com/cm/ms/what/shannonday/shannon1948.pdf>.

VAN LOON, H. W. *The Story of Mankind*. Boni and Liveright, 1921. Disponível em: <books.google.com/ books?id=RskHAAAAIAAJ&pg=PA1#v=onepage&q&f=false>.

TWITTER. "Counting Characters". Disponível em: <dev.twitter.com/docs/counting-characters>.

PONTE DE LEGO

ALEXANDER, R. "How tall can a Lego tower get?". *BBC News Magazine*. 4 dez. 2012. Disponível em: <www.bbc.co.uk/news/magazine-20578627>.

"INVESTIGATION Into the Strength of Lego Technic Beams and Pin Connections", jan. 2012. Disponível em: <eprints.usq.edu.au/20528/1/Lostroh_LegoTesting_2012.pdf>.

"TOTAL value of property in London soars to £1.35trn". Disponível em: <www.standard.co.uk/business/business-news/total--value-of-property-in-london-soars-to-135trn-8779991.html>.

LIGAÇÕES ALEATÓRIAS PÓS-ESPIRRO

BISCHOFF WERNER E. et al. "'Gesundheit!' Sneezing, Common Colds, Allergies, and *Staphylococcus aureus* Dispersion". *The Journal of Infectious Diseases*, v. 194, n. 8, 2006, pp. 1119-26. DOI:10.1086/507908.

HOLLE, R. L. "ANNUAL Rates Of Lightning Fatalities By Country", 2008. Disponível em: <www.vaisala.com/Vaisala%20Documents/Scientific%20papers/Annual_rates_of_lightning_fatalities_by_country.pdf>.

NIERENBERG, C. "The Perils of Sneezing". *ABC News Medical Unit*, 22 dez. 2008. Disponível em: <abcnews.go.com/Health/ColdandFluNews/story?id=6479792&page=1>.

TERRA EM EXPANSÃO

"EM suma, nosso estudo não detectou taxa de expansão presente estatisticamente significativa dentro da incerteza de medida atual de 0,2 mm yr-1."

FRANZ, R. M.; SCHUTTE, P. C. "Barometric hazards within the context of deep-level mining". *The Journal of The South African Institute of Mining and Metallurgy*, v. 105, jul. 2005.

GRYBOSKY, L. "Thermal Expansion and Contraction". Disponível em: <www.engr.psu.edu/ce/courses/ce584/concrete/library/cracking/thermalexpansioncontraction/thermalexpcontr.htm>.

PLUMMER, H. C. "Note on the motion about an attracting centre of slowly increasing mass". *Monthly Notices of the Royal Astronomical Society*, v. 66, p. 83. Disponível em: <http://adsabs.harvard.edu/full/1906MNRAS..66...83P>.

SASSELOV, D. D. *The life of super-Earths: How the hunt for alien worlds and artificial cells will revolutionize life on our planet*. Nova York: Basic Books, 2012.

WU, X. et al. "Accuracy of the International Terrestrial Reference Frame origin and Earth expansion". *Geophysical Research Letters*, n. 38, 2011. DOI:10.1029/2011GL047450. Disponível em: <repository.tudelft.nl/view/ir/uuid%3A72ed93c0-d13e-427c-8c5f-f013b737750e/>.

FLECHA SEM PESO

CARBON ARROW STATE UNIVERSITY. "Chapter 5: Speed & Kinetic Energy". Disponível em: <www.huntersfriend.com/carbon_arrows/hunting_arrows_selection_guide_chapter_5.htm>.

NASA. *STS-124: KIBO*. Disponível em: <www.nasa.gov/pdf/228145main_sts124_presskit2.pdf>.

PARK, J. L. et al. "Air flow around the point of an arrow". Disponível em: <pip.sagepub.com/content/227/1/64.full.pdf>.

USA ARCHERY ASSOCIATION FLIGHT COMMITTEE. "World Regular Flight Records", ago. 2009. Disponível em: <www.usaarcheryrecords.org/FlightPages/2009/2009%20World%20Regular%20Flight%20Records.pdf>.

TERRA SEM SOL

"THE 1859 SOLAR-Terrestrial Disturbance And The Current Limits Of Extreme Space Weather Activity". Disponível em: <www.leif.org/research/1859%20Storm%20-%20Extreme%20Space%20Weather.pdf>.

"BABY Fact Sheet". Disponível em: <www.ndhealth.gov/familyhealth/mch/babyfacts/Sunburn.pdf>.

"BURNED by wild parsnip". Disponível em: <dnr.wi.gov/wnrmag/html/stories/1999/jun99/parsnip.htm>.

"THE EXTREME magnetic storm of 1-2 September 1859". Disponível em: <trs-new.jpl.nasa.gov/dspace/bitstream/2014/8787/1/02-1310.pdf>.

"GEOMAGNETIC Storms". Disponível em: <www.oecd.org/governance/risk/46891645.pdf>.

"IMPACTS of Federal-Aid Highway Investments Modeled by NBIAS". Disponível em: <www.fhwa.dot.gov/policy/2010cpr/chap7.htm#9>.

"NORMALIZED Hurricane Damage in the United States: 1900--2005". Disponível em: <sciencepolicy.colorado.edu/admin/publication_files/resource-2476-2008.02.pdf>.

"THE PHOTIC sneeze reflex as a risk factor to combat pilots". Disponível em: <www.ncbi.nlm.nih.gov/pubmed/8108024>.

"A SATELLITE System for Avoiding Serial Sun-Transit Outages and Eclipses". Disponível em: <www3.alcatel-lucent.com/bstj/vol49-1970/articles/bstj49-8-1943.pdf>.

"TIME zones matter: The impact of distance and time zones on services trade". Disponível em: <eeecon.uibk.ac.at/wopec2/repec/inn/wpaper/2012-14.pdf>.

ATUALIZAR A WIKIPÉDIA IMPRESSA

BRANDNEW. "Wikipedia as a Printed Book". Disponível em: <www.brandnew.uk.com/wikipedia-as-a-printed-book/>.

EMIJRP's tools. wmcharts, Wikimedia projects. Disponível em: <tools.wmflabs.org/wmcharts/wmchart0001.php>.

QUALITY LOGIC. *Cost of Ink Per Page Analysis*, jun. 2012. Disponível em: <www.qualitylogic.com/tuneup/uploads/docfiles/QualityLogic-Cost-of-Ink-Per-Page-Analysis_US_1-Jun-2012.pdf>.

O SOL SE PÕE NO IMPÉRIO BRITÂNICO

"EDDIE Izzard — Do you have a flag?". Disponível em: <www.youtube.com/watch?v=uEx5G-GOS1k>.

"A GUIDE to the British Overseas Territories". *The Telegraph*, 4 fev. 2011. Disponível em: <www.telegraph.co.uk/news/wikileaks-files/london-wikileaks/8305236/A-GUIDE-TO-THE--BRITISH-OVERSEAS-TERRITORIES.html>.

"LONG History Of Child Abuse Haunts Island 'Paradise'". Disponível em: <www.npr.org/templates/story/story.php?storyId=103569364>.

NASA. "Javascript Solar Eclipse Explorer". Disponível em: <eclipse.gsfc.nasa.gov/JSEX/JSEX-index.html>.

"THIS SCEPTRED ISLE: Empire. A 90 part history of the British Empire". Disponível em: <www.bbc.co.uk/radio4/history/empire/map>.

"TROUBLE in Paradise". *Vanity Fair*, jan. 2008. Disponível em: <www.vanityfair.com/culture/features/2008/01/pitcairn200801>.

MEXER O CHÁ

"BRAWN Mixer, Inc., Principles of Fluid Mixing (2003)". Disponível em: <http://www.craneengineering.net/products/mixers/documents/craneEngineeringPrinciplesOfFluidMixing.pdf>.

"COOLING a cup of coffee with help of a spoon". Disponível em: <http://physics.stackexchange.com/questions/5265/cooling-a-cup-of-coffee-with-help-of-a-spoon/5510#5510>.

TODOS OS RAIOS

BÜRGESSER, R. E.; NICORA, M. G.; ÁVILA, E. E. "Characterization of the lightning activity of 'Relámpago del Catatumbo'". *Journal of Atmospheric and Solar-Terrestrial Physics*, 18 nov. 2011. Disponível em: <wwlln.net/publications/avila.Catatumbo2012.pdf>.

NOAA. "Introduction to Lightning Safety", National Weather Service Forecast Office, Wilmington. Disponível em: <www.erh.noaa.gov/iln/lightning/2012/lightningsafetyweek.php>.

O SER HUMANO MAIS SOZINHO

HOLLINGHAM, R. "Al Wolden: 'The loneliest human being'", BBC Future, 2 abr. 2013. Disponível em: <www.bbc.com/future/story/20130401-the-loneliest-human-being/1>.

GOTA DE CHUVA

"SSMI/SSMIS/TMI-derived Total Precipitable Water — North Atlantic". Disponível em: <tropic.ssec.wisc.edu/real-time/mimic-tpw/natl/main.html>.

HEYMSFIELD, G. M. et al. "Structure of Florida Thunderstorms Using High-Altitude Aircraft Radiometer and Radar Observations". *Journal of Applied Meteorology*, v. 35, 20 fev. 1996. Disponível em: <har.gsfc.nasa.gov/storm/web_pages/misc/1736.pdf>.

CHUTAR NO VESTIBULAR

COOPER, M. A. "Disability, Not Death is the Main Problem with Lightning Injury". Disponível em: <www.uic.edu/labs/lightninginjury/Disability.pdf>.

NOAA. "2008 Lightning Fatalities". Disponível em: <www.nws.noaa.gov/om/hazstats/light08.pdf>.

BALA DE NÊUTRONS

IREMONGER, M.; HAZELL, P. J. "Influence of Small Arms Bullet Construction on Terminal Ballistics". Disponível em: <https://getinfo.de/app/Influence-of--Small-Arms-Bullet-Construction-on/id/BLCP%3ACN056384490>.

MCCALL, B. "Q & A: Neutron Star Densities", Departamento de Física da Universidade de Illinois, 21 mar. 2011. Disponível em: <van.physics.illinois.edu/qa/listing.php?id=16748>.

CÓLOFON

ESTA OBRA FOI COMPOSTA POR ACOMTE
EM ADOBE CASLON PRO
E IMPRESSA PELA LIS GRÁFICA
EM OFSETE SOBRE PAPEL PÓLEN NATURAL
DA SUZANO S.A. PARA
A EDITORA SCHWARCZ
EM DEZEMBRO DE 2022

FSC
www.fsc.org
MISTO
Papel produzido a partir de fontes responsáveis
FSC® C112738

A marca FSC® é a garantia de que a madeira utilizada na fabricação do papel deste livro provém de florestas que foram gerenciadas de maneira ambientalmente correta, socialmente justa e economicamente viável, além de outras fontes de origem controlada.